掌尚文化

Culture is Future

尚文化·掌天下

本书为中国博士后科学基金面上资助一等资助项目（批准号：2015M570798）研究成果

R
RESEARCH ON INDUSTRIAL EMBODIED CARBON EMISSIONS IN ETHNIC AREAS

Take Guizhou Province as an Example

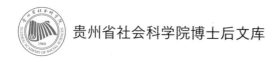
贵州省社会科学院博士后文库

民族地区产业隐含碳排放研究

以贵州省为例

胡剑波　著

经济管理出版社
ECONOMY & MANAGEMENT PUBLISHING HOUSE

图书在版编目（CIP）数据

民族地区产业隐含碳排放研究：以贵州省为例／胡剑波著. —北京：经济管理出版社，2021. 5
ISBN 978-7-5096-7974-6

Ⅰ.①民…　Ⅱ.①胡…　Ⅲ.①民族地区—二氧化碳—排气—研究—贵州
Ⅳ.①X511

中国版本图书馆 CIP 数据核字（2021）第 081554 号

策划编辑：宋　娜
责任编辑：宋　娜　张鹤溶　姜玉满
责任印制：张莉琼
责任校对：王淑卿

出版发行：经济管理出版社
　　　　　（北京市海淀区北蜂窝 8 号中雅大厦 A 座 11 层　100038）
网　　址：www. E-mp. com. cn
电　　话：（010）51915602
印　　刷：唐山昊达印刷有限公司
经　　销：新华书店
开　　本：710mm×1000mm /16
印　　张：19
字　　数：276 千字
版　　次：2021 年 10 月第 1 版　　2021 年 10 月第 1 次印刷
书　　号：ISBN 978-7-5096-7974-6
定　　价：98.00 元

摘　要

　　人类活动是否是导致气候变化的重要因素是世界各国专家、学者长时间争论的焦点。自诺贝尔化学奖得主、瑞典化学家阿伦尼乌斯 1896 年提出气候变化的科学假设，认为"化石燃料燃烧将会排放大量的二氧化碳（CO_2），这无疑会增加大气中 CO_2 的浓度，因碳浓度的升高从而导致全球气候变暖"，到联合国政府间气候变化专门委员会（Intergovernmental Panel on Climate Change，IPCC）在 1990 年第一次发布气候变化评估报告，再到 2007 年发布的第四次评估报告，众多科学家陆续挖掘出新的有力证据都直指全球气候变化正在发生，且这种变化与人类活动有着某种必然的因果关系。2014 年第五次评估报告中，科学家进一步指出人类活动对气候系统的影响是显而易见的，且这种影响还在不断增强。

　　改革开放 30 年来（1978~2008 年），中国经济以年均 9.7% 的增长率增长，成为第二次世界大战以来年均增长率保持 7% 以上、持续增长超过 25 年的 13 个经济体之一，虽然近年来中国经济有所下滑，但其增速仍旧位居世界各国前列；2009~2015 年，中国 GDP 年均增长率高达 11.90%。然而这种举世瞩目的经济增长奇迹背后却是生态环境严重恶化、自然资源高度消耗以及 CO_2 的大量排放。碳排放量的高速增长让全球目光不约而同地锁定中国，以至于中国成为众矢之的，面临的减排压力与日俱增。虽然《联合国气候变化框架公约》（*United Nations Framework Convention on Climate Change*，UNFCCC）认为发展中国家目前暂不参与减排，且中国作为发展中国家如今也没有强制减排义务，但中国要捍卫这种权利，已经越来越不轻松。在以往的气候变化国际谈判中，诸多西方发达国家曾无数次地直接或间接地提出应将中国纳入实质性减排目标当中，要求中国控制减排和承担减排义务的呼声越来越高。"应对气候变化，实现低碳发展"已成为当今世界发展的主旋律。中国作为负责任的大国，已经主动、积极地推动气候变化国际合作，并且在推动气候变化多边进程和南南合作的过程中发挥了建设性的作用，充分发挥了作为一个大国的领导作用。2016年，在《巴黎协定》的框架下，中国提出了有雄心、有力度的国家自主贡献的四大目标：一是到2030年，中国单位GDP的CO_2排放要比2005年下降60%~65%；二是到2030年，非化石能源在总能源当中的比例提升到20%左右；三是到2030年，中国CO_2排放达到峰值，并争取尽早达到峰值；四是增加森林蓄积量和增加碳汇，到2030年，中国森林蓄积量比2005年增加45亿立方米。在我国面临减排压力日益增大的背景下，如何合理、科学地测度碳排放并提出低碳发展对策是一个迫在眉睫的重要研究课题。目前，中国正处在城市化、工业化高速发展时期，要完成国家减排目标面临较大挑战，这就要求我国各个省份都要积极行动，为实现碳减排目标而努力奋斗。

贵州作为我国西部欠发达地区之一，因其丰富的自然资源及其特有的地理位置，成为我国煤炭生产、重要能源以及重化工业的重要基地之一，这对保障我国能源资源安全有着不可替代的作用，但贵州长期以来形成的畸形产业结构和粗放的生产方式，导致贵州单位产出能耗强度和污染排放强度都很大，不但超过了环境和生态的承受能力，而且还带来了日益严重的环境污染和生态破坏，这显然已经成为阻碍贵州经济社会低碳可持续发展的制约性因素之一。作为一个能源资源大省，继续沿袭传统的经济发展模式，以资源能源的大量消耗和环境污染为前提的经济发展模式已经不能适应贵州的进一步发展。因此，转变经济发展方式，调整产业结构，促进节能减排，守住发展与生态两条底线就显得尤为迫切。贵州不同产业部门的单位产出差异很大，而不同产业部门单位产出的碳排放强度差异就更为突出。基于此，本书试图在全球气候变化的大背景下，构建出贵州产业部门隐含碳排放的投入产出模型、LMDI模型、关联指标模型和脱钩指数模型，利用1997年、2002年、2007年和2012年的贵州投入产出数据，测度贵州产业部门的隐含碳排放量、影响贵州产业部门隐含碳排放变化的驱动因素、贵州产业部门隐含碳排放之间的关联效应以及经济增长与贵州产业部门隐含碳排放之间的脱钩效应，并在实证分析的基础上提出对策建议。这对贵州调整产业结构、制定节能减排政策、引导碳密集型产业向低碳排放和环境友好方向过渡、有效保障贵州经济可持续发展和实现国家减排目标无疑具有重要的理论和现实意义。

关键词：贵州；产业部门；隐含碳排放；投入产出

Abstract

Whether human activity is an important factor leading to climate change is the focus of long-term debate among experts and scholars around the world. From 1896 Nobel Prize in Chemistry, the Swedish chemist Arrhenius put forward the scientific hypothesis of climate change, that "fossil fuel combustion will emit large amounts of CO_2, which will undoubtedly increase the concentration of atmospheric CO_2, leading to global warming", to the first Intergovernmental Panel on Climate Change (IPCC) published climate change assessment report in 1990, then to the fourth assessment report in 2007, many scientists continued to unearth new strong evidence and that these evidences point to fact that global climate change is occurring, and this kind of change is closely related to human activities, and the fifth assessment report in 2014, the scientists have further pointed out that the human impact on the climate system is clear, and this effect is increasing.

Over 30 years of reform and opening up (from 1978 to 2008), Chinese economy grew at a rate of 9.7% per year, China has become one of the 13 economies, whose annual growth rate is more than 7% and has more than 25 years of sustained growth since the Second World War. Although China's economy has declined in recent years, its growth rate is still among the top in the world, from 2009 to 2015 China's annual GDP growth rate is as high as 11.90%. However, it exists a serious problem, which is a deterioration of the ecological environment and a high degree of consumption of natural resources and CO_2 emissions behind the remarkable economic growth. Because of the rapid growth of carbon emissions, China attracted the widespread concern of the world and it has become the target of public criticism. Under this nervous circumstance, the pressure that China bears is increasing for the purpose of reducing emissions. Although the United Nations Framework Convention on Climate Change (UNFCCC) states that the developing countries are not currently involved in plan of emission reduction, and China now needn't carry out the obligations about emission reduction as a developing country, but defending this right is becoming more and more difficult for China. In the past international negotiations on climate change, many western developed countries have directly or indirectly proposed for countless times that China should be included in the plan of substantive emission reduction. It leads to the voice that requires China to control emission reduction and to burden obligations of reducing emissions are increasingly high. "Coping with climate change and achieving low-carbon development" has become the main theme of today's world development. China, as a responsible big country, takes the initiative to actively promote international cooperation on climate change, and has played a constructive role in advancing the multilateral process of climate change and South-South cooperation, giving full play to its leadership role as a major power. In 2016, under the framework of the Paris Agreement, China puts forward four goals of ambitious and vigorous national self-contribution: First, by 2030, China's CO_2 emissions per unit of GDP will drop by 60% to 65%; Second, by 2030, the proportion of non-fossil energy sources in the total energy to 20%; Third, by 2030, China's CO_2 emissions peak, and strive to peak as soon as possible; Fourth, increase forest reserves and increase carbon sequestration, by 2030, China's forest reserves will be increased 4.5 billion cubic meters than which of 2005. Under the background of increasing pressure of emission reduction, how to measure the carbon emission scientifically and put forward the countermeasure of low carbon development is an urgent and important research topic. At present, China is in a period of rapid urbanization and industrialization, and it will face great challenges to meet the national emission reduction targets. This requires all provinces in China to take active actions to achieve the goal of carbon emission reduction.

As one of the underdeveloped provinces in western China, Guizhou has abundant natural resources and unique geographical position, as a matter of course, it has become one of the important bases for coal production, important energy and heavy chemical industry in China, plays an irreplaceable role in China's energy security. However, Guizhou has formed a heavy industrial structure and extensive production methods for a long time, resulting in large intensity of energy consumption in per-unit output and large pollution emission intensity, not only more than the environmental and ecological capacity, but also brought about by the increasingly serious environmental pollution and ecological damage, which clearly has become a restrictive factor hinders the low carbon sustainable development of Guizhou's economy and society. As a large province of energy resources, continue to follow the traditional mode of economic development, a large number of resources and energy consumption and environmental pollution as the premise of the economic development model has been unable to adapt to the further development of Guizhou. Therefore, transform the economic development, adjust the industrial structure, promote energy conservation, keep the two bottom line of development and ecological is particularly urgent. There are great differences in the output of different industries in Guizhou, and the carbon emission intensity of the unit output between different industrial sectors is more prominent. Based on this, this book attempts to reference the theoretical connotation of input-output model, LMDI model, correlation index model and decoupling exponential model under the background of global climate change. And using input-output data of Guizhou Province in 1997, 2002, 2007 and 2012, measuring the embodied carbon emissions from the industrial sector in Guizhou, driving factors affecting the embodied carbon emission in the industrial sector of Guizhou, and the correlation effect between the embodied carbon emission in the industrial sector of Guizhou. And measuring the decoupling effect of economic growth and the embodied carbon emission in the industrial sector of

Guizhou, and putting forward countermeasures and suggestions on the basis of empirical analysis. It is of great theoretical and practical significance for Guizhou to adjust its industrial structure, to develop energy – saving emission reduction policies, leading carbon intensive industries to low carbon emission and environmental friendly transition, effectively protect the sustainable development of Guizhou economy and achieve national emission reduction targets.

Key words: Guizhou; Industrial sector; Embodied carbon emission; Input–output

目　录

Contents

第一章　绪　论

目前，经济社会的可持续发展严重受到全球范围内气候变暖的威胁。据相关科学机构预测，在接下来的 100 年内将会继续加重这种变暖的趋势，并且随之而来会对自然和社会造成巨大的不良影响。贵州作为能源资源大省，长期以来粗放式的生产模式和畸形产业结构已经对环境构成了较大的威胁。因此，在气候变化的大背景下对贵州产业部门隐含碳排放的相关情况进行研究就显得尤为重要。

第一节　选题背景与研究意义

一、选题背景与问题的提出

目前，随着全球城镇化的不断推进以及人口的急剧膨胀，不论是工业生产还是居民消费均对能源的需求量越来越大，随之而来的就是 CO_2 等温室气体（Green House Gas，GHG）[①] 排放量不断攀升，由其造成的全球气候变暖

---

① 温室气体（Green House Gas，GHG）主要包括六种气体：二氧化碳（CO_2）、甲烷（CH_4）、一氧化二氮（N_2O）、氢氟碳化物（HFCs）、全氟碳化物（PFCs）以及六氟化硫（SF_6）。根据 IPCC-TAR（2007）的研究显示，CO_2 在全球人为温室气体排放中的比重最大，具体占比为 74%，接下来为 CH_4，具体占比为 14%，剩余的温室气体中，N_2O 具体比重为 8%，其他气体的具体比重为 4%，通过各种气体的占比可以明显地看出，在所有的温室气体中，CO_2 是最主要的成分，考虑到计算方便性的问题，本书中提及的温室气体一般情况下特指 CO_2。

问题日益成为各国政府、专家学者以及普通民众关注的焦点。由于生态系统自身的复杂性，到现在为止，全球气候变暖这一现象形成的机制、原因、对国际社会造成的具体影响还没有被人类完全掌握。另外，由于气候变化问题是全球性的，到底该由哪些国家以及地区对其承担较大的责任以及具体采取何种措施控制并减缓气候升温这些具体性的问题还没有在世界范围内得到统一的答案，但当前许多权威专家的看法基本上已经趋同，并且至少在四个方面达成共识①：①毋庸置疑的是，全球气候变暖已是被人类承认的科学事实，并且根据各地科学家的监测，通过数据分析可知，日渐的冰雪消融以及海平面的不断上升与全球范围内的大气以及海洋平均温度升高有着极其紧密的联系。②气候变暖这一全球现象已经对许多方面造成了无法估量的不良影响，其中包括当前的生态系统平衡、资源环境、海平面上升、洪涝干旱、粮食安全、动植物生长、水资源、人类生命健康以及生产生活等方面②。③影响全球气候变化的因素多种多样，除了最常见的自然因素外，目前，人为因素的影响尤其显著，特别与 CO_2 浓度的不断上升关系紧密，并且科学家们历经数十年的不懈探索挖掘出新的证据，有力地证明了目前正在发生的全球范围内的气候变化和人类的日常活动紧密相关，具体时间从 1990 年联合国政府间气候变化专门委员会（Intergovernmental Panel on Climate Change，IPCC）③ 首次公布气候变化评估报告到 2014 年第五次公布评估报告（见表 1-1）。④气候变化是全球性的，目前，各国人民已经受到气候变化带来的不良影响，如频繁的洪涝灾害，人类深受其害，采取何种措施积极应对以及扭转不良的气候变化是我们当下最关心的问题。正是由于它的全球性这一特殊性质，要想

---

① 马凯：《气候变暖是人类共同面临的挑战》，《绿叶》2007 年第 8 期。

② 葛全胜、刘浩龙、田砚宇：《中国气候资源与可持续发展》，科学出版社 2007 年版。

③ IPCC 建立的时间为 1988 年，其是在 WMO（世界气象组织）和 UNEP（联合国环境规划署）的主导下建立的一种政府间气候变化专门委员会（Intergovernmental Panel on Climate Change，IPCC；也可以翻译为政府间气候变化专业委员会或者跨政府气候变化委员会等）。IPCC 的性质是政府间机构，由于它是由 WMO 和 UNEP 建立的，所以，IPCC 对它们两者的成员国是完全开放的。它成立的目的主要是基于全面、客观、公开和透明的原则，对有关全球气候变化的最好的现有科学、技术和社会经济信息进行评估。

改善气候现状，必须依靠全世界人民的共同努力①。

表 1-1 IPCC 历次评估报告主要结论

次数	时间	主要结论
第一次	1990 年	在 20 世纪的 100 多年的时间里，全球的平均气温就已经出现了一定幅度的上升，上升了 0.3℃~0.6℃，在最近的 80 年代全球气温表现得尤其高，其中，全球平均最暖的五个年份都出现在这个时代里，究其原因主要是由于人类自身活动向大气中释放了大量的污染物，从而导致空气中的温室气体浓度增加明显
第二次	1995 年	由于人类活动，大气中的温室气体含量继续增加，北半球对流层臭氧含量自工业革命以来出现增加，有更加明显的证据可以证明人类活动对地球气候和气候变化系统有影响
第三次	2001 年	包括工业和农业等在内的人类自身的大量活动所排放的例如 CO_2、CH_4 以及其他的温室气体均会对大气能量的吸收以及散射产生巨大的影响，而诸多新的和更有力的证据也都表明，过去 50 年来观测到的绝大部分气候变暖是因人类活动而造成的
第四次	2007 年	全球大气中，例如 CO_2、CH_4 和 N_2O 等温室气体的浓度由于受到 1750 年以来人类活动的种种影响，已上升许多，其具体数值已远超出通过冰芯记录得到的工业化前几千年中的浓度值，具体原因主要归结于两方面，一方面是化石燃料的使用，另一方面是土地利用的变化，CH_4 与 N_2O 浓度变化则源于农业。总之，全球气候变暖主要由人类活动所排放的温室气体所引起，而这种可能性程度已经从 2001 年评估的 66% 飙升到 2007 年的 90% 以上
第五次	2014 年	已有种种科学证据表明，大气系统会明显受到人类的影响，并且这种影响会随着时间的推移不断增强，目前，已在全世界许多地方观察到了这种影响。假如这种影响不加以控制，任由其发展，气候变化对全社会造成非常严重并且不可逆转的影响的可能性会大大提高

资料来源：IPCC 官方网站，http://www.ipcc.ch/。

---

① 马凯：《马凯主任就气候变化问题答中外记者问》，《节能与环保》2007 年第 6 期。

中华人民共和国成立以来，特别是在改革开放短短的 30 多年（1978～2008 年）时间里，创造了中国奇迹，取得的经济成就引起了全世界的瞩目，究其原因主要是中国经济以 9.7% 的年均增长率成为第二次世界大战以来年增长率保持 7% 以上、持续增长超过 25 年的 13 个经济体之一（The Growth Commission，2008），虽然近年来中国经济有所下滑，但其增速仍旧位居世界各国前列；2009～2015 年，中国 GDP 年均增长率为 11.90%。但是这种引起全世界关注的经济增长奇迹是以沉重的代价换来的。我国由最初的一穷二白到改革开放 30 多年之后达到的经济腾飞主要是由于大力发展重工业带动的，毋庸置疑消耗了大量的能源，造成了 CO_2 排放量的急剧攀升，并且为了满足这种巨大的能源消耗，对自然资源进行了过度的开采，所以对生态环境造成了严重的破坏，并引发了一系列的环境问题。2016 年 11 月 14 日，全球碳项目发布了《2016 年全球碳预算报告》。报告显示，2015 年全球化石燃料及工业 CO_2 排放量总量约为 363 亿吨，与 2014 年持平，比 1990 年［《京都议定书》（Kyoto Protocol）规定的排放量计算基准年］增加了 63%，碳排放量排在前四位的经济体分别为中国、美国、欧盟和印度，它们四者的排放量总和占据全球 60% 左右的份额，各国占比依次为 29%、15%、10% 和 6%。其中，中国年排放量（105.27 亿吨）比美国与欧盟排放量之和还要大，在目前只有我国的年排放量超过 100 亿吨，因此这引起了其他国家的强烈不满，在国际社会的舆论压力下，我国面临的碳减排形势不容乐观。虽然《联合国气候变化框架公约》（United Nations Framework Convention on Climate Change，UN-FCCC）① 认为发展中国家目前暂不参与减排，但在当前气候变化形势下，任何国家或团体都要积极参与到减排的行动中来，共同为应对越来越严峻的全球气候变化贡献力量。减排之路任重道远，全球各国就应对气候变化也达成

---

① 《联合国气候变化框架公约》是联合国政府间谈判委员会在 1992 年 5 月 9 日专门针对气候变化问题达成的公约，并在随后不久（具体时间为 1992 年 6 月 4 日）巴西里约热内卢举行的联合国环发大会（地球首脑会议）上通过。其在全球范围内是第一个为全面控制包括 CO_2 在内的温室气体排放，以有效应对全球气候变暖给人类经济和社会带来不利影响的国际公约，为以后通过国际合作的方式来处理和解决全球气候变化问题提供了一个基础性框架，方便国际社会参考。

了一致协议。2015年12月，全球领导人在巴黎气候大会上一致同意减少碳排放，全球民众也强烈要求采取气候行动。2016年3月底，中美两国领导人发表了《中美元首气候变化联合声明》，进一步承诺将共同并与其他各方一道推动《巴黎协定》的全面实施。

　　贵州地处西南位置，属于一个内陆省份，出于种种原因，经济发展相对欠发达，产业结构不平衡，亟须调整优化。其中，以高污染、高能耗、高排放著称的"三高"企业数量众多，由此对当地的生态环境造成了极大的破坏。贵州作为资源能源大省，拥有丰富的煤炭、水能等自然资源，但长期以来由于粗放式的生产方式和落后的生产技术使得贵州碳排放问题较为突出，与全国及发达国家或地区相比，贵州的产业发展滞后，产业结构失衡问题严重，从而导致贵州经济发展水平与资源禀赋状况存在巨大的反差。近些年来，贵州一直致力于经济和生态平衡发展，努力要走出一条有别于东、西部省份的绿色循环低碳发展道路。为了完成与全国同步建成小康社会的目标，其任务极为繁重艰巨。具体体现在：第一，面对"赶"与"转"，要实现经济与生态协调发展等面临着巨大的压力，主要因为要在发展低碳经济的大环境下，一方面要顺应时势，保护好绿水青山、空气土壤，走出一条有别于东部、不同于西部其他省份的低碳循环发展道路；另一方面在经济发展滞后的情况下，实现赶超，这两项任务加起来极其繁重。第二，贵州作为能源储备大省，煤炭资源尤其丰富，不论是在居民消费方面还是在工业生产方面，能源消耗始终以煤炭为主，造成贵州长期以来的发展道路始终以"高碳"为特征，因此，要尽快实现地域的低碳减排目标面临着严峻的挑战。碳排放问题目前已经成为贵州能否有效坚守发展与生态"两条底线"、能否实现生态文明先行示范区建设、能否坚守"绿水青山就是金山银山"理念的关键一环。第三，贵州是我国现阶段重要的能源以及重化工基地，但由于相对落后的产业生产技术和粗放式的生产模式，造成了大量的能源资源浪费和产业超标排放CO_2的情况，所以，贵州省的减排任务相当大。着力改善以往形成的粗放生产方式和畸重产业结构，转变经济发展模式，调整产业结构就显得尤为重要。基于此，本书试图在全球气候变化的大背景下，借鉴投入产出模型、

LMDI 模型、关联指标模型和脱钩指数模型的理论内涵，利用 1997 年、2002 年、2007 年和 2012 年贵州投入产出数据，测度贵州产业部门的隐含碳排放量、影响贵州产业部门隐含碳排放变化的驱动因素、贵州产业部门隐含碳排放之间的关联效应以及经济增长与贵州产业部门隐含碳排放之间的脱钩效应，并在实证分析的基础上提出对策建议，以期为贵州通过转变经济发展方式、加快产业结构的调整等方法努力实现经济的"赶"与"超"，牢牢守住发展与生态两条底线以及为顺利完成我国的低碳减排目标提供客观、科学、富有针对性以及翔实的基础数据，具有重要的参考价值。

二、选题意义

1. 理论意义

自工业革命以来，人类无论是在生产环节还是在进行商品交易时的流通环节，抑或是进行消费的环节中均开始了大量无限制地使用化石燃料，导致释放到大气中的 CO_2 等温室气体不断攀升，由此加剧了全球气候变暖，随之而来，引起严重的气候变化，对自然生态系统以及人类生活生产造成了重大的负面影响，所以关于碳排放问题的研究一直方兴未艾。长久以来，世界各国进行的贸易往来以及展开的国际分工均是在大卫·李嘉图的比较优势理论和 H-O 的要素禀赋论的理论引导下进行的，但这种传统理论已经被发现存在显著的缺陷，即在通过一系列的变量分析经济增长时将环境当作外生变量进行处理的，但实际情况是经济增长的取得是以能源资源的大量消耗以及环境的严重恶化为代价的。因此，将包括 CO_2 在内的温室气体纳入环境因素中，对修正传统比较优势理论存在的缺陷以及进一步丰富环境要素禀赋模型与环境比较优势理论、可持续发展理论、环境经济理论、低碳经济理论等相关理论体系具有非常重要的参考价值。

2. 现实意义

首先，了解发展中国家欠发达地区省域层面在全球碳减排行动中面临的困难和诉求，有助于我国在国际谈判、国家行动等诸多方面确定可行高效的对策措施。其次，目前，有关的碳评估和分析主要集中在国家层面，对发展中国家欠发达地区省域层面的碳排放及其参与气候变化行动的研究极为薄弱，而这些地区很可能是经济发展需求最为迫切、减排空间很大、减排压力也很大的特殊区域。基于此，本书正试图为国家和欠发达地区省域层面政府、国际机构、气候行动组织和相关学者就获取欠发达地区省域层面在国内外减排环境中的特殊性、确定气候变化政策选择方案等方面提供信息和建议。再次，在国际社会高度关注气候变化问题以及国内建设生态文明的大背景下，欠发达地区省域层面更是面临社会经济发展和参与减缓气候变化行动与保护环境的"两难"选择，本书以期为欠发达地区省域层面在"两难"选择中做出最优选择提供参考。最后，由于长期以来粗放式的生产方式和落后的生产技术使得贵州碳排放问题较为突出，并且与全国及发达地区相比，贵州的产业结构发展滞后，产业结构失衡问题严重，从而导致贵州经济发展水平与资源禀赋状况存在巨大的反差。因此，本书一方面可以为当地政府的决策提供客观、有力以及基础的数据资料，另一方面对贵州通过经济增长方式的转变、产业结构的优化调整，逐步淘汰高碳产业，引导产业的低碳绿色发展，对于生态环境与经济发展两头重点抓等方式，努力使生态效益、经济效益以及社会效益朝着帕累托最优的方向发展都具有重要的指导价值。

第二节 文献综述

一、关于碳排放量测算方法的研究

国内外相关学者评估碳排放量的方法主要涉及过程分析法、投入产出分析法、IPCC分析法三种重要测算方法，具体情况如下：

1. 过程分析法

过程分析法（Process Analysis），也就是通常讲的生命周期分析方法（Life Cycle Assessment，LCA）。这种方法的分析角度是从微观层面由下而上进行的，主要对产品的整个生命周期内主要生产过程中所消耗的各种能源进行鉴别以及量化，基于微观的视角对单个产品或过程进行分析，该方法常常用来测算工业原料或建筑中隐含碳排放。Gallego 和 Lenzen（2005）在研究生态足迹时，同时对生产者以及消费者的责任运用生命周期评估法进行了全面而翔实的估测[1]。Shui 和 Harriss（2006）在研究中美贸易中的隐含碳排放时，根据生命周期评估的理论基础，并且使用生命周期评价软件进行分析，最终得出中国确定是隐含碳排放的出口国，其中，在我国产生的碳排放中大约有 7%~14% 的比重源自于中美贸易[2]。刘强等（2008）在对中国出口贸易中的 46 种重点产品的载能量以及碳排放量进行分析时，重点使用的方法是生命周期评价法，通过理论以及实证分析得出，生产这些产品所排放的 CO_2 量占全国碳排放量的比重高达 14.4%[3]。李丁等（2009）将我国对外出口贸易中的水泥行业作为研究对象，分析其产生的隐含碳排放，通过一系列论证得出：在 2006 年，由于水泥出口增加的隐含碳排放就超过千万吨，这么大的碳排放量增加了我国在国际气候谈判上争取话语权的难度[4]。袁哲和马晓明（2012）运用生命周期分析法对中国出口到美国的商品进行了隐含碳排放的测算，通过实证分析得出，中国与美国之间的贸易往来会对核算我国国内具体碳排放造成巨大的不良影响，由此重点强调了有差别对待两国之间的碳排放责任尤为重要[5]。吕佳等（2013）从出口产品的数量结构、碳足迹总量和碳足迹强度三个方面出发，基于生命周期分析法对我国出口贸易中木质林产品的碳足迹特征进行研究，结果表明，中级加工和深加工产品的碳足迹总

---

① Gallego, Lenzen, "A Consistent Input-output Formulation of Shared Consumer and Producer Responsibility", *Economic Systems Research*, Vol. 17, Issue 4, 2005, pp. 365-391.

② Shui B, Harriss R C, "The Role of CO_2 Embodiment in US-China Trade", *Energy Policy*, Vol. 34, Issue18, 2006, pp. 4063-4068.

③ 刘强、庄幸、姜克隽、韩文科：《中国出口贸易中的载能量及碳排放量分析》，《中国工业经济》2008 年第 4 期。

④ 李丁、汪云林、牛文元：《出口贸易中的隐含碳计算——以水泥行业为例》，《生态经济》2009 年第 2 期。

⑤ 袁哲、马晓明：《生命周期法视角下的中国出口美国商品碳排放分析》，《商业时代》2012 年第 21 期。

量和碳足迹强度，相对于初级加工的资源型木材产品而言均比较大①。王益文和胡浩（2014）通过生命周期分析法，量化了2000～2010年城乡居民肉类消费生命周期的碳排放，并分析其潜在影响因素，结果表明：城乡居民肉类消费生命周期的碳排放总量呈现增长趋势，且城镇居民大于农村居民；肉类生产阶段碳排放量占全生命周期比重最大，运输阶段碳排放量增长迅速，消费阶段排放较少；加强饲养环节的技术革新、建立节能环保畜产品运输流通模式、提倡地产地销以及优化农村地区生活能源利用结构是现阶段肉类消费生命周期各阶段减排的有效措施②。武娟妮等（2015）以新型煤化工行业作为研究对象，采用生命周期分析方法，研究了煤炭从生产到产品消费的整个产业链的碳排放情况，结果显示，从生命周期的角度认识煤化工业发展带来的碳排放潜力，中期新型煤化工业生命周期CO_{2-eq}（CO_2当量）排放量是现状的10倍，远期甚至达到现状的21倍，新型煤化工业发展呈现过热势头，这给我国的碳减排目标带来不容忽视的压力③。宋博和穆英月（2015）通过构建多目标灰靶决策模型并借助生命周期法的理论思想，搜集整理2013年采用实地调查的方法获取的数据并以北京市为研究对象，对其地域范围内的蔬菜生产系统碳足迹进行评估分析④。黄葳等（2015）以宁波市为例，采用生命周期分析与环境投入产出相结合的综合分析框架，对其2012年居民所消费食物在农业生产阶段的直接和间接碳排放进行研究，分析不同食物及不同排放源的排放特征。结果表明，对食物消费碳排放总量的贡献排在前四位的依次是粮食、猪肉、水产品和牛肉，它们的占比分别为28%、25%、10%和9%；粮食、蔬菜和蛋类单位热量和单位蛋白质的碳排放均较小，禽、

① 吕佳、刘俊、王霞：《中国出口木质林产品的碳足迹特征分析》，《环境科学与技术》2013年第6期。
② 王益文、胡浩：《我国城乡居民肉类消费的碳排放特征分析——基于过程生命周期理论》，《安徽农业科学》2014年第13期。
③ 武娟妮、张岳玲、田亚峻等：《新型煤化工的生命周期碳排放趋势分析》，《中国工程科学》2015年第9期。
④ 宋博、穆英月：《设施蔬菜生产系统碳足迹研究——以北京市为例》，《资源科学》2015年第1期。

蛋、水产、鲜奶单位蛋白质的碳排放低于牛羊猪肉[1]。戴时雨等（2016）运用生命周期评价法，对低碳战略中的风电能源进行分析，并将自然植被纳入系统边界，计量风电场建设前后植被破坏及恢复带来的影响，在分析中，重点考虑对碳排放影响较大的配件生产及运输、建设期工程车耗油排放，更加合理地核算风电场碳排放和量化其环境影响，整个过程中，发现能源消耗造成的碳排放远大于资源损耗碳排放[2]。胡世侠等（2016）基于 IPCC 国家温室气体清单指南，运用过程生命周期评价法、动态评估及多元回归分析，对湖北省 2003~2013 年蔬菜生产系统碳足迹进行了核算，结果表明，湖北省蔬菜生产系统碳足迹由 2003 年的 116.05 万吨增长到 2013 年的 142.81 万吨，增加了 23.06%[3]。赵兵等（2016）基于生命周期法将花岗石全生命周期分为五个阶段，具体为石材产品生产加工阶段、规划设计阶段、建造施工阶段、使用维护阶段、清除回收阶段。在微观尺度下对碳排放量进行测度研究，建立了石材铺装过程碳排放量测度模型[4]。

2. 投入产出分析法

投入产出分析法（Input-Output Analysis，IOA），主要是从宏观层面进行把控，是一种由上而下进行分析的方法。投入产出分析方法由于其自身的理论内涵，利用此方法，能够追踪产品整个生产过程中消耗的全部能源，既包括直接能源消耗又包括间接能源消耗以及 CO_2 排放，并且依据能源消耗的数据，可以对在国内以及通过贸易在国外销售的产品中消耗的隐含能源和产生的隐含碳进行测算评估，这是一种从宏观的角度分析讨论国家产品部门碳排放被较为广泛采纳的方法，并且也是目前对产业部门碳排放进行分析研究的一种基本方法。Machado 等（2001）选取巴西对外贸易中的碳排放作为研

① 黄葳、胡元超、任艳、崔胜辉、高兵：《满足城市食物需求的农业生产碳排放研究——以宁波为例》，《环境科学学报》2015 年第 12 期。

② 戴时雨、高超、陈彬等：《基于生命周期的风电场碳排放核算》，《生态学报》2016 年第 4 期。

③ 胡世霞、向荣彪、董俊、齐振宏：《基于碳足迹视角的湖北省蔬菜生产可持续发展探讨》，《农业现代化研究》2016 年第 3 期。

④ 赵兵、张金光、刘瀚洋等：《园林铺装花岗石碳排放量的测度》，《南京林业大学学报（自然科学版）》2016 年第 4 期。

究对象，运用单区域投入产出模型进行相关计算，实证结果显示，在 1995 年相对于进口产品而言，出口的单位产品价值中消耗的能源较多，高出接近 40 个百分点，碳排放比进口更是多出 56 个百分点，由此可以清晰地看出，巴西为隐含碳的净出口国①。Hayami 和 Nakamura（2002）以日本和加拿大两个发达国家作为研究对象，具体对两国在贸易往来中产生的隐含碳排放进行对比分析，研究结果表明，日本的生产技术相对来说比较先进，因此在对外贸易中，出口产品主要是低碳产品；而加拿大主要凭借水电优势以及高效率的生产水平，出口的产品大多是能源和资源密集型，因此，隐含碳排放也比较低②。Ahmad 和 Wyckoff（2003）对 24 个国家的国际贸易碳排放采用多区域研究模型进行测度，结果表明：大体上来看，经合组织的成员国基本上是隐含碳排放的净进口国，另外，这些国家 CO_2 排放量差不多占到全球碳排放总量的 2.5%。并发现，与发达国家相比，发展中国家的出口碳排放显著高于进口碳排放，并且我国的碳排放失衡情况在所有的发展中国家中最为严重③。Sánchez-Chóliz 和 Duarte（2004）在对西班牙出口贸易中的碳排放进行研究时发现，西班牙由于净出口产生的碳排放所占的比重占其国内总碳排放量的 1.31%，但是其出口和进口的隐含碳量在总需求排放中所占的比例却分别高达 37% 和 36%，在贸易中西班牙属于隐含碳的净出口国④。Hae-Chun Rhee 和 Hyun-Sik Chung（2006）通过搜集整理 1990~1995 年的国际投入产出数据以韩日两个国家为研究对象，对它们两者之间通过贸易往来而随之产生的碳排放转移问题，以扩充的投入产出模型为研究工具进行分析比较，结

① Machado G，Schaeffer R，Worrell E，"Energy and Carbon Embodied in the International Trade of Brazil：An Input-output Approach"，*Ecological Economics*，Vol. 39，Issue 3，2001，pp. 409-424.

② Hayami H，Nakamura M，*CO₂ Emission of an Alternative Technology and Bilateral Trade between Japan and Canada：Relocating Production and an Implication for Joint Implementation*，Discussion Paper 75，Keio Economic Observatory，Tokyo：Keio University，2002.

③ Ahmad N，Wyckoff A，"Carbon Dioxide Emissions Embodied in International Trade of Goods"，*OCED Science & Industry Working Paper*，2003，pp. 1-22.

④ Julio Sánchez-Chóliz，Duarte Rosa，"CO₂ Emissions Embodied in International Trade：Evidence for Spain"，*Energy Policy*，Vol. 32，Issue 18，2004，pp. 1999-2005.

果发现，日本国内的产业结构相比韩国而言更加趋向于能源集约型①。Peters和 Hertwich（2008）在对 2001 年全球 80 多个国家以及地区的隐含碳排放测算时，专门对世界上各国进行贸易的对象是中间产品的情况运用多区域投入产出模型以及全球贸易分析模型进行实证研究，结果表明，所选取的研究对象的隐含碳排放量占全世界碳排放总量的比重竟高达 25%，另外，结果还显示，我国的进口碳排放量远远小于出口碳排放量，两者占国内碳排放的比重依次为 7% 和 24%，由此可见，我国出口碳排放远远高于进口碳排放，是全世界首屈一指的隐含碳净出口国②。齐晔等（2008）把我国作为研究对象，重点分析其碳排放的变化趋势，通过一系列相关研究发现，从 2004 年之后，我国的净出口碳排放量在碳排放总量中的占比不断攀升，其中，到 2006 年这个占比高达 10% 左右③。宁学敏（2009）通过整理 1998~2007 年工业品与碳排放量之间的相关数据，并运用计量的方法对这两者之间的关系进行讨论分析，最终结果显示，商品出口与碳排放量之间的关系表现为正向关系④。Hale Abdul Kander 等（2010）以 1950~2000 年作为研究期间，运用投入产出法对研究期间内瑞典由于对外贸易产生的碳排放进行了详细的研究，结果显示，瑞典并没有通过国际贸易这一过程对环境污染的压力进行转移，其国内减少环境污染的原因很大程度上是本国生产技术先进，利用此技术优势使国内消费结构以及能源系统得到大幅度的调整与改善优化⑤。尹显萍和程茗（2010）在测算中美双方贸易中的隐含碳排放时重点采用了投入产出模型，

① Hae-Chun Rhee, Hyun-Sik Chung, "Change in CO₂ Emission and Its Transmissions between Korea and Japan Using International Input-output Analysis", *Ecological Economics*, Vol. 58, Issue 4, 2006, pp. 788-800.

② Peters G P, Hertwich E G, "CO₂ Embodied in International Trade with Implications for Global Climate Policy", *Environmental Science and Technology*, Vol. 42, Issue 5, 2008, pp. 1401-1407.

③ 齐晔、李慧民、徐明：《中国进出口贸易中的隐含碳估算》，《中国人口·资源与环境》2008 年第 3 期。

④ 宁学敏：《我国碳排放与出口贸易的相关关系研究》，《生态经济》2009 年第 11 期。

⑤ Hale Abdul Kander, Michael Adams, Lars Fredrik Andersson, et al, "The Determinants of Reinsurance in the Swedish Property Fire Insurance Market during the Interwar Years, 1919-1939", *Business History*, Vol. 52, Issue 2, 2010, pp. 268-284.

通过大量的实证研究发现，中美两国之间的生产技术水平差距巨大，从而在国际贸易中产品的分工不同，进而导致双方在贸易中会产生碳转移的情况①。张纪录（2012）对 2002~2009 年我国出口隐含碳排放运用改进的投入产出模型进行了动态研究，结果发现在该研究期间内，我国出口贸易产生的碳排放大约占总碳排放的 12%~18%，并且隐含碳排放会随着出口贸易的不断发展而持续增加②。闫云凤等（2013）借助多区域投入产出模型，测度了我国进出口产品中的隐含碳排放情况③。庞军等（2014）基于 2004 年以及 2007年数据，构建出全球多区域投入产出表，测度了中国和美国、欧洲、日本之间分行业的贸易隐含碳动态变化情况，分析发现：2004~2007 年，中美、中欧之间的出口隐含碳排放呈现出递增态势，但中日之间出口隐含碳排放则逐渐递减④。黄蕊等（2015）使用多区域投入产出分析法，分别从生产者和消费者的角度对北京各部门碳排放进行分析，并估算各部门进出口贸易中隐含的碳排放量。结果表明北京是一个碳排放净流入区域。基于生产者和消费者的角度，北京的碳排放总量分别是 142.79 吨和 116.80 吨。输出贸易中隐含的碳排放量为 28.15 吨，包括区域间调出和国际出口。输出贸易中隐含碳排放最大的部门是石油加工、炼焦及核燃料加工业。输入贸易中隐含的碳排放量为 54.15 吨，包括区域间调入和国际进口。其中，建筑业部门在输入贸易中隐含碳排放最大⑤。杨顺顺（2016）基于修正的投入产出模型和双比例平衡法（RAS 法），借助投入产出分析思想，通过搜集整理相关能源消费数据，对中国 23 个工业部门的直接和完全碳排放、碳排放的部门间转移和进出口

① 尹显萍、程茗：《中美商品贸易中的内涵碳分析及其政策含义》，《中国工业经济》2010 年第 8 期。
② 张纪录：《中国出口贸易的隐含碳排放研究——基于改进的投入产出模型》，《财经问题研究》2012 年第 7 期。
③ 闫云凤、赵忠秀、王苪：《基于 MRIO 模型的中国对外贸易隐含碳及排放责任研究》，《世界经济研究》2013 年第 6 期。
④ 庞军、徐梦艺、张浚哲、闫玉楠：《中美、中欧及中日间贸易隐含碳变化的结构分解分析》，中国环境科学学会学术年会论文集，成都，2014 年，第 934~940 页。
⑤ 黄蕊、钟章奇、孙翊、刘昌新、刘丽：《区域分部门贸易的隐含碳排放——以北京市为例》，《地理研究》2015 年第 5 期。

转移进行了定量评价和预测①。马晓微等（2016）以 2002 年、2005 年、2007 年以及 2010 年作为研究期间，把该期间内中美两国居民因居民生活消费引致的间接碳排放作为研究对象，基于投入产出模型，进行对比分析发现，在间接碳排放总量方面美国居民生活消费导致的排放整体上比中国高，可近年来中国表现出逐年快速上涨态势，相反美国则呈现稍微下降趋势；居住、文教娱乐和交通通信方面是美国居民消费间接碳排放的主要来源，中国则主要集中在居住方面，约占一半左右，就文教娱乐、交通通信方面来比较，美国要远远高于中国；就居民居住导致的间接碳排放量绝对量而言，美国在所研究期间内一直表现得比较平稳，稳定在 4 亿吨左右，而中国却从 1.5 亿吨一路攀升至 5 亿吨，增幅高达 233%②。钱志权和杨来科（2016）利用可比价格的全球投入产出表，构建了一个包含中国、日本、韩国、印度尼西亚、马来西亚、菲律宾、新加坡、泰国、中国台湾、越南等国家（地区）的多区域投入产出（MRIO）模型，运用 MRIO-SDA 技术对 1997~2002 年、2002~2007 年、2007~2012 年中国对东亚地区出口隐含碳排放进行了跨期比较。研究表明：东亚垂直分工导致了中国隐含碳排放增长，而且虽然中国能源利用效率的提高对隐含碳的增加有缩减效应，但减幅明显收窄③。尚春静等（2016）为了解海南建筑业碳排放情况，采用投入产出分析法对 1993~2013 年的海南建筑业碳排放进行了核算和分析，并在此基础上对 2015~2020 年的海南建筑业碳排放进行了预测。结果表明：在保持现有建筑技术条件下，海南建筑业碳排放距 2020 年国家 40% 的减排指标还有很大差距④。

3. IPCC 分析法

IPCC 方法（Intergovernmental Panel on Climate Change，IPCC），该方法

① 杨顺顺：《中国工业部门碳排放转移评价及预测研究》，《中国工业经济》2016 年第 6 期。

② 马晓微、叶奕、杜佳等：《基于投入产出中美居民生活消费间接碳排放研究》，《北京理工大学学报（社会科学版）》2016 年第 1 期。

③ 钱志权、杨来科：《东亚垂直分工对中国贸易隐含碳的影响研究——基于 MRIO-SDA 方法跨期比较》，《资源科学》2016 年第 9 期。

④ 尚春静、蔡晋、刘艳荣、廖伟志：《海南省建筑业碳排放核算分析及预测研究》，《环境工程》2016 年第 4 期。

在估算温室气体排放方面提供了详细的思路，在国际上得到众多学者和机构的广泛认可，尤其在测算碳排放方面是一种国际通用的方法之一。IPCC 方法在核算碳排放时，把 1996 年温室气体排放清单作为计算基础。到 2006 年，碳源根据排放量和清除量来源的不同进行划分，合并为四个部门，具体为：能源、工业过程和产品用途、农林和其他土地利用以及废物垃圾[①]。更进一步，不同国家的每一个部门根据不同的划分标准又可以细分为类别和亚类，如能源与煤炭，可以通过适当的方法测算碳排放，其中，具体的计算方程为：碳排放量=AD×EF，其中，AD（Activity Data）表示人类活动水平数据，EF（Potential Carbon Emission Factor）表示潜在碳排放因子。通过获取与人类活动相关的一系列基础数据，依据碳排放量的基本公式对碳排放量进行计算，因此就可以确定出各个行业所属的具体类别以及整体碳排放量的清单报告。在 IPCC 给出的碳排放清单指导框架下，各国应根据本国的实际国情，制定出更适合本国的碳排放清单，为分析本国的碳排放趋势以及特点提供依据。但因为受限于生产工艺以及技术水平因素的影响，排放因子在不同的国家表现出明显的差异，故而造成同一个部门在不同的国家或者同一国家内的不同部门计算出来的碳足迹（Carbon Footprint）都千差万别。Winjum 等（1998）利用 IPCC 缺省法对木制产品的碳排放情况进行了测算，结果表明，其碳排放呈现渐变的趋势，而全世界林产品中的碳储量表现出递增的态势[②]。Hashimoto 等（2002）认为世界上的木质林产品是巨大的碳库，并且其储碳量不断的上升，以 UNFCCC 附件 I 16 个国家的木质林产品为研究对象，采用 IPCC 方法对其储碳量进行详细的分析，结果发现，在 1990～1999 年的研究期间内，大多数国家的木质林产品年均储碳量远小于碳排放，仅仅为碳排

---

① IPCC/IGES, 2006 *IPCC Guidelines for National Greenhouse Gas Inventories*, Geneva: Intergovernmental Panel on Climate Change, Institute for Global Environmental Strategies, 2006.

② Winjum J K, Brown S, Schlamadinger B, "Forest Harvests and Wood Products: Sources and Sinks of Atmospheric Carbon Dioxide", *Forest Science*, Vol. 44, Issue 2, 1998, pp. 272-284.

放的10%[1]。Green 等（2006）以 1961~2003 年作为研究期间，以爱尔兰为研究对象，运用 IPCC 方法测算研究期间内爱尔兰木质林产品与固体废物处置场（SWDS）木质林产品的碳储量，与此同时又对结果的不确定性采用蒙特卡罗模拟法进行了研究讨论[2]。Ana Cláudia Dias 等（2007）选取国家特定数据运用 IPCC 提供的方法进行研究，结果发现，木材净出口国的葡萄牙，其木质林产品在 1990~2000 年的碳储量大致是每年 112Gg~1016Gg[3]。邱薇和张汉林（2012）借助 IPCC 的理论思想，测算 CO_2 排放量，分析了潜在碳边界调节措施的实施会对我国的出口造成哪些具体的影响，结果表明，其影响不是很大，但是碳成本上升会对一部分产品的出口造成很大的冲击，例如，钢铁产业、化学制造产业和非矿物制造产业[4]。白冬艳等（2013）根据 2006 年《IPCC 国家温室气体清单指南》得出，在测算木质林产品隐含碳排放时，所包含的环节众多，不仅包括加工以及使用阶段产生的碳，还包括森林在栽种、木材加工和运输、经营等生产和经营销售阶段排放出来的碳[5]。刘爱东等（2014）以 1990~2011 年为研究期间，运用 IPCC 法重点分析了在该时期内我国一次能源消耗量，核算结果表明在该期间内我国一次能源消耗量均以高增长率快速增加[6]。王逸清（2015）在介绍 IPCC 排放因子法的理论计算方法的基础上，应用 IPCC 排放因子方法相应地测算出 CO_2 排放量，

① Hashimoto S，Nose M，Obara T，et al.，"Wood Products：Potential Carbon Sequestration and Impact on Net Carbon Emissions of Industrialized Countries"，*Environmental Science and Policy*，Vol. 118，Issue 5，2002，pp. 183–193.

② Carly Green，Valerio Avitabile，Edward P Farrell，et al.，"Reporting Harvested Wood Products in National Greenhouse Gas Inventories：Implications for Ireland"，*Biomass and Bioenergy*，Vol. 30，Issue 5，2006，pp. 105–114.

③ Ana Cláudia Dias，Margarida Louro，Luís Arroja，et al.，"Carbon Estimation in Harvested Wood Products Using a Country – specific Method：Portugal as a Case Study"，*Environmental Science Policy*，Vol. 10，Issue 3，2007，pp. 250–259.

④ 邱薇、张汉林：《碳边界调节措施对中国出口产品影响评估》，《国际经贸探索》2012 年第 2 期。

⑤ 白冬艳、张德成、翟印礼、殷炜达、李智勇：《论进出口国共担国际贸易中的木质林产品隐含碳排放》，《林业经济问题》2013 年第 4 期。

⑥ 刘爱东、曾辉祥、刘文静：《中国碳排放与出口贸易间脱钩关系实证》，《中国人口·资源与环境》2014 年第 7 期。

同时对差值比例进行比较分析，对降低渔业能源消耗等提供了有利的数据支持[1]。马彩虹等（2015）测度了湖南省 1995~2011 年温室气体排放情况，并对其变化动态进行了相关分析，指出温室气体排放主要源自于能源消费，减排形势非常严峻[2]。高长春等（2016）基于 IPCC 提供的参考方法，估算了中国大陆 30 个省区（不含西藏）能源消费碳排放量[3]。计志英等（2016）运用 IPCC 的二氧化碳排放量测算方法，在省际层面测度了我国家庭部门直接能源消费碳排放，并基于扩展的 STIRPAT 和 Kaya 模型，构建家庭部门直接能源消费碳排放影响因子动态面板数据模型，对我国 2003~2012 年分省面板数据样本及城乡子样本进行系统 GMM 估计[4]。

二、关于碳排放变化因素分解方法的研究

目前，在理论界主要采用的是因素分解法（Decomposition Analysis）对 CO_2 排放变化的相关影响因素进行分析，它之所以成为使用广泛的方法源自于它的众多优点，如其直观简洁、方便进行数据操作等。该方法的分析思路是对 CO_2 排放量变化进行分解，然后通过定量分析的方法对影响 CO_2 排放量变化的有关因素进行具体分析，通过分析结果反映出各个具体的驱动因素对碳排放量变化的影响程度。基于此，通过整理相关文献资料可知，国内外众多的学者重点在单位 GDP 能耗、能源经济、CO_2 排放等的变化方面采用因素分解法进行分析，该方法当前已成为各国研究应用的焦点。从方法论的角度考察，因素分解法包括两种主要方法：

1. 结构分解法（Structural Decomposition Analysis，SDA）

结构分解法最早是由 Leontief 和 Ford 在 1972 年提出的，此方法把投入产

---

① 王逸清：《IPCC 排放因子法在渔业碳排放减排评价中的应用》，《现代农业科技》2015 年第 20 期。

② 马彩虹、赵晶、谭晨晨：《基于 IPCC 方法的湖南省温室气体排放核算及动态分析》，《长江流域资源与环境》2015 年第 10 期。

③ 高长春、刘贤赵、李朝奎等：《近 20 年来中国能源消费碳排放时空格局动态》，《地理科学进展》2016 年第 6 期。

④ 计志英、赖小锋、贾利军：《家庭部门生活能源消费碳排放：测度与驱动因素研究》，《中国人口·资源与环境》2016 年第 5 期。

出模型以及投入产出表中的数据作为分析计算的基础，故此方法又被称为投入产出结构分解方法（Input-output Structural Decomposition Analysis，IOSDA）或者投入产出分解方法（Input-output Decomposition Analysis，IODA）[①]。该方法的分析思路为首先分解一个目标变量的变化，将其分成若干个驱动因素的变化，以此来判断这若干个不同的驱动因素对目标变量变化造成的影响大小，根据影响的大小分辨出贡献较大的影响因素，接着再依据具体的分析需要逐层地进行分解，最终就可以得出目标变量变化受到各个驱动因素的影响程度。SDA 不仅对解释变量在空间和时间上的变化具有较强的说服力，而且还能够计算出驱动因素对目标变量变化的直接和间接影响程度，故而，从 20 世纪 80 年代以来，该方法迅速在国内外普及开来，并着重应用在能源投入、能源消费、能源强度、污染物排放等能源经济以及环境问题等领域。结构分解方法是一种定性和定量分析的方法，该方法基于投入产出方法对 CO_2 排放的影响因素进行定量和定性分析，以消耗系数矩阵为基础数据，再将投入产出表结合进来，可较为细致地对各影响因素进行分析。该方法的理论背景很强，可以显著地展现出能源利用和宏观经济变量这两者之间的关联。特别是在部门存在交叉时该方法的优势更加明显。另外在影响因素较多的情况下使用该方法更为合适。"环境投入—产出"模型普遍被广大学者应用于 CO_2 驱动因素分析中。一般将驱动因素分解为各种因素的乘积，例如：总产值、产出系数、排放系数、最终消费比例等的乘积，紧接着计算 CO_2 排放受到投入产出系数和消费比例的影响。例如，Nobuko（2004）运用该方法探究了日本工业 CO_2 排放受到环境因素和生产技术的影响[②]。Rhee 和 Chung（2006）利用该方法研究了韩国和日本 CO_2 排放驱动因素[③]。Peter 和 Webber（2007）借助该方法对我国 CO_2 排放量受到技术、经济结构、城市化和生活方式等因素

[①] Ang B W, Zhang F Q, "A Survey of Index Decomposition Analysis in Energy and Environmental Studies", *Energy*, Vol. 25, Issue 2, 2000, pp. 1149-1176.

[②] Nobuko Yabe, "An Analysis of CO_2 Emissions of Japanese Industries during the Period between 1985 and 1995", *Energy Policy*, Vol. 32, Issue 5, 2004, pp. 595-610.

[③] Rhee H C, Chung H S, "Change in CO_2 Emission and Its Transmissions between Korea and Japan Using International Input-output Analysis", *Ecological Economics*, Vol. 58, Issue 4, 2006, pp. 788-800.

的影响做了详细分析，发现城市化和生活方式因素产生的影响较大，这两种因素的影响远远超过了技术效应的影响[1]。Guan 等（2008）运用该方法对我国 CO_2 排放影响因素做了相关研究，研究结果表明家庭消费、投资和出口贸易的增长会对 CO_2 排放产生一定的拉动作用[2]。Zhang（2009）同样运用该方法对 1992~2006 年我国 CO_2 排放影响因素进行了研究，分析得出影响 CO_2 排放量的主要因素之一是生产方式[3]。郭朝先（2010）基于双层嵌套结构式的结构分解分析（SDA）方法，对 1992~2007 年我国 CO_2 排放增长影响因素从经济整体、分产业和工业分行业三个角度进行了分解。实证结果显示，碳减排最主要的因素始终是能源消费强度，促使碳排放增加的主要因素是最终需求的规模扩张和投入产出系数的变动，与之相比，进口替代效应和能源消费结构变动效应一直比较小，在分析的众多效应中，效用作用最大的是出口与投资扩张效应，而其中的消费扩张效应的作用明显下降[4]。Li（2001）采用该方法对台湾石化行业 CO_2 排放因素进行了研究[5]。黄敏和刘剑锋（2011）定量测算了中国进出口贸易在 2002 年、2005 年及 2008 年中隐含碳排放情况，为了更深入地分析引起我国外贸隐含碳变化的影响因素及其各影响因素的重要性，采用投入产出结构分解模型（IO-SDA）进行了进一步的分析讨论[6]。邓荣荣和陈鸣（2014）基于中美两国非竞争（进口）型可比价投入产出表，对中美贸易中的隐含碳排放量进行了测算与分析，同时借助结构分解分析法对两国之间贸易隐含碳排放的驱动因素做了相关的研究，结果表明中

[1] Peter G P, Webber C, "China's Growing CO Emission—A Race between Increasing Consumption and Efficiency Gains", *Environmental Science and Technology*, Vol. 41, Issue 17, 2007, pp. 5939-5944.

[2] Guan D, Hubacck K, Weber C L, "The Drivers of Chinese CO_2 Emission from 1980 to 2030", *Global Environmental Change*, Vol. 18, Issue 4, 2008, pp. 626-634.

[3] Zhang Y, "Structural Decomposition Analysis of Sources of Decarbonizing Economic Development in China: 1992-2006", *Ecological Economics*, Vol. 68, Issue 8-9, 2009, pp. 2399-2405.

[4] 郭朝先：《中国二氧化碳排放增长因素分析——基于 SDA 分解技术》，《中国工业经济》2010 年第 12 期。

[5] Li Lee, "Structural Decomposition of CO_2 Emissions from Taiwan's Petrochemical Industries", *Energy Policy*, Vol. 29, Issue 3, 2001, pp. 237-244.

[6] 黄敏、刘剑锋：《外贸隐含碳排放变化的驱动因素研究——基于 I-O SDA 模型的分析》，《国际贸易问题》2011 年第 4 期。

国对美国的出口含碳量与净贸易含碳量持续为正，并呈现递增的态势①。王磊（2015）运用结构分解法研究中国的能源消耗或二氧化碳排放的影响因素②。郑珍远和陈晓玲（2016）通过构建福建经济增长变动结构分解分析（SDA）模型，从最初投入与最终需求两大角度对福建经济增长变动进行因素分解，将福建经济增长变动分解为最初投入结构、技术投入、最终需求总量、最终需求分布以及最终需求结构五大影响因素，定量测度各因素对福建经济增长变动的贡献率。实证结果表明，最终需求总量是影响福建经济增长变动的关键因素，且具有较强的稳定性③。冯宗宪和王安静（2016）采用基于投入产出法的结构分解模型（IO-SDA）分产业、分时间段从整体状况研究了陕西省碳排放的影响因素，并分别分离出每个因素对碳排放所做出的贡献。研究结果表明，1997~2012 年流出扩张效应、投资扩张效应和投入产出系数变动效应是碳排放量增加的最主要因素④。

2. 指数分解法（Index Decomposition Analysis，IDA）

指数分解法的一个优点在于数据获取的灵活性，其计算所需的数据不一定非要来自于投入产出表，这就极大地避免了投入产出表每五年一出而带来的数据难获得性。只需要对所有行业部门的数据进行汇总即可，因而对数据的要求明显偏低，并且相对来说很容易获取，与此同时，目标变量变化的影响因素之间可用多种形式表示，如既可以用加法形式表示又能够用乘法形式表述。基于此，其被应用的领域非常广泛，其中就包括诸如能源经济、生态环境、CO_2 排放影响因素等领域。指数因素分解法一般多用于驱动因素的研究，同时用于含有时间序列的研究对象。因为该方法根据时间序列做出分析，操作又相对简单，因而被学者们广泛应用到资源、环境和经济等领域。

---

① 邓荣荣、陈鸣：《中美贸易的隐含碳排放研究——基于 I-O SDA 模型的分析》，《管理评论》2014 年第 9 期。

② 王磊：《中国能源消耗国际转移规模及驱动因素研究——基于完全分解均值法处理的 I-O SDA 模型》，《山东财经大学学报》2015 年第 2 期。

③ 郑珍远、陈晓玲：《基于 SDA 的福建经济增长变动实证分析》，《科研管理》2016 第 S1 期。

④ 冯宗宪、王安静：《陕西省碳排放因素分解与碳峰值预测研究》，《西南民族大学学报（人文社会科学版）》2016 年第 8 期。

指数因素分解方法源自于 Kaya（1989）在研究经济和人口等对 CO_2 排放的影响。这种方法的基本思路是将影响 CO_2 排放的因素剖析为几个因素的乘积，接着利用不同的方法对其权重加以分解确定，从而明确各个因素的增量。该方法的优势在于数据便于获取，适用于区域之间的比较[①]。常用的指数因素分解方法一般有三个，即：Laspeyres 指数分解法、Divisia 简单平均分解法和 Divisia 自适应权重分解法。

（1）Laspeyres 指数分解法。Laspeyres 指数分解法又称为拉氏指数法，该方法的基本思路是以某年作为基年，同时把该年指标作为权重，其他驱动因素固定不变，只让一个驱动因素发生变化。Schipper 和 Howarth（1992）采用该方法对美国及 OECD 国家 CO_2 排放问题进行了研究[②]。Sun（1998）根据"协同产生，平均分配"的原则提出了改善后的 Laspeyres 模型，对残差项做了进一步研究，这种模型消除了由于时间逆转引起的不同百分比变化对研究对象造成的影响[③]。Claudia（1998）运用拉氏指数分析法研究了墨西哥水泥行业碳排放影响因素，结果表明水泥行业碳排放的主要驱动因素是能源强度变化[④]。Zhang（2003）在对 1990~1997 年中国工业部门能源消费变化进行分析时运用了没有残差的 Laspeyres 指数分解法[⑤]。Kumbaroglu（2011）对土耳其 CO_2 排放的驱动因素研究时也运用该方法，发现土耳其 CO_2 排放主

① Kaya Yoichi, *Impact of Carbon Dioxide Emission on GNP Growth：Interpretation of Proposed Scenarios*, Presentation to the Energy and Industry Subgroup, Response Strategies Working Group, IPCC, Paris, 1989.

② Schipper L, Howarth R B, "Energy Intensity Sectoral Activity and Structural Change in the Norwegian Economy Energy", *The International Jouranl*, Vol. 17, Issue 3, 1992, pp. 215-233.

③ Sun J, "Changes in Energy Consumption and Energy Intensity：A Complete Decomposition Model", *Energy Economics*, Vol. 20, Issue 1, 1998, pp. 85-100.

④ Claudia Sheinbaum, "Energy Use and CO_2 Emission for Mexico's Cement Industry", *Energy*, Vol. 23, Issue 9, 1998, pp. 725-732.

⑤ Zhang Z X, "Why Did the Energy Intensity Fall in China's Industrial Sector in the 1990s? The Relative Importance of Structural Change and Intensity Change", *Energy Economics*, Vol. 25, Issue 6, 2003, pp. 625-638.

要驱动因素是经济规模①。路正南等（2014）运用 Laspeyres 分解法对中国碳生产率的变动情况进行解析，并以 2000~2010 年为样本期，定量研究了碳排放结构变动、低碳技术进步等因素对中国碳生产率变动的影响，并从行业角度对碳生产率增长波动性进行研究，分析结果表明：低碳技术进步是驱动碳生产率增长的主要原因，而不合理的碳排放结构阻碍了低碳经济的发展，具有先进低碳技术的行业部门碳排放空间不足是导致碳生产率增长缓慢的根本原因②。路正南等（2015）以 2000~2012 年为样本期，采取 Laspeyres 分解法定量研究了产业系统碳生产率变动的影响因素，并从行业角度对碳生产率增长进行分析，结果表明：碳生产率增长的主导因素是低碳技术进步，而碳排放空间流动的结构红利还不明显。就变动趋势而言，技术进步的贡献值在逐步降低，而结构优化贡献值在逐渐上升，考虑到这一趋势，假设在技术出现饱和的情况下可以通过市场机制实现产业系统的低碳化发展③。孙玉环等（2016）采用 Laspeyres 分解方法，从纵向和横向两个维度，将能源消费强度分解为结构效应与效率效应，研究结果表明：随着产业结构不断优化，效率因素逐渐超越结构因素成为影响能源消费强度的主要因素，以能源技术为代表的效率因素的提高，可以有效降低能源消费强度，对总体能源消费强度影响最大的部门是工业部门，交通运输、仓储和邮政业对能源消费强度降低发挥的作用越来越明显④。

（2）Divisia 简单平均分解法。Liu 和 Ang（2007）提出了对数平均迪氏指数分解法（LMDI），该方法以一个对数平均公式取代了数学平均迪氏指数方法，由于 LMDI 分解方法的理论基础非常扎实，同时又易于使用，适应能

① Kumbaroglu G, "A Sectoral Decomposition Analysis of CO_2 Emissions over 1990-2007", *Energy*, Vol. 36, Issue 5, 2011, pp. 2419-2433.

② 路正南、杨洋、王健：《基于 Laspeyres 分解法的中国碳生产率影响因素解析》，《工业技术经济》2014 年第 8 期。

③ 路正南、杨洋、王健：《碳结构变动对产业系统碳生产率的影响——基于 Laspeyres 分解模型的经验分析》，《科技管理研究》2015 年第 10 期。

④ 孙玉环、李倩、陈婷：《中国能源消费强度行业差异及影响因素分析——基于指数分解》，《调研世界》2016 年第 4 期。

力较强，算得上一种较为完备的分解方法，对数平均迪氏指数分解法
（LMDI）在解决残差值问题上处理能力较强，而且能够有效处理出现 0 值的
情况，所以从包括理论背景、适用性、实用性、可操作性等角度以及最终结
果简易的表达形式的多种角度来考量，对于研究国际贸易碳排放问题，其都
是一种极好的指数分解方法①。Can Wang 等（2005）在研究 1957~2000 年
中国隐含碳排放的影响因素问题时采用对数平均迪氏指数法（LMDI）进行
了分析。徐国泉等（2006）借助对数平均权重 Divisia 分解法，利用测算碳
排放量的基本等式，建立中国人均碳排放的因素分解模型，对 1995~2004 年
能源结构、能源效率和经济发展等因素的变化对中国人均碳排放的影响进行
了定量分析②。黄菁（2009）将对数平均 Divisia 指数方法运用于我国四种主
要的工业污染物的分析，发现工业污染增加的主要原因是受到规模效应的影
响，若要减少污染，技术效应则不可或缺，我国的工业污染有所加重是因为
受到结构效应的影响；进一步研究分析发现，工业行业的不同，造成它们之
间技术效应和结构效应也有很大的差别③。王锋等（2010）选取 1957~2000
年我国的 CO_2 排放量的时间序列作为研究对象，发现经济增长与 CO_2 排放之
间同步增加，而技术进步对降低能源强度以及减少碳排放具有明显的作用④。
王媛等（2011）选取 LMDI 方法分析影响隐含碳净转移的因素，得出结论：
中国的高碳排放强度是当今碳转移额外增加的主要原因⑤。宋莹莹（2012）
利用对数平均迪氏指数法对 2006~2009 年中国出口贸易隐含碳排放的影响因
素进行研究，结果表明：中国需降低行业碳排放强度，优化商品出口结构⑥。

① Liu N A, Ang B W, "Factors Shaping Aggregate Energy Intensity Trend for Tndustry: Energy Intensity Versus Produc Mix", *Energy Economics*, Vol. 29, Issue 4, 2007, pp. 609-635.
② 徐国泉、刘则渊、姜照华：《中国碳排放的因素分解模型及实证分析：1995-2004》，《中国人口·资源与环境》2006 年第 6 期。
③ 黄菁：《环境污染与工业结构：基于 Divisia 指数分解法的研究》，《统计研究》2009 年第 12 期。
④ 王锋、吴丽华、杨超：《中国经济发展中碳排放增长的驱动因素研究》，《经济研究》2010 年第 2 期。
⑤ 王媛、魏本勇、方修琦等：《基于 LMDI 方法的中国国际贸易隐含碳分解》，《中国人口·资源与环境》2011 年第 2 期。
⑥ 宋莹莹：《中国出口贸易隐含碳排放的影响因素研究》，《改革与开放》2012 年第 6 期。

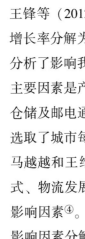

王锋等（2012）采用 Divisia 指数分解方法，将 1995~2007 年中国的碳排放增长率分解为 11 种影响因素的加权贡献率[①]。王凯等（2013）运用 LMDI 法分析了影响我国服务业 CO_2 排放的因素，发现影响服务业 CO_2 排放增量的最主要因素是产业规模和人口效应，服务业 CO_2 排放的主要部门是交通运输、仓储及邮电通信业[②]。李治等（2013）在研究城市家庭碳排放影响因素时，选取了城市每户收入、人口水平、人口密度、家庭规模，住房面积等指标[③]。马越越和王维国（2013）利用 LMDI 方法从能源结构、能源效率、运输方式、物流发展、经济增长、人口等方面入手分析了我国人均二氧化碳排放的影响因素[④]。杨红娟等（2014）基于 LMDI 模型将云南省生产部门的碳排放影响因素分解为碳排放系数、经济发展、能源消费结构、产业结构、人口和能源强度，研究结果表明，经济发展、人口和产业结构是碳排放增加的驱动因素，能源强度、碳排放系数和能源消费结构是抑制碳排放增加的驱动因素[⑤]。庞军和张浚哲（2014）采用 LMDI 方法对 2004~2007 年中欧双边贸易中隐含碳变化进行分析认为：中国是典型的隐含碳排放净出口国，欧盟则是典型的隐含碳排放净进口地区[⑥]。刘爱东等（2014）运用 LMDI 方法对碳排放的驱动因素进行了分解，认为出口贸易与碳排放呈正向相关关系，出口贸易增长是导致碳排放增加的主要因素之一[⑦]。Mu-qin（2015）运用 LDMI 模型研究了中国出口部门 CO_2 排放的影响因素，认为对外出口量的增长是导致

---

① 王锋、吴丽华、杨超：《中国经济发展中碳排放增长的驱动因素研究》，《经济研究》2012 第 2 期。

② 王凯、李泳萱、易静、郑群明：《中国服务业增长与能源消费碳排放的耦合关系研究》，《经济地理》2013 年第 12 期。

③ 李治、李培、郭菊娥、曾先峰：《城市家庭碳排放影响因素与跨城市差异分析》，《中国人口·资源与环境》2013 第 10 期。

④ 马越越、王维国：《中国物流业碳排放特征及其影响因素分析——基于 LMDI 分解技术》，《数学的实践与认识》2013 年第 10 期。

⑤ 杨红娟、李明云、刘红琴：《云南省生产部门碳排放影响因素分析——基于 LMDI 模型》，《经济问题》2014 年第 2 期。

⑥ 庞军、张浚哲：《中欧贸易隐含碳排放及其影响因素——基于 MRIO 模型和 LMDI 方法的分析》，《国际经贸探索》2014 年第 11 期。

⑦ 刘爱东、曾辉祥、刘文静：《中国碳排放与出口贸易间脱钩关系实证》，《中国人口·资源与环境》2014 年第 7 期。

CO_2 排放增加的主要因素[1]。Shahiduzzaman 等 (2015) 利用 LMDI 法对 1978 ~ 2010 年澳大利亚碳排放的影响因素进行分析，结果显示能源效率的提高是主要的减排因素，与经济结构一起使 CO_2 排放减少 50%[2]。Liu 和 Zhao (2015) 采用 LMDI 方法研究了能源结构、能源消费强度、能源支出结构、居民收入、人口结构以及人口对中国居民直接能源消耗的影响[3]。王常凯和谢宏佐 (2015)[4]、金莹 (2015)[5] 运用 LMDI 方法分别对中国电力部门和河南省碳排放的影响因素进行分析，结果发现人口规模虽是正向效应，但影响程度较小。戴小文等 (2015) 运用 LMDI 方法对 1990 ~ 2013 年和 1997 ~ 2010 年的农业能耗碳排放量变化进行了分解，结果均表明，农业总产值变动是引起农业能耗碳排放正向增加的主要因素[6]。贺亚琴和冯中朝 (2015) 运用 LMDI 方法对影响中国出口贸易隐含碳排放的因素进行分解，将出口贸易隐含碳的变化分解为规模效应、结构效应和技术效应[7]。Zhang 等 (2016) 基于 LMDI 分解模型，分析了能源结构、能源效率、人均居住面积和人口对江苏省城乡居民直接能源消耗的影响[8]。王长建等 (2016) 运用 LMDI 方法，将 1952 ~ 2010 年新疆一次能源消费产生的碳排放影响因素分解为人口规模效应、经济产出效应、能源强度效应、能源结构效应和能源替代效应，实证结果发现经

① Mu-qin T E, "A Research into CO_2 Emission from China's Export, 2000-2012", *Mathematics in Practice and Theory*, Vol. 46, Issue 8, 2015, pp. 16.

② Shahiduzzaman M, Layton A, Alam K, "Decomposition of Energy-related CO_2 Emissions in Australia: Challenges and Policy Implications", *Economic Analysis & Policy*, Vol. 45, 2015, pp. 100-111.

③ Liu Z, Zhao T, "Contribution of Price/Expenditure Factors of Residential Energy Consumption in China from 1993 to 2011: A Decomposition Analysis", *Energy Conversion and Management*, Vol. 98, 2015, pp. 401-410.

④ 王常凯、谢宏佐：《中国电力碳排放动态特征及影响因素研究》，《中国人口·资源与环境》2015 年第 4 期。

⑤ 金莹：《基于 LMDI 的河南省能源碳排放驱动因素分析》，《湖北农业科学》2015 年第 13 期。

⑥ 戴小文、何艳秋、钟秋波：《中国农业能源消耗碳排放变化驱动因素及其贡献研究——基于 Kaya 恒等扩展与 LMDI 指数分解方法》，《中国生态农业学报》2015 年第 11 期。

⑦ 贺亚琴、冯中朝：《中国出口结构优化——基于碳排放的视角》，《中国科技论坛》2015 年第 1 期。

⑧ Zhang M, Song Y, Li P, et al., "Study on Affecting Factors of Residential Energy Consumption in Urban and Rural Jiangsu", *Renewable & Sustainable Energy Review*, Vol. 53, 2016, pp. 330-337.

济产出和人口规模是促进碳排放增加的重要原因①。李焱等（2016）采用 LMDI 分解法对 2005~2013 年我国的碳排放进行分解，得出海运出口贸易规模、能源效率、能源结构、碳排放强度是构成碳排放的四个因素②。邵桂兰等（2015）将我国海洋渔业人均碳排放驱动因素分解为碳排放系数、能源强度、产业结构和产业规模，运用 LMDI 分解法对 2003~2013 年我国海洋渔业碳排放进行实证研究③。李创和昝东亮（2016）以物流运输业为研究对象，以 2004~2014 年物流运输能源消耗为基础数据，利用 LMDI 方法对物流运输产生的碳排放量进行因素分解，得出碳排放因子、能源消耗结构、运输方式、物流运输货运量、能源消耗强度五种影响因素④。原嫄等（2016）对受到广泛认可的 LMDI 完全分解法进行修正，对全球碳排放进行关于人口规模、经济发展水平、产业结构和技术进步等影响因素的贡献分解，并在不同发展水平国家集团的视角下进行深入对比分析⑤。郭沛等（2016）根据 2004~2013 年的相关数据，基于 LMDI 模型将山西省的碳排放影响因素分解为人口、人均 GDP、产业结构、能源结构和碳强度五个因素⑥。

（3）Divisia 自适应权重分解法。Liu 和 Ang（1992）根据研究需要提出了 Divisia 自适应权重分解方法。这种方法在计算过程中需要连续求微分和积分，首先是求微分，然后再求积分。将时间段内函数微分求导后再计算各影响因子单项积分，并把其作为 CO_2 排放各影响因素的权重，这种方法可以较真实地反映实际情况，但是，由于计算过程中涉及微积分等运算，计算起来

① 王长建、汪菲、张虹鸥：《新疆能源消费碳排放过程及其影响因素——基于扩展的 Kaya 恒等式》，《生态学报》2016 年第 8 期。

② 李焱、刘野、黄庆波：《我国海运出口贸易碳排放影响因素的对数指数分解研究》，《数学的实践与认识》2016 年第 22 期。

③ 邵桂兰、孔海峥、于谨凯、李晨：《基于 LMDI 法的我国海洋渔业碳排放驱动因素分解研究》，《农业技术经济》2015 年第 6 期。

④ 李创、昝东亮：《基于 LMDI 分解法的我国运输业碳排放影响因素实证研究》，《资源开发与市场》2016 年第 5 期。

⑤ 原嫄、李国平、孙铁山：《全球尺度下的碳排放完全分解及其规律——基于 LMDI 修正模型的实证研究》《重庆理工大学学报（社会科学）》2016 年第 4 期。

⑥ 郭沛、连慧君、丛建辉：《山西省碳排放影响因素分解——基于 LMDI 模型的实证研究》，《资源开发与市场》2016 年第 3 期。

比较麻烦①。Greening（1999）在对 OECD 国家的运输部门进行分析的时候就运用了此方法，通过最终的实证研究得出，能源强度以及消费结构是碳排放的主要原因②。Fan 和 Liu（2007）采用自适应权重分解方法，以 1980～2003 年的数据资料为研究基础，对我国这个时间段内引起碳强度变化的具体影响因素展开了详细的分析③。王圣等（2011）利用对数平均权重 Divisia 分解法，针对江苏省沿海地区建立了影响人均碳排放量的驱动因素分解模型，通过模型分析认为，在 2000～2008 年，引起江苏省沿海地区人均碳排放变化的主要因素包括国民经济发展、能源消费结构以及能源利用效率④。孙巍和赫永达（2014）采用该方法，认为实现能源消耗低、环境污染少的新型工业化道路转型，需"开源"与"节流"并举，同时要加速产业结构优化升级⑤。

三、关于产业及其碳排放关联度的研究

产业关联的具体含义为产业与产业之间通过产品供需而形成的相互关联、相互依存的内在联系（李峰，2007）⑥。产业关联效应的主要目的是测量当社会中的某一具体产业的投入产出关系发生变化时而对其余产业投入产出水平的波及以及影响程度。在对现代产业结构分析时，一般情况下，以投入产出表中的数据为基础，站在产业链条的角度上，借鉴运用关联性指标，也就是所谓的影响力系数（Index of Power of Dispersion，IPD）与感应度系数

① Liu X Q, Ang B W, "The Application of Divisia Index to the Decomposition of Changes Industrial Energy Consumption", *The Energy Journal*, Vol. 13, Issue 4, 1992, pp. 161-177.
② Greening L A, "Decomposition of Aggregate Carbon Intensity for Freight: Ends from 10 OECD Countries for the Period 1971-1993", *Energy Economics*, Vol. 21, Issue 4, 1999, pp. 331-361.
③ Ying Fan, Lan-Cui Liu, "Changes in Carbon Intensity in China: Empirical Findings from 1980-2003", *Ecolocial Economics*, Vol. 62, Issue 3-4, 2007, pp. 683-691.
④ 王圣、王慧敏、陈辉等：《基于 Divisia 分解法的江苏沿海地区碳排放影响因素研究》，《长江流域资源与环境》2011 年第 10 期。
⑤ 孙巍、赫永达：《中国能源消费与经济增长的因果分析——基于 Divisia 指数法和 Toda-Yamamota 检验》，《暨南学报（哲学社会科学版）》2014 年第 5 期。
⑥ 李峰：《产业关联测度及其应用研究》，《山西财经大学学报》2007 年第 11 期。

（Index of Sensitivity of Dispersion，ISD），这两个指标在分析产业关联效应时是最常用的指标，与此同时也是深刻阐明引起产业结构变动内在机理的重要方法以及广泛使用的经典方法之一①。利用上面的两个系数指标不仅可以分析、比较各产业部门在国民经济中的地位以及对其他产业部门的拉动作用，还可以通过具体的实证结果判定各产业的性质，在确定主导产业方面的作用无可替代，在计算该指标时，通常依据两种方法：一种是 Chenery 和 Watanabe（1958）通过直接消耗系数来进行运算，但是这种方法存在一种缺陷，即没有考虑到间接消耗系数的影响；另一种是 Rasmussen（1956）采用完全需求系数矩阵为计算基础，此方法不仅考虑了产业部门直接联系，还考虑了间接联系，因此在各个领域都得到广泛的应用，对估测各产业部门在国民经济中的地位和作用具有不可替代的地位。蒋燕和胡日东（2005）运用 1995 年、1997 年和 2000 年的投入产出表，分析了 1995～2000 年各产业之间的关联程度和我国三大产业结构变动对国民经济的影响，发现在整个研究期间，第二产业的感应度系数在三次产业中属于比较大的。另外，虽然第二产业的影响力系数呈现下降趋势，但系数值还是相对较大，全部都大于1，这表明第二产业对社会生产产生的辐射力较大②。王岳平和葛岳静（2007）通过一系列的计算最终得出 1997 年与 2002 年中国投入产出表共计 42 个产品部门的影响力系数与感应度系数，根据数据得出第二产业特别是制造业的影响力系数和感应度系数在 1997～2002 年中呈现上升态势③。庄惠明和陈洁（2010）建立了测度影响力系数和感应度系数的计算模型，选取 31 个国家的服务业作为研究对象，通过比较分析得出，我国与发达国家以及其余的发展中大国在服务业方面的影响力系数相似，但是我国服务业的感应度系数与后者相比数值偏小④。徐大丰（2010）利用上海 2007 年投入产出表相关数据，具体计算出

① 胡剑波、周葵、安丹：《开放经济下中国产业部门及其 CO_2 排放的关联度分析——基于投入产出表的实证研究》，《中国经济问题》2014 年第 4 期。
② 蒋燕、胡日东：《中国产业结构的投入产出关联分析》，《上海经济研究》2005 年第 11 期。
③ 王岳平、葛岳静：《我国产业结构的投入产出关联特征分析》，《管理世界》2007 年第 2 期。
④ 庄惠明、陈洁：《我国服务业发展水平的国际比较——基于 31 国模型的投入产出分析》，《国际贸易问题》2010 年第 5 期。

了每个产业及其直接碳排放影响力系数，通过实证分析，得出应该着重对那些产业影响力系数较小，但是直接碳排放影响力系数较大的产业部门进行调整[①]。徐盈之和张全振（2012）以 2007 年我国投入产出表数据作为基础，通过相关模型构建测算出了中国 29 个产业部门的影响力系数和感应度系数，最后研究结果发现，在三次产业中第二产业能源消耗的波及效应无疑是最大的[②]。付荣和文娟（2014）从国民核算视角出发，通过调整投入产出方法，利用调整后的影响力系数和感应度系数测度了三大经济地带的支柱产业以及各地区之间的产业关联[③]。伴随着影响力系数和感应度系数应用领域的日益扩大，近年来，环境经济学、生态经济学等领域的学者开始借鉴和改造上述指标，构建出测度污染物的影响力系数和感应度系数，它们尤其在气候变化经济学领域得到了广泛运用。胡剑波等（2014）利用 2007 年投入产出数据，在开放经济下构建出中国产业部门及其 CO_2 排放的关联度指标，测算了 28 个行业及其直接 CO_2 排放的影响力系数和感应度系数[④]。肖皓和朱俏（2015）通过对传统测算方法存在的缺陷、既有的改进方法以及实际的应用情况进行分析后，同时从经济效益、能源以及环境效应出发，针对非竞争型投入产出表提出的相应改进方法，收集整理中国 2009 年在世界投入产出表的具体数据展开实证分析，用以比较系数改进前后计算结果的变化及其背后的经济含义，探讨兼具经济效益和节能环境效益的备选主导产业选择[⑤]。王文举和李峰（2015）运用灰色关联度分析方法和距离协调度模型，构建了发展度指数、协调度指数和协调发展度指数等三个成熟度测度指数，并基于中国 30

---

① 徐大丰：《低碳经济导向下的产业结构调整策略研究——基于上海产业关联的实证研究》，《华东经济管理》2010 年第 10 期。

② 徐盈之、张全振：《能源消耗与产业结构调整：基于投入产出模型的研究》，《南京师范大学报（社会科学版）》2012 年第 1 期。

③ 付荣、文娟：《中国三大经济地带的产业关联分析——基于完全测度的投入产出方法》，《税务与经济》2014 年第 5 期。

④ 胡剑波、周葵、安丹：《开放经济下中国产业部门及其 CO_2 排放的关联度分析——基于投入产出表的实证研究》，《中国经济问题》2014 年第 4 期。

⑤ 肖皓、朱俏：《影响力系数和感应度系数的评价和改进——考虑增加值和节能减排效果》，《管理评论》2015 年第 3 期。

个省份和 38 个工业行业 2003~2012 年数据,从整体和分省份及分行业两个层面对中国工业碳减排成熟度进行了综合评价。结果表明:虽然自 2003 年起中国工业再度出现重型化倾向,但在政府的一系列政策推动下,中国工业碳减排整体发展度指数、协调度指数和协调发展度指数均呈持续增长趋势①。顾阿伦和吕志强(2016)基于 1992 年、1997 年、2002 年、2007 年和 2010 年的投入产出表,采用 IO-SDA 方法,构建出直接碳排放的影响力系数和感应度系数,得出国民经济中的基础性行业大多是高耗能的行业,未来节能减排重点需要逐步降低第二产业在国民经济中的比重②。董明涛(2016)在对农业碳排放总量测算分析的基础上,采用 2003~2013 年全国及 30 个省份的农业碳排放量、农业各产业比重数据,运用灰色关联分析方法,测度了农业碳排放强度与种植业、林业、畜牧业、渔业间的关联度,发现产业结构对农业碳排放总体存在较强的关联效应,但各产业比重与农业碳排放的关联程度存在一定差异;不同省份产业结构与农业碳排放的关联程度也存在差异③。原嫄和李国平(2016)在制造业和服务业内部分类的基础上,根据欧盟 27 国累积投入产出表对各产业关联度进行测算,建立产业关联度对区域经济发展水平演化的理论影响模型,进而应用计量经济工具对产业关联度的影响效应及强度进行实证分析④。

四、关于经济增长与碳排放脱钩的研究

"脱钩"来源于英文"Decoupling"这一单词,而 Decoupling 一词最先在物理学领域被提及,特指采取措施去除两个或多个物理量之间的响应关

---

① 王文举、李峰:《中国工业碳减排成熟度研究》,《中国工业经济》2015 年第 8 期。
② 顾阿伦、吕志强:《经济结构变动对中国碳排放影响——基于 IO-SDA 方法的分析》,《中国人口·资源与环境》2016 年第 3 期。
③ 董明涛:《我国农业碳排放与产业结构的关联研究》,《干旱资源与环境》2016 年第 10 期。
④ 原嫄、李国平:《产业关联对经济发展水平的影响:基于欧盟投入产出数据的分析》,《地理经济》2016 年第 11 期。

系①。环境与经济之间关系的"脱钩"一词，最早出现在 OECD（2002）在《由经济增长带来环境压力的脱钩指标》报告中。1992 年在年巴西举办了"可持续发展大会"以后，国际社会就开始重视经济发展与环境质量之间的关联性问题。Kraft 等（1978）针对能源消耗（EC）和产出总和（GNP）因果关系进行研究，只是当时没有提出"脱钩"这一说法②。在资源环境领域，当前使用最普遍的是 OECD（2002）做出的相关解释，指出"脱钩"其实质就是采取相关措施以达到资源消耗或环境污染与经济增长的变化速度之间不同步的目的③。近年来，资源与环境问题日渐突出，作为对经济发展与资源环境压力耦合破裂关系的衡量，脱钩分析也逐渐成为学术界新的关注热点。鉴于脱钩指数法只能分辨出脱钩与非脱钩两项指标，无法进一步准确得出脱钩的程度和类别，Tapio 对其进行拓展，提出了 Tapio 脱钩模型，提高了脱钩关系测度和分析的客观性和准确性。Tapio（2005）利用 Tapio 脱钩指标体系，对 1970~2001 年欧洲交通业经济增长与运输量、温室气体排放之间进行脱钩分析，根据脱钩值的大小，将其区分为连接、脱钩和负脱钩④。Freitas 和 Kaneko（2011）基于弹性脱钩模型探讨了巴西 2004~2009 年 CO_2 排放量和经济活动之间的脱钩关系⑤。Lin、Beidari 和 Lewis（2015）利用 Tapio 弹性脱钩模型研究了南非 1990~2012 年 CO_2 和 GDP 之间的脱钩关系⑥。近年来，在我国也不断涌现出学者对我国经济增长与碳排放之间的脱钩关系进行研究。

① 李效顺、曲福田、郭忠兴等：《城乡建设用地变化的脱钩研究》，《中国人口·资源与环境》2008 年第 5 期。

② Kraft J，Kraft A，"On the Relationship between Energy and GNP"，*Journal of Energy and Development*，Issue 3，1978，pp. 401-403.

③ OECD，*Indicators to Measure Decoupling of Environmental Pressures from Economic Growth*，Paris：Organization for Economic Co-operation and Development，2002.

④ Tapio P，"Towards a Theory of Decoupling：Degrees of Decoupling in the EU and the Case of Road Traffic in Finland between 1970 and 2001"，*Transport Policy*，Vol. 12，Issue 2，2005，pp. 137-151.

⑤ Freitas L C D，Kaneko S，"Decomposing the Decoupling of CO_2 Emissions and Economic Growth in Brazil"，*Ecological Economics*，Vol. 70，Issue 8，2011，pp. 1459-1469.

⑥ Lin S J，Beidari M，Lewis C，"Energy Consumption Trends and Decoupling Effects between Carbon Dioxide and Gross Domestic Product in South Africa"，*Aerosol and Air Quality Research*，Vol. 15，Issue 7，2015，pp. 2676-2687.

都沁军和于香梅（2006）通过建立河北省环境—经济协调度的指标体系，反映河北省在不同的发展水平上的环境—经济协调情况①。陈浩和曾娟（2011）在武汉1996~2008年宏观数据的基础上，运用脱钩弹性指数 Tapio 脱钩模型研究了武汉能源消耗与经济增长的脱钩关系，分析得出武汉的脱钩值变动的主导因素是能源消耗的剧烈波动，在此基础上详细解读了武汉能源消耗结构和可能引起的原因②。彭佳雯等（2011）通过收集相关数据资料，依据脱钩理论的思想，建立我国经济增长与由于能源消耗而产生的碳排放量之间的脱钩模型，分析两者之间的脱钩关系及所处的状态，并对两者之间的脱钩趋势做出一定的判断③。邵桂兰和陈令杰（2012）以山东省为研究对象，对其碳排放与经济增长之间的脱钩关系进行了分析④。江生生和朱永杰（2013）利用"脱钩、复钩"方法分析了我国工业和交通业碳排放与经济增长之间的"脱钩、复钩"关系⑤。王佳和杨俊（2014）计算了1997~2010年中国各省的 CO_2 排放指标，利用脱钩指数分别从省际、东中西部八大经济区域视角进行了研究⑥。庞家幸等（2014）运用脱钩指数评价甘肃省经济增长与能源消耗之间的脱钩关系，应用历史数据分析预测甘肃省2020年的能源消耗总量，同时测算出了甘肃省实现节能规划的能源消耗目标的脱钩指数，结果发现甘肃省的脱钩指数近年来一直处于下降的态势⑦。盖美等（2014）选取辽宁沿海经济带作为研究对象，运用脱钩弹性方法，分析辽宁沿海经济带由于能源

---

① 都沁军、于香梅：《河北省城市环境——经济协调度评价》，《统计与决策》2006年第13期。

② 陈浩、曾娟：《武汉市经济发展与能源消耗的脱钩分析》，《华中农业大学学报（社会科学版）》2011年第6期。

③ 彭佳雯、黄贤金、钟太洋等：《中国经济增长与能源碳排放的脱钩研究》，《资源科学》2011年第4期。

④ 邵桂兰、陈令杰：《碳排放与经济增长的脱钩实证研究：以山东省为例》，《中国海洋大学学报（社会科学版）》2012年第4期。

⑤ 江生生、朱永杰：《工业碳排放与工业产值的脱钩关系研究》，《资源开发与市场》2013年第11期。

⑥ 王佳、杨俊：《中国地区碳排放强度差异成因研究——基于 Shapley 值分解方法》，《资源科学》2014年第3期。

⑦ 庞家幸、陈兴鹏、王惠榆：《甘肃省能源消耗与经济增长的关系研究及能源消耗预测》，《干旱区资源与环境》2014年第2期。

消耗而产生的碳排放与其经济增长之间的脱钩关系、所处的状态以及未来的发展趋势，然后运用随机前沿分析方法（SFA）对碳排放效率进行测度，并构建 Tobit 多元线性回归模型，对碳排放效率的影响因素进行详细分析[①]。张玉梅和乔娟（2014）用 Tapio 理论分析了都市农业发展与碳排放脱钩关系[②]。杨良杰等（2014）用脱钩理论分析了江苏省交通运输业能源消费碳排放的脱钩效应[③]。Wang 和 Yang（2015）运用对数平均迪氏指数法和 Tapio 脱钩模型，定量分析了北京—天津—河北经济带 1996~2010 年工业碳排放发展趋势和解耦效果[④]。胡渊等（2015）以 1990~2013 年作为研究期间，站在总体特征以及脱钩关系角度分析我国 GDP 增长与能源消耗碳排放之间的具体脱钩关系以及所处的状态，结果表明：能源碳排放与 GDP 之间呈现出较强的关联性[⑤]。齐绍洲等（2015）基于 Tapio 脱钩指标对中国或各省区碳排放与经济增长之间的脱钩关系进行测度和分析[⑥]。周银香（2016）运用 Tapio 脱钩模型测度了 1990~2013 年我国交通碳排放与行业经济增长脱钩关系及演变态势，同时构造因果链探析交通碳排放脱钩的影响因素及作用机理[⑦]。方齐云和吴光豪（2016）利用武汉市 1995~2013 年的相关数据，测算了武汉市的二氧化碳排放量，并对二氧化碳与经济增长的脱钩弹性进行了分解[⑧]。周星等（2016）以我国东部地区 11 个省份 1996~2012 年的产业能源碳排放和经

[①] 盖美、曹桂艳、田成诗等：《辽宁沿海经济带能源消费碳排放与区域经济增长脱钩分析》，《资源科学》2014 年第 6 期。

[②] 张玉梅、乔娟：《都市农业发展与碳排放脱钩关系分析》，《经济问题》2014 年第 10 期。

[③] 杨良杰、吴威、苏勤等：《江苏省交通运输业能源消费碳排放及脱钩效应》，《长江流域资源与环境》2014 年第 10 期。

[④] Wang Z H，Yang L，"Delinking Indicators on Regional Industry Development and Carbon Emissions: Beijing-Tianjin-Hebei Economic Band Case"，*Ecological Indicators*，Vol. 48，2015，pp. 41-48.

[⑤] 胡渊、刘桂春、胡伟：《中国能源碳排放与 GDP 的关系及其动态演变机制——基于脱钩与自组织理论的实证研究》，《资源开发与市场》2015 年第 11 期。

[⑥] 齐绍洲、林山山、王班班：《中部六省经济增长方式对区域碳排放的影响——基于 Tapio 脱钩模型、面板数据的滞后期工具变量法的研究》，《中国人口·资源与环境》2015 年第 5 期。

[⑦] 周银香：《交通碳排放与行业经济增长脱钩及耦合关系研究——基于 Tapio 脱钩模型和协整理论》，《经济问题探索》2016 年第 6 期。

[⑧] 方齐云、吴光豪：《城市二氧化碳排放和经济增长的脱钩分析——以武汉市为例》，《城市问题》2016 年第 3 期。

济增长数据为数据源，采用 Tapio 脱钩模型分别对 4 个时间段（1996~2000
年，2001~2005 年，2006~2010 年，2010~2012 年）经济增长与碳排放的脱
钩关系进行定量分析①。孙秀梅和张慧（2016）运用脱钩模型对山东省碳排
放与经济增长的关系进行研究②。韩亚芬等（2016）依据 1999~2012 年安徽
省工业经济与能源消耗的相关数据，利用脱钩理论测算了安徽省工业碳排放
与经济增长的脱钩指数，结果显示：1999~2012 年安徽省工业碳排放脱钩经
历了弱脱钩→扩张复钩（增长连接）→弱脱钩的变化③。刘学程等（2016）
以江苏省为研究空间，基于 Tapio 脱钩评价模型，利用江苏省 13 年的碳排
放、GDP、能源消费量、工业总产值与城镇人口数据进行脱钩测算，并在因
果链恒等式基础上对实证结果进行结构分析④。陈俊滨和林翊（2016）通过
构建弹性脱钩模型探究福建省流通产业碳排放脱钩的动态演变过程。结果表
明，福建省流通产业的发展未表现出显著的碳排放脱钩趋势，脱钩状态大致
呈现"弱脱钩—扩张性耦合—扩张性负脱钩"的阶段性特征，存在复钩的可
能⑤。杜强等（2016）为研究建筑业碳排放与经济增长之间的关系及影响其
弹性脱钩的主要因素，建立了建筑业碳排放库兹涅茨曲线和弹性脱钩模型，
并以陕西省为例进行了实证研究⑥。邓娟娟（2016）选取湖北省作为研究对
象，以 1995~2010 年作为研究期间，依据脱钩理论的思想，对湖北省这 16
年内经济增长与碳排放总量间的关系进行脱钩分析，根据相关实证结果得
出，两者之间的脱钩状态基本上属于弱脱钩，即表明湖北省的碳排放增加速

① 周星、周梅华、张明：《产业结构视角下我国东部地区碳脱钩效应研究》，《中国矿业大学学
报》2016 年第 4 期。
② 孙秀梅、张慧：《基于脱钩模型的山东省碳排放与经济增长时空关系研究》，《资源开发与市
场》2016 年第 2 期。
③ 韩亚芬、张生、张强：《基于脱钩理论的安徽省工业碳排放与经济增长研究》，《井冈山大学
学报（自然科学版）》2016 年第 2 期。
④ 刘学程、宋大强、徐圆：《江苏省经济增长与碳排放的脱钩关系研究——基于 Tapio 脱钩模
型》，《上海商学院学报》2016 年第 4 期。
⑤ 陈俊滨、林翊：《福建省流通产业碳排放影响因素实证研究——基于 Tapio 弹性脱钩理论和
LMDI 分解法》，《福建农林大学学报（哲学社会科学版）》2016 年第 2 期。
⑥ 杜强、张诗青、张智慧：《建筑业碳排放与经济增长脱钩及影响因素研究——以陕西省为
例》，《环境工程》2016 年第 4 期。

度要小于其经济增长的速度，是一种比较合理的经济增长方式，清晰地说明全省的低碳行动取得突破性进展①。

五、关于低碳经济与产业结构调整的研究

目前，全球范围内追求的低碳经济发展方式是一种不同于以往太重视经济发展而忽略生态环境承载力的全新发展理念，其核心思想就是实现经济社会发展与生态环境保护的协调发展，由于其推崇低碳消费的理念，着重减少能源消耗，在人类经济社会发展过程中自然而然会降低生态成本与社会成本。各国为了顺应低碳经济发展的时代潮流，不断淘汰高碳产业，通过各种政策措施大力推进低碳产业的发展，因而，低碳产业迎来其发展的黄金时期，将逐步成为低碳经济发展的未来新的经济增长点。同样地，我国也应该顺势而为，及时转变经济发展方式，不断优化产业结构，尽快形成低碳产业的集聚区。袁男优（2010）在分析中指出，经济运行到不同阶段，需要的经济发展载体要不断调整，与其对应的发展阶段相适应，而低碳产业正是低碳经济发展的载体②。

1. 低碳经济背景下的产业结构调整

国外对于低碳经济与产业结构调整的融合研究相对较早。赫尔曼·戴利（1971）指出，在产业结构调整过程中，在缩减资源消耗密集型产业规模的同时，扩大对生态环境影响较小的产业规模③。戴维·里德（1998）认为经济结构调整是实现可持续发展的重要手段，也是经济可持续增长的动力④。Lin 等（2007）运用灰色关联法，分析生产力水平与平均能源消耗之间的相互关系⑤。Shimada 等（2007）指出实现和发展低碳经济的必要手段和工具

① 邓娟娟：《湖北省经济增长与碳排放脱钩关系的实证研究》，《金融经济》2016 年第 2 期。

② 袁男优：《低碳经济的概念内涵》，《城市环境与城市生态》2010 年第 1 期。

③ 赫尔曼·戴利：《超越增长：可持续发展的经济学》，上海译文出版社 2001 年版。

④ 戴维·里德：《结构调整、环境与可持续发展》，中国环境科学出版社 1998 年版。

⑤ Lin S J, Lu I J, Lewis C, "Grey Relation Performance Correlations among Economics, Energy Use and Carbon Dioxide Emissionin Taiwan", *Energy Policy*, Vol. 35, Issue 3, 2007, pp. 1948-1955.

是产业结构调整[1]。Bergman 和 Eyre（2011）通过研究发现，英国社会上由于能源的消耗而产生的二氧化碳占其全社会二氧化碳排放量的比重高达25%，基于这个结论，他认为传统节能减排方法效果显著，主要源于其具有直接、低成本的优势，相比较而言，新能源产业对低碳经济的发展产生的是间接作用，在降低大气中的碳浓度方面效用巨大[2]。国内相关研究起步比较晚。毛玉如等（2008）研究认为，推进低碳经济在中国的发展，需要从以下四个方面考虑：区域、产业、机制和技术[3]。邹秀萍等（2009）通过收集整理 1995~2005 年我国 30 个省区与能源消耗有关的基础数据，构建碳排放的相关模型，用以分析二氧化碳排放量与能源利用效率以及产业结构变动之间的相互关系，最终实证结果显示，碳排放量的变动会受到产业结构不断变动的影响[4]。刘再起和陈春（2010）在研究中指出，各国低碳行动计划实施的步伐要与本国发展的实际情况相符合，因地制宜地确定主导产业，与此同时，大力发展现代服务业，将现代服务业对碳排放量增加的抑制作用充分发挥出来，另外，要加强重视产业结构优化调整的步伐与速度[5]。刘传江和章铭（2012）指出，低碳经济的顺利推行，需要依赖全社会各个产业的协作配合，不仅需要低碳产业的支撑作用，还需要传统三次产业低碳升级改造的辅助作用[6]。张志新等（2014）基于中国 1989~2008 年的相关时间序列数据，建立了我国产业结构调整对二氧化碳排放量影响的线性回归模型，对中国产业结构调整和低碳经济目标的关系进行实证分析，结果表明：产业结构类型

① Shimada K, Tanaka Y, Gomi K, et al., "Developing along-term Local Society Design Methodology towards a Low-carbon Economy: An App Lication to Shiga Prefecturein Japan", *Energy Policy*, Vol. 35, Issue 9, 2007, pp. 4688-4703.

② Bergman N, Eyre N, "What Role for Microgeneration in a Shift to a Low Carbon Domestic Energy Sector in the UK?", *Energy Efficiency*, Vol. 4, Issue 3, 2011, pp. 335-353.

③ 毛玉如、沈鹏、李艳萍等：《基于物质流分析的低碳经济发展战略研究》，《现代化工》2008 年第 11 期。

④ 邹秀萍、陈助锋、宁淼等：《中国省级区域碳排放影响因素的实证分析》，《生态经济》2009 年第 3 期。

⑤ 刘再起、陈春：《低碳经济与产业结构调整研究》，《国外社会科学》2010 年第 3 期。

⑥ 刘传江、章铭：《低碳产业发展研究动态述评》，《生态经济》2012 年第 2 期。

直接影响二氧化碳排放量，即第二产业与碳排放量呈现正相关，而第三产业发展能够降低碳排放量。发展低碳经济，要转变经济发展模式，加快产业结构调整，大力发展第三产业[①]。贺丹和田立新（2015）调整产业结构优化的理论内涵，并从产业结构生态化、产业结构高级化和产业结构合理化三个方面重构产业结构优化评价指标体系，测度中国 2001~2011 年产业结构优化水平的历史演变以及 2011 年全国 30 个省市（除西藏）的产业结构优化水平，并提出各级政府需要有效协调产业结构生态化、合理化和高级化的关系，才能最终实现低碳经济目标下的产业结构优化，并最终促进经济的可持续发展[②]。张云等（2015）将经济增长与二氧化碳排放减少作为目标函数，以排放强度、一般均衡、水资源、部门扩张、就业等为约束条件构建多目标规划模型，利用妥协规划方法迭代求解产出增长与 CO_2 排放量之间联动关系，测度分析经济新常态不同产出增长率下产业结构低碳化模拟结果以及控制碳排放的宏观经济成本[③]。徐鹏等（2016）基于"压力—状态—响应"综合评估模型、系统动力学模拟模型和调控潜力分析的基础上，构建现状水平和未来演变趋势相结合的认知框架，综合考虑当地自然资源安全，定量表达社会活动、低碳经济和生态环境之间的相互依赖、相互制约的关系，确定指标调控方向和潜力。最后，基于该模型对深圳市进行了案例研究，结果表明：深圳市评估指数从 2009 年Ⅳ级：较低，提升到 2013 年Ⅲ级：中等，在维持现状规模和高速发展速度下，2020 年达到Ⅱ级：较高水平，尽管保持增长趋势，但呈现增长缓慢甚至饱和状态。因此，依旧有必要优化调控深圳市低碳生态城市建设中社会经济发展的方向和模式，进一步落实和强化深圳市低碳生态

---

① 张志新、吴宗杰、薛翘：《低碳经济视域下中国产业结构调整与发展模式转变研究》，《东岳论丛》2014 年第 1 期。

② 贺丹、田立新：《基于低碳经济转型的产业结构优化水平实证研究》，《北京理工大学学报（社会科学版）》2015 年第 3 期。

③ 张云、邓桂丰、李秀珍：《经济新常态下中国产业结构低碳转型与成本预测》，《上海财经大学学报》2015 年第 4 期。

产业结构调整等措施①。

2. 产业结构调整对碳排放的影响

专家学者进行的产业结构对碳排放影响的研究起初源于 20 世纪 90 年代对于环境库兹涅茨曲线（EKC）形成原因的解释。Panayotou 等（2000）为了更加详细准确地说明碳排放与人均收入两者之间的变动符合 EKC 曲线，由此正式提出产业结构变化假说来进行解释说明②。陈迎（2010）的研究中显示，由于我国还未摆脱工业化的进程，目前仍处在工业化中期，为了尽早实现共同富裕的目标，不断提高居民生活水平，在短时间内依赖重工业拉动经济发展的格局很难改变，因此高碳排放制造业还会继续存在，在未来有效控制碳排放量增长的途径为优化调整产业结构③。伍华佳（2012）在其研究中指出，由于碳排放的产生受多方面因素的影响，不同国家之间的经济总量与技术水平即使一样，但是假若相对应的产业结构存在差异，则碳排放量会有明显不同④。叶玉瑶等（2014）利用基于部门结构调整的碳减排目标模拟方法对广东省的情况进行了深入研究⑤。张雷等（2011）在他们的相关研究中发现，产业结构以及能源结构变动对我国低碳行动的顺利实施产生的作用较为明显，两者的贡献度分别为 60% 与 10%⑥。郭朝先（2012）以 1996~2009 年作为研究期间，对我国这 14 年的碳排放进行分析发现，目前的产业结构变动对碳排放的增长起着促进作用，并且通过相关数据分析，随着时间的推移，预测到 2020 年产业结构变动才会对碳排放的增加起着抑制作用⑦。

---

① 徐鹏、林永红、栾胜基：《低碳生态城市建设效应评估方法构建在深圳市的应用》，《环境科学学报》2016 年第 4 期。

② Panayotou T, Peterson A, Sachs J, "Is the Environmental Kuznets Curve Driven by Structural Change? What Extended Time Series May Imply for Developing Countries", *CAER* II *Discussion*, Issue 80, 2000, pp. 4-35.

③ 陈迎：《温室气体减排的主要途径与中国的低碳经济转型》，《科学对社会的影响》2010 年第 1 期。

④ 伍华佳：《上海高碳产业低碳化转型路径研究》，《科学发展》2012 年第 5 期。

⑤ 叶玉瑶、苏泳娴、张虹鸥等：《基于部门结构调整的区域减碳目标情景模拟——以广东省为例》，《经济地理》2014 年第 4 期。

⑥ 张雷、李艳梅、黄园淅等：《中国结构节能减排的潜力分析》，《中国软科学》2011 年第 2 期。

⑦ 郭朝先：《产业结构变动对中国碳排放的影响》，《中国人口·资源与环境》，2012 年第 7 期。

Zhou 等（2013）指出技术进步通过产业结构升级或优化间接降低了碳排放强度[1]。梁云和郑亚琴（2014）在对我国省级领域的碳排放量进行研究时发现，在省级层面存在二氧化碳 EKC，而且 EKC 的位置会随着产业升级的变动而移动，具体表现为，工业化程度的不断提高会推动 EKC 朝着右上方的方向移动，现代服务业的发展会促进 EKC 朝着左下方的方向移动，最终导致峰值的提前到来[2]。Su 等（2014）指出产业结构和能源效率是决定我国碳排放强度区域差异的两个重要因素[3]。宫再静和梁大鹏（2015）在对 CO_2 排放量及产业结构优化指标进行选取和计算的基础上，对我国 1991~2013 年产业结构优化与 CO_2 排放量进行了因果关系检验及协整关系分析，结果显示：产业结构优化与 CO_2 排放量存在长期稳定的互动关系，且产业结构合理化和高级化对减排的影响在长短期内不同[4]。李佳倩等（2016）通过对德国低碳经济转型的系统探究，进一步发现并验证了产业结构变迁推动低碳经济发展的阶段性特征：在工业化向后工业化转变的过程中，产业结构变迁对低碳经济发展的贡献主要通过第三产业比重的不断增加实现；而在后工业化时期，以技术进步和效率提升为依托的三次产业内部结构调整，尤其是第二产业内部的低碳化，成为低碳转型的核心推动力[5]。原嫄等（2016）在建立产业结构对区域碳排放的影响模型基础上，在全球尺度下进行计量分析，主要结论：第一，理论模型证明区域碳排放随经济发展推进具有先上升后下降的不可抗的基本客观规律，故减排应从降低峰值高度、促进峰值提前等方向入

① Zhou X, Zhan J, J Li, "Industrial Structural Transformation and Carbon Dioxide Emissions in China", *Energ Policy*, Vol. 57, Issue 6, 2013, pp. 43-51.
② 梁云、郑亚琴：《产业升级对环境库兹涅茨曲线的影响——基于中国省际面板数据的实证研究》，《经济问题探索》2014 年第 6 期。
③ Su Y, Chen X, Li Y, et al., "China's 19-year City-level Carbon Emissions of Consumptions, Driving Forces and Regionalized Mitigation Guidelines", *Renewable and Sustainable Energy Reviews*, Vol. 35, Issue 7, 2014, pp. 231-243.
④ 宫再静、梁大鹏：《中国 CO_2 排放量与产业结构优化的互动关系研究》，《中国人口·资源与环境》2015 年 S2 期。
⑤ 李佳倩、王文涛、高翔：《产业结构变迁对低碳经济发展的贡献——以德国为例》，《中国人口·资源与环境》2016 年第 S1 期。

手。第二，实证结果说明第二产业份额对碳排放的影响强度为恒正值，而服务业的影响强度逐步降低，促使第二产业向服务业的份额流动最终将带来整体影响强度的下降。第三，产业结构调整所引起的碳排放变动强度具有明显差异，产业升级对于中高等发展水平国家的减排效率明显高于极高发展水平国家，且中等发展水平国家将在更早的发展阶段迎来碳排放高峰[①]。

六、总体评述

综合上述文献的梳理，我们发现在国内外已经有大量的专家学者针对经济发展中碳排放问题展开详细的理论和实证研究，但通过对相关文献资料进行归纳分析可知仍旧在诸多地方存在不足：

1. 碳排放测度方法的适用性与局限性

就碳排放测度方法而言，普遍使用的有三种方法，分别是 IPCC 方法、投入产出法以及生命周期法。这三种方法依据的原理不同，在测算碳排放量的时候，各有千秋，具体表现如下：第一，适用性。①IPCC 方法。IPCC 法是目前最为普遍的测算温室气体排放量的方法，该方法简单、适用，并且该方法的计算公式、需要用到的一系列数据，如活动数据、排放因子数据库已经研究的比较透彻全面，是一种相对来说比较成熟的计算方法，也能够很好地适用于统计数据有缺失、不够详尽的情况。②投入产出分析法。首先，在使用单区域投入产出模型的情况下，通常有一个假设性前提，即进口产品以当地的技术水平进行生产，这个假设在评价通过贸易活动对单个地区的碳排放产生的具体影响以及衡量进口国在开放经济下通过进口产品而减少本国国内相同产品的生产所减少的本地区的碳排放量（进口节碳量）时具有很好的效果。其次，在测量一国的完全碳排放时，由于投入产出表能够清晰地体现出经济活动中各个产业部门之间的联系，所以，利用投入产出表可以从宏观层面进行把握。再次，在利用多区域投入产出模型进行碳排放核算时，通常

---

① 原嫄、席强敏、孙铁山、李国平：《产业结构对区域碳排放的影响——基于多国数据的实证分析》，《地理研究》2016 年第 1 期。

需要利用原产地的技术水平以便准确估算进口产品产生的碳排放影响，此时实际估算的是该进口产品在原产地产生的碳排放量（进口含碳量），在分析国际贸易活动对全球或者多区域产生的碳排放影响时，多区域投入产出模型非常有效。最后，在考察两个以上的国家或者地区因为贸易往来而不可避免地产生的碳排放转移时，多区域投入产出模型是最佳方法，究其原因主要是：一方面，多区域投入产出模型可以详细反映出隐含碳的来源以及可以对隐含碳进行分解，以此可以精确核算隐含碳的区际转移；另一方面，区际的碳转移会引起全球温室气体排放量的变动，而多区域投入产出模型可以对这一变化进行动态分析。③生命周期分析法。此方法的研究对象大多是产品，该方法核算产品生产、使用和处理等各个环节中所产生的碳排放量，基于各部门之间的关联对产品生产和使用整个过程中所有相关产业链条进行详细分析。

　　第二，局限性。①采用 IPCC 法核算温室气体排放量时，核算结果不精确，这主要是因为不同区域在生产、生活、技术等方面存在较大差异，并且该方法在排放系统自身发生变化时不能够进行很好的处理。与此同时，该种方法只测算了由于直接消耗能源而引起的碳排放，但是众所周知的是，产品在生产过程中不但要直接消耗能源，而且还要间接消耗能源，IPCC 法没有考虑这部分能源消耗产生的碳排放，使得计算结果偏小而不科学。②单区域投入产出模型的假设前提是进口同质性。但实际情况是，同一种进口的产品如果在不同的国家生产，那么生产技术水平会存在较大的差异，即能耗系数和碳耗系数会有差别。故如若在两个明显存在技术差别和能源结构差别的国家使用单区域投入产出模型来核算贸易中的碳排放量时，明显降低了计算结果的准确性。③在运用多区域投入产出模型时，分析过程中所需要的基础数据包括多个区域或者国家的投入产出以及能源消耗等方面的数据，但是鉴于各国或者地区数据开放度有限，大多数情况下很难获取完整的数据资料。另外，各国或者地区统计数据的口径可能存在差异，使获得的仅有数据可能存在不可比性，无法进行分析。④运用生命周期方法来核算产品整个生命周期过程中的碳排放量时，需要获取各个部门的直接和间接能源消耗情况，在现实中，很难获取所有部门的详细数据，因此，鉴于数据的获得性较难，一般很少使用该方法来核算隐含碳排放。总之，目前在隐含碳排放的测度中，大部分文献研究主要涉及全球、国家层面，对于欠发达地区，尤其是省域层面产业部门隐含碳排放的测度研究极为薄弱，而这些地区很可能是经济发展需求最为迫切、减排空间很大、减排压力也很大的特殊区域，因此对贵州碳排放的测度研究迫在眉睫。

2. SDA 和 IDA 方法的优点与局限

通过将 SDA 与 IDA 这两者进行比较可知，IDA 在计算分析上具有许多优点，比如 IDA 中的 Laspeyres 指数分解法中的 Paasche 指数分解法、Marshall-Edgeworth 指数分解法、Refined Laspeyres 指数分解法、Divisia 指数分解法中的 AMDI 分解法、LMDI 分解法等体现的经济意义明朗、理论基础完备、计算结果误差小进而接近现实情况、残差值较小等。通过以上详细的分析后，我们发现 Refined Laspeyres 指数分解法和 LMDI 分解法优势更加明显，主要体现在其不但具备上述研究方法的所有优点，最重要的是其因素分解后不会产生残差值，由于其数学性质良好，因而是一种最为理想的因素分解方法，但是如果将两者进行对比，LMDI 分解法则更胜一筹。对国内外大量文献资料进行归纳分析可知，大多数学者主要在能源经济、生态环境、产业结构、CO_2 排放等领域运用 LMDI 分解法。分析 LMDI 分解法在 CO_2 排放领域中的应用时，我们发现，主要以国家、区域等的碳排放量或碳排放强度的变化作为目标变量的变化，并由此讨论分析驱动因素对其的影响程度，而以我国欠发达地区省域层面经济发展中产业部门隐含碳排放量的变化作为研究对象，由此分别计算造成相关省份经济发展中产业部门隐含碳排放量变化的驱动因素主要有哪些？其影响程度如何？何种驱动因素影响更大？等等却鲜有涉及。

3. 影响力系数和感应度系数测度方法的局限

学者在利用 Rasmussen 方法计算各产品部门的影响力系数和感应度系数时，仍有如下不足：一是计算感应度系数时，在对分子进行计算时，是通过对列昂惕夫逆矩阵的元素进行横向加总，但是否恰当，尚且存疑，主要是因为这些元素溯源自直接消耗系数，但出于不同元素的基数不同，故该种方法会导致公式的经济含义模糊；二是很多学者在研究产业部门碳排放关联度时用的是直接碳排放强度，鲜少用包含了直接和间接的碳排放强度进行研究，这就会使得研究结果存在一定的偏差；三是由于产业结构随着时间的变化而变动，相应地，各产业部门碳排放强度也处于动态变化过程中，进而产业部门碳排放的关联系数也在不断变化，而多数学者仅仅基于某一年投入产出数据进行静态分析，不能较为清晰地把握各产业部门碳排放关联系数的动态变化情况；四是在产业关联与贵州的 CO_2 排放关系方面，对其研究还不充分，为数不多的研究也停留在对两者关系进行定性分析的层面之上，进行较为精确定量分析的研究更是少之又少。另外研究现有关于产业关联度和碳排放的关系时，多是从产业关联系数这一个单一的角度去分析，鲜有涉及产业关联和碳排放产业关联去综合分析、纵向探究，从而不能准确分析产业部门关联度和碳排放产业关联度的内在联系，这势必会对未来贵州产业结构的调整造成一定的影响。

4. 经济增长与碳排放脱钩研究的局限

国外理论界对脱钩研究相对完整，而在我国对经济增长与碳排放量之间的脱钩研究，还停留在理论研究阶段，在脱钩理论的基础上进行实证研究较为缺乏，尤其在探讨经济增长与碳排放脱钩方面的研究还很不足。一是我国各省市在资源利用、经济发展水平等方面存在较大差异，不同地区的脱钩测度会得出不同的结果，在以往的脱钩分析中，对欠发达地区省域层面的碳排放及其参与气候变化行动的研究成果极为薄弱，尤其对以欠发达的贵州作为研究对象，来深入剖析其碳排放和产出增长脱钩关系的更是鲜有涉及；二是许多学者是从区域和空间的角度来分析经济增长和碳排放之间的脱钩关系，是宏观和中观层面上的探讨，而忽略了在微观层面上，即各产业部门之间会通过相互作用影响经济活动，进而对碳排放以及脱钩效应造成影响；三是大多数文献局限于研究一个国家或地区的整体碳排放与经济增长的脱钩关系，而很少基于产业部门隐含碳数据来进行脱钩关系研究。因此，本书试图在已有研究基础上，通过构建基于脱钩理论的脱钩弹性系数模型，探讨贵州产业部门产值增长与其隐含碳排放的脱钩关系及其程度，分析两者脱钩发展的演变趋势，从而为基于脱钩发展的经济低碳化发展相关政策措施的制定和评估提供基础数据。

第三节 研究思路与方法

一、研究思路

本书在气候变化背景下构建出贵州产业部门隐含碳排放的投入产出模型、LMDI 模型、关联指标模型和脱钩指数模型，并基于 1997 年、2002 年、2007 年和 2012 年贵州投入产出数据，对贵州各产业部门隐含碳排放进行实证分析。该思路对应的流程图如图 1-1 所示。

二、研究方法

本书需要多种研究方法的灵活处理和运用，但总体来看，涉及到的研究方法大致有五种：

1. 投入产出方法

它主要是从宏观层面进行把控的，是一种由上自下进行分析的方法。投入产出分析方法由于其自身的理论内涵，利用此方法，能够追踪产品整个生产过程中消耗的全部能源，既包括直接能源消耗又包括间接能源消耗以及 CO_2 排放，并且依据能源消耗的数据，可以对在国内以及通过贸易在国外销售的产品中消耗的隐含能源和产生的隐含碳进行测算评估，这是一种从宏观的角度分析讨论国家产品部门碳排放比较被广泛采纳的方法，并且也是目前对产业部门碳排放进行分析研究的一种基本方法（Kondo and Moriguchi，1998；Ahmed and Wyckoff，2003；Yan and Yang，2010）。本书借助投入产出分析思想构建出贵州产业部门的隐含碳排放模型，在模型构建的基础上，分别从整体的视角、各个部门的视角以及三次产业的视角对贵州产业部门的碳

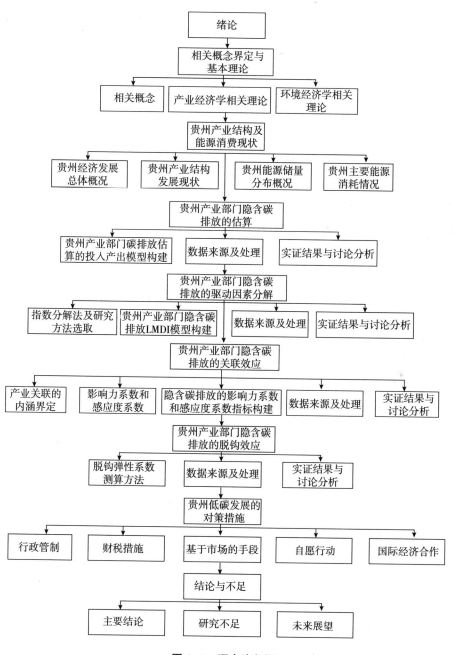

图 1-1　研究流程图

排放情况从多个角度进行实证分析，以便能够直观地看出在整个研究期间其变化趋势，从而为贵州通过转变经济发展方式、优化调整产业结构等方法减少碳排放量，完成地方碳减排目标等提供科学的数据支撑。

2. Matlab 计量方法

Matlab 是缩写形式，它的全称为矩阵实验室（Matrix Laboratory），它主要是一种进行矩阵运算、绘制函数和数据、实现算法等的数学软件，它计算功能强大，基本上充分展现出目前国际科学计算软件的先进水平（Etter et al.，2006；Katsuhiko Ogata，2008；王丽艳，2009；Moore et al.，2009；张屏，2011；杨德平，2012）。其是由美国 MathWorks 公司进行研究开发生产的，具有商业使用价值。由于本书在相关的计算过程中会涉及到矩阵的计算，所以，使用了 Matlab 7.0 版本。

3. LMDI 方法

由于现实中一个目标变量的变化是由多种多样的因素引起的，但是有些影响因素的作用微乎其微，可以忽略不计，为了从众多的影响因素中找出引起目标变量变化的主要影响因素，从而对目标变量朝着好的方向发展提供具有针对性的政策建议，这就需要将各个影响因素分离开来。LMDI 方法的核心思想就是将引起一个目标变量变化的若干影响因素分解开来组成一个组合，从而可以辨别出各个驱动因素对目标变量变化的影响程度的大小，以此可以从客观角度出发辨析出影响较大的驱动因素；当前它也是众多学者在分析能源消耗、温室气体排放等方面采用的主流方法（Chio and Ang，2003；Bhattacharyya and Ussanarassamee，2004；Ediger and Huvaz，2006；Hatzigeor-giou et al.，2008；刘辉煌、李子豪，2012）。本书利用 LMDI 方法将影响贵州产业部门隐含碳排放的驱动力分为多种效应，通过具体的实证分析结果得出影响贵州产业隐含碳排放程度大小的因素，为贵州实现经济转型、引导高碳产业朝着低碳方向转变等提供经验依据。

4. 关联系数分析法

产业关联性指标主要是指影响力系数（Index of Power of Dispersion，IPD）和感应度系数（Index of Sensitivity of Dispersion，ISD），这两个指标是

揭示产业结构变动内在机理的重要研究方法和常用经典方法。随着影响力系数和感应度系数应用领域的日益扩大，近年来，该指标在气候变化经济学领域得到了广泛运用（Fisher-Vanden et al.，2006；Radoslaw L and Stefanski，2009；徐大丰，2010；顾阿伦、吕志强，2016)①②③④。为此，本书借鉴产业关联的思想内涵，构建出贵州产业部门隐含碳排放的影响力系数和感应度系数指标，对贵州产业部门隐含碳排放之间的关联效应进行测度。

5. 脱钩弹性分析法

评价经济增长与环境污染的脱钩程度时，需要构建脱钩评级指标，而目前的主要方法有 OECD 开发的脱钩指数分析法（OECD，2002)⑤ 和 Tapio 提出的脱钩弹性分析法（Tapio，2005)⑥。Tapio 的"脱钩弹性"模型相较于 OECD 的"脱钩指数"，综合考量了总量变化与相对量变化两类指标，进一步提高了脱钩关系测度和分析的客观性、科学性和准确性（UNEP，2011)⑦。基于此，本书借鉴 Tapio 脱钩弹性来分析贵州产业部门产出与隐含碳排放之间的脱钩所处的状态，即以某一弹性值范围作为脱钩状态的界限来探讨经济增长与能源消费碳排放的相关性。

① Karen Fisher-Vanden, Gary H Jefferson, Ma Jingkui, et al., "Technology Development and Energy Productivity in China", *Energy Economics*, Vol. 28, Issue 5-6, 2006, pp. 690-705.

② Radoslaw L, Stefanski, *Essays on Structural Transformation in International Economics*, Minnesota: The University of Minnesota, 2009.

③ 徐大丰：《低碳经济导向下的产业结构调整策略研究——基于上海产业关联的实证研究》，《华东经济管理》2010 年第 10 期。

④ 顾阿伦、吕志强：《经济结构变动对中国碳排放影响——基于 IO-SDA 方法的分析》，《中国人口·资源与环境》2016 年第 3 期。

⑤ OECD, *Indicators to Measure Decoupling of Environmental Pressures from Economic Growth*, Paris: Organization for Economic Co-operation and Development, 2002.

⑥ Tapio P, "Towards a Theory of Decoupling: Degrees of Decoupling in the EU and the Case of Road Traffic in Finland between 1970 and 2001", *Transport Policy*, Vol. 12, Issue 2, 2005, pp. 137-151.

⑦ UNEP, *Decoupling Natural Resource Use and Environmental Impacts from Economic Growth*, International Resource Panel (IRP) of the United Nations Environment Programme, 2011.

第四节　内容安排与技术路线

一、内容安排

本书围绕气候变化下贵州产业部门隐含碳排放来展开的，以期为相关政策决策部门提供客观基础数据信息，为其制定合理科学的减排政策措施提供经验依据。本书研究内容大致可以分为九个板块：

第一章，绪论。对本书的选题背景、研究意义、研究思路、研究方法、内容安排、技术路线等进行了简单的概括说明。归纳分类了有关碳排放测度及驱动因素的文献，首先是评述碳排放的影响；其次归纳总结生命周期分析法和投入产出法在碳排放测度中的不同应用；再次对有关碳排放测度不同计量方法的优劣势进行了对比分析；最后针对上述研究文献不足以及本书试图解决的问题进行了总体评述。

第二章，相关概念界定与基本理论。主要对本书涉及的相关专业名词进行了概念界定，并对产业部门碳排放的理论基础进行了归纳整理。

第三章，贵州产业结构及能源消费现状。重点从贵州产业结构现状、能源储量分布情况、贵州主要能源消耗情况等方面进行介绍。

第四章，贵州产业部门隐含碳排放的估算。借鉴投入产出思想，在气候变化背景下，为了具体分析贵州产业部门碳排放量变化的趋势，对其构建出隐含碳排放测算的投入产出模型，并对贵州 1997 年、2002 年、2007 年和2012 年的《投入产出表》和《贵州统计年鉴》等数据进行处理后，将其运用到模型中，估算出贵州产业部门的隐含碳排放量。

第五章，贵州产业部门隐含碳排放的驱动因素分解。利用 LMDI 基本内涵，运用 Kaya 恒等式，构建出贵州产业部门隐含碳排放变化的驱动因素模型，并将驱动效应进一步划分为规模效应、强度效应和结构效应，根据测度结果分析影响贵州产业部门隐含碳排放变化程度大小的因素。

第六章，贵州产业部门隐含碳排放的关联效应。首先具体界定关联度的内涵；其次是产业的影响力系数与感应度系数度量；再次是贵州产业部门隐含碳排放的影响力系数和感应度系数指标构建；复次是数据来源及处理；最后是实证结果与讨论分析。

第七章，贵州产业部门隐含碳排放的脱钩效应。首先是脱钩弹性系数测算方法的选取；其次是数据来源及处理；最后是实证结果与讨论分析。

第八章，贵州低碳发展的对策措施。在上述定性与定量分析的基础上，提出在建设生态文明大背景下贵州低碳发展的对策建议，主要从行政管制、财税措施、基于市场的手段、自愿行动、国际经济合作等方面提出对策建议。

第九章，结论与不足。本书通过结合定性与定量的方法对贵州整个产业部门的隐含碳排放进行详细的研究，通过具体的实证结果从整体的视角、三次产业的视角以及各个产业部门的视角等多角度对贵州产业部门隐含碳排放的具体走势进行相关的归纳总结，得出本书的研究结论，并在全球竞相追求低碳经济发展的大浪潮下，对面临"赶"与"超"的发展重任，并要坚守生态与发展两条底线的贵州发展低碳经济提出一些针对性的解决方案，最后，对本书研究中的不足进行具体的阐述。

二、技术路线

根据对上述基本研究思路、内容安排以及资料数据的可获得性等因素的考量，本书的研究结构框架大致遵循以下的技术路线（见图1-2）：

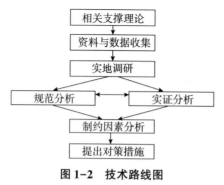

图1-2 技术路线图

第五节　创新之处

本书可能的创新之处包括如下几点：

第一，截至目前，大多学者都是从国家层面或国际层面对产业部门的碳排放进行测算的，对具体到某个省份或者区域层面的研究较少，且在测算产业部门隐含碳排放时行业部门分类较为粗略，造成计算结果不够精准和全面；同时，产业结构随着经济发展不断发生着动态变化，相应地，各产业部门的碳排放强度也处于动态变化过程中，而多数学者都是基于某一特定年份进行静态分析，不能较为清晰地把握各产业部门隐含碳排放的变动情况。为此，本书基于贵州 1997~2012 年的投入产出数据，构建出贵州 27 个产业部门的隐含碳排放投入产出模型，测度贵州 27 个产业部门的隐含碳排放量，以便贵州更好地把握各产业部门隐含碳排放的动态变化情况。

第二，大多数文献局限于研究一个国家或地区的整体碳排放变化的驱动因素，而基于产业部门的视角，分别从整体、各产业部门以及三次产业出发来深入剖析隐含碳排放变化的驱动因素的研究却鲜有涉及，这不利于减排工作有针对性地开展。基于此，本书基于 LMDI 的思想内涵，运用 Kaya 恒等式，构建出贵州产业部门隐含碳排放变化的驱动因素模型，并进一步将驱动效应划分为规模效应、强度效应和结构效应，根据测度结果分析影响贵州产业部门隐含碳排放变化程度大小的因素。

第三，大多数研究者在计算感应度系数时，其分子是通过对里昂惕夫逆矩阵的元素进行横向加总来测算的，这存在一定问题，原因在于这些元素溯源自直接消耗系数，但由于不同元素的基数不同，故该种方法会导致公式的经济含义模糊；另外，很多学者在研究产业部门碳排放关联效应时用的是直接碳排放强度，鲜有涉及用包含了直接和间接的碳排放强度，即隐含碳排放强度来进行研究，这就使得在计算产业部门碳排放关联系数时计算结果有失偏颇。基于此，本书在改进上述研究不足的前提下，借助产业部门影响力系数和感应度系数的分析方法，构建出贵州产业部门隐含碳排放的关联系数指标模型，并基于贵州1997年、2002年、2007年和2012年的投入产出数据，深入分析贵州产业部门隐含碳排放的影响力系数和感应度系数的动态变化过程，以期为贵州通过产业结构调整来降低碳排放提供数据支撑。

第四，许多学者是从国家或者区域的角度来分析经济增长和碳排放之间的脱钩关系，是宏观和中观层面上的探讨，而忽略了在微观层面上，即各产业部门之间会通过相互作用影响经济活动，进而对碳排放造成影响。因此，本书将投入产出法与脱钩弹性法相结合，从微观角度对产业部门产出与其隐含碳排放之间的脱钩关系进行深入剖析，这有利于找出引起贵州碳排放增长更为直接的原因，提高了经济增长与碳排放脱钩分析的准确性和科学性。同时，这为后续低碳方面的研究提供新的视角，也为以后低碳减排工作制定更具有针对性和可操作性的措施提供了数据支持。

第二章　相关概念界定与基本理论

本章界定了产业部门碳排放的相关概念并详细论述了产业部门碳排放的基本理论，具体分别从产业经济学和环境经济学的角度进行了分类讨论。首先，为了更深层次地理解产业部门碳排放，界定了欠发达地区、隐含碳、低碳经济和产业与产业结构的概念；其次，为了准确测量与全面掌握产业部门间 CO_2 排放的关联度、动态规律、排放水平以及与经济发展之间的关系，着重引入了产业经济学相关理论；最后，由于气候变化已成为重要的全球性环境问题，因此为应对我国可持续发展中的环境污染、环境破坏等问题，重点介绍了环境经济学相关理论。总之，我们迫切需要在产业部门碳排放相关理论指导下，调整优化产业结构和能源结构，以期尽早地实现向低碳经济的转型，促进经济的长期可持续发展。

第一节　相关概念

一、欠发达地区

1. 欠发达地区的概念

欠发达地区，指的是由于历史遗留问题以及地理位置限制等条件的约束和国家发展战略中未受到重视的地区，对比分析该地区与发达地区发现，该地区经济发展水平较低，社会经济总量较为落后，但却拥有较大的发展潜力与后发优势，拥有较为丰富的自然资源与人力条件，自然生态状况良好，总体上未受到严重毁坏，伴随着西部大开发、供给侧结构性改革等国家发展战略的实施，欠发达地区正逐步脱贫，有望实现高速经济增长（吴晓军，2003）①。目前，众多学者从不同角度对欠发达地区的概念进行界定。

（1）用人均收入等基础指标来界定欠发达地区。杨晓光等（2006）运用各县人均 GDP 划分哪些地区属于欠发达地区，并认为该地区经济落后的原因主要是缺乏发展机遇、招商引资的力度不够、缺乏资金吸引力，该地区社会生产效率较低、人民生活水平得不到有效改善、第一产业在比重上占三次产业的绝大多数，外贸程度较小，开放水平有待进一步优化提高②；陈德敏和谢雯（2004）采取世界银行根据购买力平价（PPP）的划分方法，对我国某些地区进行了划分，以确定哪些地区是欠发达地区③；张庆滨（2012）运用结构方程模型和模糊综合评价法划分了黑龙江省为欠发达地区，并认为欠发达地区若想实现后发优势、脱贫致富，关键在于提高本地区的区域创新能力④。

（2）用经济发展程度定义欠发达地区。武友德（2000）认为欠发达地区是指开放程度较低，经济发展较为缓慢、落后或者边缘地区，该地区经济发展结构缺乏合理性，较易受到外界经济波动的干扰，经济缺乏"量变"到"质变"的跨越式发展⑤；陆立军（2001）认为由于地理位置封闭和发展观念等条件限制，使得经济发展水平和社会福利水平较低的地区为欠发达地区，该地区与发达地区差距较大，但在自然资源储量和生态环境上却拥有相对优势⑥；屠高（2004）认为欠发达是一种自然属性，是某地区发展的一种自然状态，并且这种状态是动态变化的，欠发达地区在经济水平上落后于发

①　吴晓军：《论地方政府与欠发达地区产业集群成长》，《企业经济》2003 年第 10 期。
②　杨晓光、王传胜、盛科荣：《基于自然和人文因素的中国欠发达地区类型划分和发展模式研究》，《中国科学院研究生学报》2006 年第 1 期。
③　陈德敏、谢雯：《欠发达地区的细分界定与县域可持续发展研究》，《改革》2004 年第 3 期。
④　张庆滨：《欠发达地区区域创新能力评价与培育研究》，博士学位论文，哈尔滨工程大学，2012 年。
⑤　武友德：《不发达地域经济成长论》，中国经济出版社 2000 年版。
⑥　陆立军：《区域经济发展与欠发达地区现代化》，中国经济出版社 2001 年版。

达地区，但该地区随着将来的发展可能会升级到发达地区，该地区与不发达或者落后地区有着本质区别①。

（3）运用统计分析方法综合多个指标论述欠发达地区。罗仲平（2006）根据统计分析方法，将地区划分为欠发达地区和发达地区，并构建了县域经济发展指标体系，采取 SPSS 软件对我国 2015 个县级单位进行聚类分析，并将其分为发达、中等发达以及欠发达县域三类②；冉庆国（2007）运用SWOT 分析方法、网络和系统分析方法对欠发达地区进行分类，并从微观、中观和宏观角度分析欠发达地区的经济发展模式，认为欠发达地区发展需要形成产业集群效应③；刘淑华（2011）运用多元线性回归模型分析欠发达地区生产性服务业的发展状况，并将全国划分为东中西三个部位，东部为发达地区，中部为欠发达地区，西部为不发达地区，并认为欠发达地区发展经济要重视生产性服务业的发展状况④。

对比分析众学者对欠发达地区的界定，可从不同角度理解欠发达地区的内在含义，经济发展水平上的发达与欠发达根据参照物的不同会有所改变，欠发达属于动态发展范畴，欠发达地区随着发展也可能变为发达地区。

2. 欠发达地区的特征

（1）欠发达地区生态地理特征。地理形态构成较为复杂，有多种地形地貌形态，资源配置缺乏合理性，空间分布不均匀，总体承载力较为脆弱（雪，1992）⑤。人口快速增长、土地长期过度开垦导致水土流失进而造成自然灾害频发，地质环境要素对承载力的制约凸显，自然环境受到较大威胁，环境承载压力较大，人口增长远远高于全国平均水平，并逐渐超过本地区的人口合理容量，资源环境负荷超载。资源环境承载力各构成要素间联系紧密，要素间变化响应敏感。水土流失等生态恶化的问题出现，造成人与自然

① 屠高：《东部沿海发达省份欠发达区域发展研究》，博士学位论文，河海大学，2004 年。
② 罗仲平：《欠发达地区县域经济发展的路径思考》，《天府新论》2006 年第 1 期。
③ 冉庆国：《我国欠发达地区产业集群发展研究》，博士学位论文，东北林业大学，2007 年。
④ 刘淑华：《欠发达地区生产性服务业影响因素与发展战略研究》，博士学位论文，武汉理工大学，2011 年。
⑤ 雪：《欠发达地区的内涵界定与经济特征》，《山区开发》1992 年第 4 期。

关系失调、生态环境逐步退化。我国欠发达地区分布比较集中，主要集中在山地高原、草原丘陵等生态环境比较脆弱的地区，像贵州多为喀斯特地貌的高原山地就属于环境脆弱区，容易由于外界环境变化而受到波动。欠发达地区较为不利的自然条件和地理位置，使得该地区经济发展受到严重限制，资源利用率较低，由于历史问题和国家战略发展的规划不同，使得该地区交通、通信等发展力度不足，物资与资源输入输出都受到一定程度的限制，吸引外资程度较低，结合本地区自然资源禀赋和发展现状，切实根据欠发达地区发展实际，提升本地区经济发展水平将是未来欠发达地区的发展方向（叶普万，2004）①。

（2）欠发达地区的经济特征。欠发达地区总体经济发展水平较为落后，发展速度在总体上较为缓慢。近年来，由于西部大开发、供给侧结构性改革以及精准扶贫战略的实施，使得欠发达地区根据自身要素禀赋发展起来，取得了一定的发展成果，像贵州近年来抓住发展机遇，取得了可喜的发展成就。但欠发达地区总体经济发展水平较为落后，远远低于发达地区发展水平，当前，该地区面临着赶超发达地区经济发展和自身经济转型的双重任务，由于经济总量较低，交通等基础设备不够完善，内部经济发展后补动力缺乏，经济大环境较为低迷，实现经济的"赶"和"转"压力较大。欠发达地区经济发展总体上呈现以下特征：一是创新力度不够。产品科技含量较低、总体科技水平落后、人才总量和结构不合理，市场动力不足等问题严重限制了该地区经济发展和技术进步。二是经济发展结构不合理。欠发达地区一般比较倚重农业、种植业的发展，工业较为落后，服务业水平更是远远低于发达地区发展水平，经济结构不合理问题较为严重。三是地区经济体制发展滞后。经济发展需要有制度和市场环境健康运行的保障，欠发达地区对外开放程度不足，思想比较保守，决策制定者需要在本地区内部改革，以推进经济发展。四是市场结构不成熟。欠发达地区由于对外资的吸引力不足，再加上本地区资源禀赋的限制，使得市场结构发育不成熟，市场主体较少，企

---

① 叶普万：《贫困经济学研究》，中国社会科学出版社 2004 年版。

业与注册资本等远远低于发达地区。五是政府鼓励政策不足。欠发达地区缺乏外资，本地区资金容易外流，过去实行的政策差别等发展模式已不适应当今发展潮流，政府应当制定鼓励机制，以充分利用本地区资金，扩大规模招商引资，以促进本地区经济发展。

（3）欠发达地区的产业结构特征。我国欠发达地区分布比较分散，在我国中、东、西部和东北四大板块经济都有民族地区、边疆地区和贫困山区的欠发达地区，但总体上分布在经济发展水平较为落后的中西部地区，该地区产业发展水平较低，由于自身地理位置的限制和交通等基础设施的不便，使得该地区产业结构较为落后。从欠发达地区构成类型来看，欠发达地区既有革命老区、少数民族聚集区、贫困山区，也有发达地区内部诸多的不发达地区，层次较为复杂（Zhao Y，1999)[1]，产业结构调整难度较高。欠发达地区自然条件恶劣导致了农业的落后，同时对工业也产生一定的影响，使得工业发展严重受限，我国欠发达地区由于明显落后的农业和工业，使得该地区产业结构整体水平较低。在欠发达地区，由于产业结构落后不合理的情况，从第三产业考虑，其产值结构与全国差不多，但这并不代表欠发达地区第三产业高度发展，相反是总体落后的表现，其是由于工业落后而被相对抬升的。总结欠发达地区的产业结构发现，总体分为两种类型：第一种是农业、种植业在产业结构中占据主导地位，该地区工业化水平较低，工业化发展缓慢，第二产业缺乏竞争力；第二种是工业尤其是重工业有了一定的发展基础，并且已经超过农业、种植业的发展，但轻工业不够发达，整体产业结构水平较低。

二、隐含碳

根据《联合国气候变化框架公约》的相关内容，隐含碳（Embodied Carbon）被定义为"商品从原料的取得、制造加工、运输直到成为消费者手中

---

① Zhao Y，"Leaving the Countryside: Rural-to-Urban Migration Decisions in China"，*American Economic Review*，Vol. 89，Issue 2，1999，pp. 281–286.

所购买的商品，这段过程所排放的 CO_2"（Odum，1996）[1]。任何一种产品的生产，都会直接或间接地产生碳排放，通常将整个生产链中所排放的 CO_2 称之为"隐含碳"。早在 1974 年，为了对生产某种产品或提供某种服务所直接和间接消耗的资源总量进行更为精确的计算，国际高级研究机构联合会（International Federation of Institutes of Advanced study，IFIAS）在一次能源分析工作会议上曾指出，可以使用"Embodied"这一概念（齐晔等，2008；黄敏、刘剑锋，2011）[2][3]。Brown 和 Herendeen（1996）通过研究得出结论，"Embodied"后面的连接词可以是污染排放物，如 CO_2、SO_2 等，也可以是资源，如土地、水、劳动力等，以此来对生产某种产品或提供某种服务所直接和间接消耗的资源总量以及排放的污染物总量进行更为精确的计算[4]。隐含碳指的是在生产某种商品或提供某种服务过程中产生的 CO_2，这一概念是由"隐含流"（Embodied Flow）的含义发展而来的。对于隐含碳的研究，国外学者侧重于从产品的生命周期角度对其进行研究，而国内学者则更注重对在国家贸易中产生的 CO_2 来进行研究，因为人们往往不会注意这部分 CO_2 的排放。齐晔等（2008）[5] 从外贸角度分析"隐含碳"和"碳转移排放"的含义，认为两者之间的内涵相近，但"隐含碳"更具有科学性。闫云凤（2011）认为隐含碳是在生产某种商品或提供某种服务的过程中直接和间接产生的 CO_2 总量，并将其作为一个环境领域中的重要衡量指标，来描述在商品从原材料生产到被加工成为最终产品的过程中对生态环境所直接和间接造

① Odum H T, *Environment Accounting*：*Energy and Environment Decision Making*，New York：John and Wiley，1996.

② 齐晔、李慧民、徐明：《中国进出口贸易中的隐含碳估算》，《中国人口·资源与环境》2008 年第 3 期。

③ 黄敏、刘剑锋：《外贸隐含碳排放变化的驱动因素研究——基于 I-O SDA 模型的分析》，《国际贸易问题》2011 年第 4 期。

④ Brown M T，Herendeen R A，"Embodied Energy Analysis and Emergy Analysis，A Comparative View"，*Ecologic Economics*，Vol. 19，Issue 3，1996，pp. 219-235.

⑤ 齐晔、李惠明、徐明：《中国进出口贸易中的隐含碳估算》，《中国人口·资源与环境》2008 年第 3 期。

成的所有污染①。陈曦（2011）认为"隐含碳"在本质上和"碳转移排放"这一概念的含义基本相同，只不过在衡量国际贸易过程中的 CO_2 排放量的时候"隐含碳"这一概念能够更为准确地进行描述，而且带有"隐含"二字也是遵循了世界对国际贸易污染责任的认定原则②。对外贸易中的隐含碳排放包括出口和进口两个方面：出口隐含碳是指在国际贸易过程中，出口国先在本国生产商品然后将商品出口到进口国家，其中在本国生产过程中所排放的 CO_2，整个过程实际上将进口国的碳排放转移到了出口国；反之则称为进口隐含碳，出口隐含碳总量减去进口隐含碳总量的净值就是隐含碳净出口。

三、低碳经济

2003 年，英国政府率先提出"低碳经济"概念，宗旨是要大力发展低碳技术、产品及服务，推动低碳经济发展，目标是到 2050 年将 CO_2 排放量在 1990 年的基础上减少 60%。低碳经济作为一种清洁发展机制，可有效应对气候变化，推进可持续发展进程。仔细分析可知，低碳经济包括"低碳"与"经济"两个方面。所谓"低碳"指的是在社会经济发展中，逐步减少或停止大量使用碳基燃料，提高资源利用效率，开发新型发展模式，促进经济发展结构实现转型升级；"经济"指的是在产业消费结构优化升级过程中，要保证经济的有效运行和健康发展，在不影响经济增长和可持续发展的基础上，推进新型能源的开发与碳基燃料的利用效率，尽可能保持发展产出的高度有效化，同时可促进经济的长期发展③。低碳经济是将传统经济发展模式改造成低碳型的新经济模式，在实践中运用低碳经济相关理论组织相关的经济发展与推进活动。分析国内外关于低碳经济的研究成果，目前尚没有在低碳经济领域对其形成统一的界定，但众多学者普遍认为低碳经济在当今社会经济发展和全球变暖趋势下，是一种新型发展路径，其发展包括五个方面：

---

① 闫云凤：《中国对外贸易隐含碳研究》，博士学位论文，华东师范大学，2011 年。
② 陈曦：《中国对外贸易的隐含碳排放研究》，硕士学位论文，暨南大学，2011 年。
③ 刘帅：《基于低碳经济的我国轮胎产业转型研究》，硕士学位论文，青岛科技大学，2015。

一是低碳政策。低碳经济若想有效实施，必然与各级政府的相关政策密切相关，有了政府的支持，低碳经济才能真正发挥其潜在效益，在某些发达国家或地区，很早认识到了低碳经济发展带来的社会和经济效益，普遍认同并推进低碳经济的发展，使其在较短时间内取得了显著的社会经济成果。综上所述，应该根据自身要素禀赋和发展状况，规划适合自己发展的低碳政策，运用低碳工具，促进社会的低碳经济化发展。

二是低碳技术。低碳经济的良性发展离不开低碳技术的保障，大力开发低碳技术可提高碳基燃料的利用效率，更好地促进社会经济的优化升级。低碳技术含义广泛，综合考虑可分为新能源技术的研发，能源效率技术、碳捕获与封存（Carbon Capture and Storage，CCS）技术[1]等研发利用。

三是低碳产业。低碳经济的社会化效益普遍依赖于低碳产业的规模化与集团化，只有使低碳产业高度发达，才能形成具有影响力的低碳经济，而低碳产业中，清洁发展机制作为一种重要的发展模式，在调整优化产业结构、促进新型产业发展方面具有不可替代的作用。

四是低碳城市。城市是一个国家发展的载体，尤其在工业城市中，城市成为碳基燃料的主要消耗地，因此在低碳经济发展进程中，应注重低碳城市的建设。

五是低碳生活。低碳经济的实施离不开低碳生活的推进，只有全民实现低碳生活，改变传统的消费习惯，才能推进低碳经济的进一步实施和产业结构的优化升级（刘再起、陈春，2010）[2]。综上所述，低碳经济具有"低能耗、低污染、低排放"的特征，作为一种新型发展模式，低碳经济具有较强的发展潜力，低碳政策、低碳技术、低碳产业、低碳城市及低碳生活共同构成了低碳经济发展体系。在当今社会经济发展模式和全球气候变暖现状下，低碳经济体现了其前所未有的经济和社会效益，这就要求一方面应妥善处理好环境资源问题，积极完善相关责任认定，实现全社会节能减排；另一方面应在低碳

---

① CCS 技术即碳捕获与封存（Carbon Capture and Storage，CCS）是指将大型发电厂、钢铁厂、化工厂等排放源产生的 CO_2 收集起来，并用各种方法储存以避免其排放到大气中的一种技术。

② 刘再起、陈春：《全球视野下的低碳经济理论与实践》，《武汉大学学报》2010 年第 9 期。

产业内部实现产业结构的优化升级，开发利用新型低碳发展技术，以此提高碳基资源的利用效率，促进低碳新型产业的进一步发展，促进生态文明建设。

低碳经济是根据中国发展实际和要素禀赋，摒弃以往落后的发展模式，针对以往"先污染后治理、先低端后高端、先粗放后集约"的发展模式进行合理筛选，这是可持续发展的必然要求，也是经济转型的必然发展路径。低碳经济作为清洁发展机制，是人类结合历史发展经验，继农业文明与工业文明之后的重要举措。低碳经济倡导利用新型清洁能源、提高资源利用效率、发展绿色经济，其核心是技术创新、低碳产业的集聚化、低碳政策的有效实施以及低碳观念的有效普及。低碳经济是在全球气候变暖形势下提出的，全球气候变暖给人类社会带来了严峻的挑战，可持续发展难以持续，低碳经济亟须进一步发展。随着社会经济的发展以及人口规模的膨胀，对资源的消耗量与日俱增，以此对环境带来的威胁也越来越明显，烟雾、光化学烟雾和酸雨等自然灾害频繁，大气中 CO_2 浓度升高导致的气候变暖也给环境带来了巨大的发展压力。

综合分析低碳经济、循环经济发现，前者是一种经济形态，后者是一种发展模式，妥善结合两者发展优势，实现低碳经济发展目标，走循环经济之路是发展低碳经济的必然选择，通过循环经济模式，降低能源消耗、减少 CO_2 排放，实现自然生态系统和社会经济系统和谐发展是低碳经济发展的根本目标（国务院，2008）[1]。加快经济低碳转型、构建经济发展低碳模式，为节能减排、生态环境保护、构建和谐社会提供操作性已是时代潮流发展的必然趋势和涉及生产方式、生活方式和价值观念的全球性变革（肖海平，2012）[2]。苏振锋（2010）从理论基础、依靠的技术手段、追求的目的、研究的角度、实施控制的环节以及核心内容等方面分析了低碳经济、循环经济、绿色经济和生态经济的异同点，结合四种经济发展模式，妥善处理好它们之间的互动关系，可有

---

① 国务院：《中国应对气候变化的政策与行动（白皮书）》，国务院，2008 年。

② 肖海平：《区域产业结构低碳转型研究——以湖南省为例》，博士学位论文，华东师范大学，2012 年。

效推动社会经济的优化升级①。薛维忠（2011）认为低碳经济是一个长期的过程，在其发展进程中，要重点体现"低碳"的发展要求，以此带动低碳经济的发展和社会经济效益的提高，紧紧结合低碳经济、生态经济、绿色经济和循环经济四种经济形态，从根本上实现生态保护和社会经济的双向良性发展②。杨运星（2011）认为低碳经济、生态经济、绿色经济和循环经济都是建立在生态经济理论与系统理论的基础上，追求经济、社会与生态系统的有机统一，本质内涵都是强调环境友好、资源节约和生态平衡，主张人与自然和谐相处，理论基础都是依据自然学科（生态学和系统学等）、社会学科（经济学、管理学和伦理学等），追求目标都是实现经济社会的可持续发展③。伍国勇和段豫川（2014）比较生态经济、绿色经济、循环经济和低碳经济的异同，并认为这四种经济发展模式之间解决的主要问题及焦点不同、价值取向不同、理论基础的侧重点不同、本质内涵表述相同、最终的发展目标相同④。表2-1是对低碳经济、生态经济、绿色经济和循环经济之间进行的概念解析与比较。

表2-1　低碳经济、生态经济、绿色经济与循环经济之异同

经济形态	低碳经济	生态经济	绿色经济	循环经济
内涵界定	低碳经济宗旨是要大力发展低碳技术、产品及服务，推动低碳经济发展，是人类社会应对气候变化、实现经济社会可持续发展的一种有效模式	生态经济是以既能满足当代人的需求、又能符合后代的利益需求为目标，通过市场机制来调配人口和社会发展的经济形态⑤	绿色经济是以效率、和谐和持续为发展目标，以生态农业、循环工业和持续服务业为基本内容的经济结构、增长方式和社会形态	循环经济是指在人、自然资源和科学技术的大系统内，把传统的依赖资源消耗的线性增长的经济，转变为依靠生态型资源循环发展的经济

①　苏振锋：《低碳经济　生态经济　循环经济和绿色经济的关系探析》，《科技创新与生产力》2010年第6期。

②　薛维忠：《低碳经济、生态经济、循环经济和绿色经济的关系分析》，《科技创新与生产力》2011年第2期。

③　杨运星：《生态经济、循环经济、绿色经济与低碳经济之辨析》，《前沿》2011年第8期。

④　伍国勇、段豫川：《论超循环经济——兼论生态经济、循环经济、低碳经济、绿色经济的异同》，《农业现代化研究》2014年第1期。

⑤　Kenneth Ewart Boulding, "A Science：Ecological Economics", *Nature*, Vol. 3, Issue 7, 1966, pp. 23-32.

续表

经济形态	低碳经济	生态经济	绿色经济	循环经济
核心内容	低碳产品、技术及能源的开发和利用	经济和自然系统的协调发展	发展经济、全面提高生活福利水平	物质循环利用
提出背景	20世纪90年代以来，气候变暖问题	20世纪50年代，生态环境和经济发展的矛盾加剧	20世纪60年代，绿色革命	20世纪60年代，环保运动
研究角度	碳排放	经济与生态系统的协调	绿色生产、流通和分配	资源减量化、再循环、再利用

资料来源：根据相关文献整理所得。

四、产业

1. 产业的概念

产业的概念相当模糊，在英文中，产业（Industry）既可以指工业，又可以泛指国民经济中的各个具体产业部门，如工业、农业和服务业，或者更具体的行业部门，如钢铁业、纺织业、食品业和造船业等，其比汉语中的概念还要模糊。这意味着，对产业进行定义不是件很容易的事情，对于不同的研究，可以使用不同的特定定义。早期西方传统的产业组织理论对产业的定义是指生产同类产品或提供同类服务的企业（具有紧密替代弹性）的集合。后来的研究者均在这一基础上对产业概念的界定问题进行研究，并形成了一定的共识，认为产业是介于宏观和微观之间的集合概念，是属于中观层次的经济学范畴。对于微观经济中的单个企业来说，产业是具有相同性质企业群体的集合；对于宏观经济而言，产业是国民经济基于共同标准而划分的部分。目前，使用最广泛的产业的概念有：①"产业"概念是居于微观经济的细胞（企业和家计）与宏观经济的单位（国民经济）之间的一个"集合概念"。产业是一种社会性的集合，它将同属性的企业关联在一起，并且这些企业遵从同一种标准进行划分（杨治，1985）[①]。②产业，即具有某种同类属性的相互作用的经济活动组成的集合或系统（苏东水，2000）[②]。③在产业组织结构方面，"产业"是一种产业组织的有效管理方式，指的是"生产同类或有密切替代关系产品、服务的企业集合"。当研究整体经济复杂运行中的企业间错综复杂的中间产品或最终产品的供给与需求关系，或者说当需要对产业整体情况进行整合或者对不同产业结构进行调整时，"产业"这个概念可以理解为"使用相同原材料、相同工艺技术或生产产品用途相同的企业的集合"（杨公朴、夏大慰，2002）[③]。④产业指的是在国民经济中，以社会分工为核心，促进产品和劳务的协同发展，以及对具有同一属性的企业进行整合活动的场所。在社会经济发展中，从物质生产到服务业发展，都可以统称为产业（简新华、魏珊，2005）[④]。

2. 产业的分类

为了研究产业之间的相互联系，即产业结构的比例与变化，从而进一步对各类经济现象进行分析解释，对产业经济现象背后的规律和发展进程进行研究，我们需要对国民经济全部活动或部分活动进行划分，即产业分类。产业分类是研究国民经济结构的前提，是进行国民经济统计分析的基础。目前，世界上现有的主要产业分类标准及方法包括：按"产业发展层次顺序及其与自然界关系不同"进行分类的"三次产业分类法"；依据再生产过程中各产业间的关系而进行分类的"生产结构分类法"，主要包括"马克思两大部类分类法""霍夫曼分类法"和"农轻重分类法"（张树青，2009）[⑤]；按统计标准进行分类的"国际标准产业分类法"以及按"生产要素集约程度不同"进行分类的"生产要素集约分类法"，如图 2-1 所示。

（1）三次产业分类法。三次产业分类理论于 20 世纪 40 年代初提出，其

---

① 杨治：《产业经济学导论》，中国人民大学出版社 1985 年版。

② 苏东水：《产业经济学》，高等教育出版社 2000 年版。

③ 杨公朴、夏大慰：《现代产业经济学》，上海财经大学出版社 2002 年版。

④ 简新华、魏珊：《产业经济学》，武汉大学出版社 2005 年版。

⑤ 张树青：《基于产业特性的产业分类标准创新尝试》，《商业时代》2009 年第 3 期。

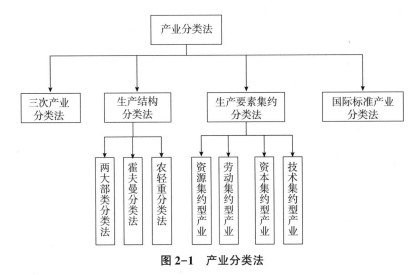

图2-1 产业分类法

资料来源：根据相关文献资料整理所得。

中的第一次产业是指广义的农业，其按照自然状况为划分依据，将隶属于自然的这部分产业划分为第一产业；第二次产业是指广义的工业，其按照对自然中的事物进行加工得到生产品作为划分依据；第三次产业是指广义的服务业，将基于有形物质财富生产活动上的无形财富生产部门作为划分依据（汪涛、叶元煦，2000)[①]。综上所述，三次产业之间相辅相成，协同发展，第一次产业如同大树的树根，第二次产业如同大树的树干，第三次产业如同大树的树叶，共同组成了一棵大树（杨治，1985)[②]。自其被首次提出以来，世界大多数国家都先后引用，以对各自的国民经济产业结构进行宏观分析。

（2）生产结构分类法。生产结构分类法是指依据再生产过程中各产业间的关系而进行分类的方法。由于研究问题的角度和目的不同，生产结构分类法可分为：马克思的两大部类分类法、霍夫曼分类法和农轻重分类法。①两大部类分类法。该种分类方法是马克思在分析资本主义发展核心，研究资本

[①]　汪涛、叶元煦：《可持续发展的产业分类理论——立体产业分类理论》，《学术交流》2000年第6期。

[②]　杨治：《产业经济学导论》，中国人民大学出版社1985年版。

主义再生产过程中得到的结论。马克思用其先进的视野，从资本主义生产领域的角度进行分析，根据社会再生产中不同产品的作用，将社会总产品按照两大部类分类法进行分类，分为生产资料的生产和消费资料的生产。前者指从事物质资料生产并创造物质产品的部门，包括农业、工业、建筑业、运输邮电业和商业等，后者指不从事物质资料生产而只提供非物质性服务的部门，包括科学、文化、教育、卫生、金融、保险和咨询等部门。马克思在政治经济学的历史上第一次把社会产品分为截然不同的两大部类（即生产资料和消费资料），从而建立了全新的再生产理论。列宁认为，把社会产品分为两大部类乃是谈论实现问题的出发点（奚兆永，1980）①，所以该方法有着很重要的意义。②霍夫曼分类法。霍夫曼分类法是德国经济学家霍夫曼提出的以研究工业化进程中产业结构之间的比例关系和变动趋势为目的按产品用途进行产业分类的方法。把产业分为三类：消费资料产业，包括食品业、纺织业、皮革业和家具业等；资本品产业，包括冶金及金属材料工业、运输机械业、一般制造业和化学工业等；其他产业，包括橡胶、木材、造纸和印刷等工业（昝廷全，2002）②。从霍夫曼理论分析的内容和目的看，他这样划分产业的主要用意是区分消费品产业和资本品产业。他划分这两类产业的标准是——凡产品的用途有75%以上是消费品就归入消费品产业，凡产品的用途有75%以上作为资本品就归入资本品产业。划分依据明确，"75%"是个清晰的界定标准，能够通过定性的方法得到相关数据，具有可比性和统计意义。③农轻重分类法。是将社会经济活动中的物质生产分成农、轻、重三个部分。这里的"农"，指的是大农业，包括种植业、畜牧业和渔业；"轻"是指轻工业，轻工业的产出主要是消费资料的产品，主要的轻工业部门有纺织业、食品业和印刷业等；"重"是指重工业，重工业主要是生产资料的工业。典型的重工业部门有钢铁工业、石油工业、煤炭工业、电力工业和化学

---

①　奚兆永：《正确理解两大部类的划分——学习马克思主义再生产理论札记》，《财经问题研究》1980年第4期。

②　昝廷全：《产业经济系统与产业分类的（f，θ，D）相对性准则》，《郑州大学学报（哲学社会科学版）》2002年第3期。

工业等。农轻重分类法的应用实践表明，它具有比较直观和简单易行的特点。此分类方法可以大致反映出社会再生产过程中两大部类之间的关系，对宏观上进行国民经济计划和控制有相当大的实用价值。

（3）国际标准产业分类法。国际标准产业分类法（International Standard Industrial Classification of All Economic Activitiesisic，ISIC）是联合国为了统一世界各国的产业分类而颁布的产业分类法。按照这种方法，凡是能够在市场上通过交换取得收入的经济活动，都应纳入产业分类范围。国际标准产业分类法在产业分类方面具有指导规范作用，对中国目前实施的最新修订本《国民经济行业分类》（GB/T 4754-2011）进行系统的分析，有助于在理论上把握我国最新标准的创新与不足，更好地提高国际可比性。接下来，重点介绍最新版本国际标准产业分类法 Rev.4 的更新变化及与中国《国民经济行业分类》（GB/T 4754-2011）的比较。在中国的《国民经济行业分类》（GB/T 4754-2011）修订过程中，充分考虑到统计标准与国际标准的衔接问题。在许多方面与国际标准产业分类法保持了一致性，包括分类原则、统计单位和编码制度（李娴，2012)①。首先，中国《国民经济行业分类》（GB/T 4754-2011）与所规定的划分行业的原则与国际标准产业分类法是一致的，即按经济活动的同质性划分行业。无论所有制、所有权、组织类型和操作方式如何，只要两个单位从事同一种经济活动，那么它们就属于同一个行业。其中，经济活动是指"在法律的许可下，通过劳动、资本、土地和服务的投入，产出某种货物或提供某种服务的过程"。统计单位方面，在联合国的国民经济核算体系（SNA）中进行分类，按照国际标准产业分类法，将其划分为五类单位：机构单位、活动类型单位、地方单位、基层单位和同质生产单位。其中"机构单位"是国民经济核算体系建立的基础，与国际标准产业分类法 Rev.4 分类理念最贴合的统计单位是"基层单位"。其次，对于编码方法，中国的《国民经济行业分类》（GB/T 4754-2011）与国际标准产业分类法 Rev.4 一致，采用线分类法和层次编码法，将经济活动划分为门类、大

---

① 李娴：《国际标准产业分类更新及启示》，硕士学位论文，东北财经大学，2012年。

类、中类和小类。门类用大写英文字母表示，大、中、小类根据等级制和完全十进制，用三层四位阿拉伯数字表示。从总体结构来看，中国的《国民经济行业分类》（GB/T 4754-2011）共分为 20 个门类、96 个大类、432 个中类和 1094 个小类（见表 2-2）。作为国别层次的分类，《国民经济行业分类》本来就需要比国际分类更详尽，更符合本国国情，目前，我国使用的 2011年版本的详细程度进一步增加，除门类级别外，其每个层次划分类别都比国际标准产业分类法 Rev.4 更为细致。总体结构差异如表 2-3 所示。出现这种差异的主要原因是：国际标准产业分类法 Rev.4 是在产业分类框架和分类顺序上提供给各国参考的建议性的国际标准文件，而《国民经济行业分类》（GB/T 4754-2011）是根据我国统计工作实际需要编制的，结合我国统计工作的现实情况，更符合我国国情的分类标准。

表 2-2 中国《国民经济行业分类（GB/T 4754-2011）》标准

代码	行业分类	代码	行业分类	代码	行业分类	代码	行业分类
1	农业	8	黑色金属矿采选业	15	酒、饮料和精制茶制造业	22	造纸和纸制品业
2	林业	9	有色金属矿采选业	16	烟草制造业	23	印刷和记录媒介复制业
3	畜牧业	10	非金属矿采选业	17	纺织业	24	文教、工美、体育和娱乐用品制造业
4	渔业	11	开采辅助活动	18	纺织服装、服饰业	25	石油加工、炼焦和核燃料加工业
5	农、林、牧、渔服务业	12	其他采矿业	19	皮革、毛皮、羽毛及其制品和制鞋业	26	化学原料和化学制品制造业
6	煤炭开采和洗选业	13	农副食品加工业	20	木材加工和木、竹、藤、棕、草制品业	27	医药制造业
7	石油和天然气开采业	14	食品制造业	21	家具制造业	28	化学纤维制造业

代码	行业分类	代码	行业分类	代码	行业分类	代码	行业分类
29	橡胶和塑料制品业	42	废弃资源综合利用业	55	水上运输业	68	保险业
30	非金属矿物制品业	43	金属制品、机械和设备修理业	56	航空运输业	69	其他金融业
31	黑色金属冶炼和压延加工业	44	电力、热力生产和供应业	57	管道运输业	70	房地产业
32	有色金属冶炼和压延加工业	45	燃气生产和供应业	58	装卸搬运和运输代理业	71	租赁业
33	金属制品业	46	水的生产和供应业	59	仓储业	72	商务服务业
34	通用设备制造业	47	房屋建筑业	60	邮政业	73	研究和实验发展
35	专用设备制造业	48	土木工程建筑业	61	住宿业	74	专业技术服务业
36	汽车制造业	49	建筑安装业	62	餐饮业	75	科技推广和应用服务业
37	铁路、船舶、航空航天和其他运输设备制造业	50	建筑装饰和其他建筑业	63	电信、广播电视和卫星传输服务	76	水利管理业
38	电气机械和器材制造业	51	批发业	64	互联网和相关服务	77	生态保护和环境治理业
39	计算机、通信和其他电子设备制造业	52	零售业	65	软件和信息技术服务业	78	公共设施管理业
40	仪器仪表制造业	53	铁路运输业	66	货币金融服务	79	居民服务业
41	其他制造业	54	道路运输业	67	资本市场服务	80	机动车、电子产品和日用产品修理业

代码	行业分类	代码	行业分类	代码	行业分类	代码	行业分类
81	其他服务业	85	新闻和出版业	89	娱乐业	93	社会保障
82	教育	86	广播、电视、电影和影视录音制作业	90	中国共产党机关	94	群众团体、社会团体及其他成员组织
83	卫生	87	文化艺术业	91	国家机构	95	基层群众自治组织
84	社会工作	88	体育	92	人民政协、民主党派	96	国际组织

资料来源：国家统计局。

表2-3 ISIC Rev. 4 与国民经济行业分类 2011 年版结构对照

分类层次	ISIC Rev. 4		GB/T 4754-2011	
	数量	编码	数量	编码
门类	21	A–U	20	A–T
大类	88	01–99	96	01–96
中类	233	011–990	432	011–960
小类	419	0111–9900	1094	0111–9600

资料来源：李娴：《国际标准产业分类更新及启示》，硕士学位论文，东北财经大学，2012 年。

（4）生产要素集约分类法。根据不同产业在生产过程中对资源的依赖程度大小，可以将产业划分为资源集约型产业、劳动集约型产业、资本集约型产业和技术集约型产业。其中，资源集约型产业（亦称土地密集型产业）是指在生产要素的投入中需要使用较多的土地等自然资源才能进行生产的产业。土地资源作为不可再生资源，也属于一种特有的生产要素，指的是广义上的不同种类的自然资源，例如土地、原始森林、江河湖海和各种矿产资源等自然资源。劳动集约型产业（又称劳动密集型产业）是指单位劳动占用资金（资本）较少的产业，该类型产业具有较高的劳动依赖度，在生产上比较倚重劳动投入。在劳动密集型产业中，对活劳动的消耗占据较大的比重，对物化劳动的消耗占据较小的比重。资本集约型产业（又称资本密集型产业）是指单位劳动中占用资金（资本）数量较多的产业，该类型产业对资本（资金）的依赖程度更大。技术集约型产业（又称知识密集型产业或技术密集型产业）指的是运用较高的现代生产技术内容较多，或机械化、自动化程度较高的产业，该类型产业对技术的依赖程度更大。

五、产业结构

1. 产业结构的概念

产业结构是指农业、工业和服务业之间错综复杂的关系，包括产业构成、比例和它们之间的相关联系。随着现代市场经济的建立，社会分工日益细化，各相互联系的经济体会越来越小，因而会产生越来越多的部门。这些不同的部门，由于不同影响因素的制约，在劳动人数、经济总量和增长速度上以及各自占总的比例、对经济增长的推动作用等方面有着明显的差异。一个国家或者一个地区（作为一个独立的经济体）在处于不同的经济发展阶段时，三大产业不管是其构成、比例还是对经济增长的贡献方面是互有差异的，可以说是完全不同的。因此，将三大产业的结构、比例在内的特征定义为产业结构（胡运禄，2013）[①]。

2. 产业结构优化的内涵

产业结构的演变在促进经济增长中起着至关重要的作用，从本质上来看，现代经济增长可以说是一个结构转换的过程。结构转换过程从根本上说又是产业结构优化的过程，产业结构优化包括两个方面的内容，即产业结构的合理化和高级化，两者互相依存、互相作用，俨然在产业结构优化过程中形成了一条非常关键的纽带。合理解决各产业之间的耦合质量的问题以及有效提高它们之间的有机联系，是产业结构合理化的主要内容；产业结构的高级化主要是解决怎样促使低水平产业结构转变为高水平发展的问题。产业结

---

① 胡运禄：《产业转移、产业结构调整与民族地区经济发展研究》，硕士学位论文，西南民族大学，2013年。

构合理化是高级化的必要基础，而产业结构合理化是随着经济发展进程不断调整的过程，在这一进程中结构效益出现大幅提高，在此基础上推动产业结构不断向高级化发展。

（1）产业结构的合理化。首先，产业结构合理化的内涵。现如今，理论界关于产业结构合理化的内涵有着不同的理解和定义，产业与产业之间协调能力和关联水平的提高是其中对其认可度较高的一个定义，产业结构合理化不是一个静态的过程，而是一个动态的过程。其要解决的问题有以下三方面：一是相互适应问题，即供给结构和需求结构相适应；二是发展的协调性问题，即三次产业间以及各产业内部部门之间协调发展；三是充分发挥的问题，如何使得产业结构效应发挥到最大作用。产业结构不合理体现在：供给结构的变化与需求结构的变化不能相兼容、适应。产业结构趋于合理化的标志是能促使本国的人力、物力、财力以及国际分工发挥最大价值，国民经济各部门共同作用、协调发展，社会的生产、交换和分配有条不紊地进行，国民经济持续稳定增长，社会需求得以满足，最终达到人口、资源和环境的良性循环的目标。其次，产业结构合理化的基准。①国际基准。这个基准的代表人物是钱纳里等。即认为要符合产业结构一般变动规律的国际标准结构（钱纳里等，1993）①。同时认为在人均收入300美元时需求和生产结构的改变就已经显现，当人均收入超过300美元这一临界点后，产业结构的变化则会达到最快、最大，总的结构变化值中的75%～80%出现在当人均收入达到300～1000美元的区间段。②产业平衡基准。这一观点的代表性相对较强，即衡量产业结构合理性与否的标准是各产业间比例是否平衡。其核心是把合理性植入各产业部门间的关系上。从理论上出发，经济增长是以各产业协调发展为基础，经济增长的基本条件是产业间各个比例保持在合理的平衡区间内。产业间比例平衡相对来说是比较短暂的，当处于非均衡经济增长条件下，要经过一定的调整才能达到这种平衡比例。因此，产业间比例平衡不能简单认为是一种绝对的平衡，要将产业结构任何时候都保持在这种比例平衡

① ［美］H. 钱纳里等：《工业化和经济增长的比较研究》，吴奇等译，上海三联书店1993年版。

才合理。③需求结构基准。即认为判断产业结构的合理与否需要将供给结构与需求结构相适应程度作为衡量标准，不合理的产业结构其背后必然是供给结构与需求结构存在矛盾，两者不能相适应，两者适应程度越高就表示产业结构愈加趋于合理；相反，则越不合理。为了满足不断增长的需求，与之相匹配的产业结构必不可少，从这一点出发，该基准有一定道理。④结构效应基准。认为产业结构的合理化是指在一定社会经济发展战略目标要求下，达到供求结构平衡、各产业部门良好互动、协调发展，同时获得较好结构效益的产业结构逐步优化的动态变化过程（周振华，1991)[1]。

（2）产业结构高度化。首先，产业结构高度化的内容。从产业结构高度化的程度加以区分，高度化包括四个方面：一是指产业的高附加值、高技术化，即在产业中普遍应用高新技术，增加产品的附加值。二是产业高集约化，即产业组织愈加合理，规模经济效益凸显。三是产业高加工度化，即深层次的加工。四是产业高技术化，即在产业中全方位运用高技术（包括新技术与传统技术复合）。从产业的结构不同的比例出发，高度化有以下几个方面的含义：一是在整个产业结构发展演变过程中，由第一产业占比较大逐级向第二、第三产业占比较大演进，即产业重点依次逐渐转移；二是产业结构由劳动密集型产业为主逐渐转变为以资金密集型、技术知识密集型产业为主，即向各种要素密集度从低层次向高层次转移；三是产业结构中由以生产初级产品的产业逐级向生产中间、最终产品的产业演进，即从初级产品向高级产品依次转移。其次，产业结构高度化所需具备的条件。一是发展良好的基础产业。基础产业发展良好，意味着高加工度化过程中所不可缺少的原材料、能源供应和各加工环节的生产能力及生产上的联系能够得到保证。如果基础产业没有相当发展而盲目追求高级化，必将制约加工工业的发展，使经济发展出现波折。二是产业结构合理化。要想顺利实现产业结构高度化必须要以产业结构合理化为基础。产业结构协调既可以是建立在较低生产力水平上、较低产业高新程度的协调，也可以是建立在较高生产力水平上、较高产

---

① 周振华：《现代经济增长中的结构效应》，上海三联书店 1991 年版。

业高新程度的协调，由于产业结构高度化的目标是推动产业结构向更高的高新程度演变，因而产业结构合理化应以更高水平的协调为目标。三是经济效益不断提高。如果在低水平上追求资本有机构成的提高或资本密集程度的提高，则很可能是以外延式扩大再生产的方式扩大重化工业部门，推行片面重化工业战略。所以产业结构高级化过程从本质上加以分析是指以技术不断进步、创新为内涵的扩大再生产过程，是经济效益显著提升的过程。最后，衡量产业结构的主要标准。一是收入弹性原则（所得弹性标准），即每增加一单位收入与增加对某商品需求量之间的比值。若因收入的扩大带来的需求增加可以转变为收入弹性比较高的商品，就会使得出口增长率提升，则整体经济增长处于一种较好的发展状态。二是生产率上升原则，为增加收入弹性高的商品的出口量，其必须具备较高的国际竞争能力，以此将产业或技术发展可能性大的产业作为重点出口对象必然是上佳选择。三是技术、安全、群体原则，即从促进经济发展长远出发，技术革新是经济发展必不可少的巨大动力，从而对未来有可能在技术革新核心部门占有一席之地的产业，虽然当前可能发展较为落后，仍要坚持继续发展，也不能轻易放弃；为促使一国经济能够有条不紊的发展，必须要有能够保障国家安全或国家威望的大型产业；产业部门之间要想得到平衡、健康发展，必须形成覆盖范围较广的产业群体。满足以上三条标准的产业结构状态，我们就可以说在该时期一国产业结构处于最适状态，同时也表明在此研究期间内该国产业结构高度化达到标准状况。

综上可知，产业结构合理化与高级化是产业结构必不可少的两个基点，两者共同作用、共同影响，即没有合理化，就没有高级化，进而阻碍产业结构由低级向高级的演化进程，很有可能导致结构逆转。反过来，产业结构高级化会有利于产业结构在层次更高的平台上迈向更加合理化，而高级化是合理化进一步发展的目的，没有这一目的，合理化的存在就没有了意义。要想促进经济的健康发展，必须要重视产业结构的优化，首先要明确产业结构的合理化和高级化两者之间的辩证关系。这样才能在产业结构调整、优化和经济增长的良性互动关系中，高度实现社会、经济的可持续发展。

第二节　产业经济学相关理论

一、产业关联理论

产业关联，即产业联系，在20世纪30年代由美国著名经济学家里昂惕夫在其开创的投入产出经济学理论中首次正式提出，其主要内容是从经济技术发展的角度进行研究，分析其之间的数量比例关系，即研究产业间的供求情况和投入产出之间的数量关系。其中，产业关联的方式有不同的分类标准，按照产业之间的依托方式可进行划分：一是产品或劳务关联——在社会经济发展，社会再生产过程中，一些特定部门提供给其他部门产品或劳务信息，或者产业之间相互提供产业或劳务；二是生产技术关联——一些产业部门为另一些产业部门提供满足技术性能要求的机器设备、产品零件、原材料以及劳务等；三是价格关联——产业间产业和服务关联价值量的货币表现；四是劳动就业关联——指的是重点发展某一特定产业，然后将该产业带动其他产业发展，以此带动整体进步，逐步增加福利水平和劳动机会；五是投资关联——某一产业的直接投资必然导致大量的相关产业的投资。按产业间供给与需求的方式可分为：一是前向关联——指将某一产业的产品用于其他产业的生产和加工而形成的产业关联；二是后向关联——某一产业在生产过程中使用其他产业的产品进行加工和生产所形成的依赖关系；三是环向关联——在经济社会中，各产业之间逐步形成了前向关联、后向关联联系组成的产业链。该产业链环环相扣，并且通过连贯的经济技术联系，形成产业链的发展"环"。按产业间技术工艺的方向和特点可分为：一是单向关联——一系列产业相关部门发展之间，先行产业部门作为支撑部门，为后续产业部门提供产品，为其生产时消耗提供物资支持，但后续产业部门生产的产品却不能被先行产业部门投入到自身的生产过程中。如：棉花→棉纱→色布→服装。二是多向关联——一系列产业部门之间，先行产业为后续产业部门提供产品，以供其生产时消耗，同时作为后续产业部门的产业也为其先行产业部门提供产品，与先行产业发生前向关联。如：煤炭→钢铁→矿山机械部件→煤炭。按产业间的依赖程度分类：一是直接关联——两个产业发展之间是一种直接提供和被提供产品、服务和技术等方面的联系，是一种直接关联关系；二是间接联系——两个产业发展之间本身不发生直接的生产技术联系，而是通过一些媒介而产生的技术经济方面的联系。由于在经济活动过程中各产业之间相互联系、相互渗透，所以它们之间的影响也具有多样性和复杂性，在对产业关联进行分析时，最重要的方法是投入产出分析法，其中，投入产出法是投入产出理论在解决实际问题时的一个详细精确的应用，是"把一个复杂经济体系中各部门之间的相互依存关系系统地数量化的方法"。它根据对投入产出表的深入分析，研究并论述了各产业间在生产、分配和交换上的关联程度及特征，并以此为依据对经济的发展做出恰当的预测和一定的规划建议（冯娅，2012）[①]。在经济发展过程中要追求生产平衡也必然会涉及国民经济的部门之间的关系，同时，在研究两者的基础上需要对未来的经济发展做出预测。产业关联可以在有效推动经济理论的研究和经济结构优化的基础上对未来的发展做出更为精确的预测。每种经济结构都有其自身的特点，但共同点是自身内部的组成部分主导其运行。

二、产业结构理论

产业结构的合理程度往往制约着经济的发展水平，因此，为了实现日益增长的社会需求，通过对产业结构的调整实现产业部门之间的优化升级，以此带动产业整体的协调发展，此过程就是一种产业结构优化。其具有相对性，即不是指产业结构水平的绝对高低。一国在经济发展过程中，根据本国当前经济发展水平、自然资源丰富程度、社会发展阶段以及科学技术水平等基本国情，从实际出发对本国的产业结构采取逐步优化的方式，以此推进产业之间的协同发展，实现产业优势发展的国民经济效益。因此，应当研究分

---

① 冯娅：《湖北省产业碳排放水平及其影响因素研究》，博士学位论文，武汉大学，2012年。

析各种产业结构的具体演变过程，在遵循其演变规律的条件下适当地调整产业结构（肖海平，2012）[1]。优化产业间的资源配置以及提高生产或服务过程中的资源使用效率，从而推动经济的进一步发展。实现产业结构升级，主要是使产业结构更加合理和提升资源的利用水平和使用效率。产业结构较为合理的方式是指在一定的经济发展阶段，根据自身要素禀赋和发展现状，对自身资源进行合理布局调整，使得资源能优化利用，配置更加合理。产业结构合理化与否在很大程度上影响着国民经济的发展，将决定其能否协调发展与进步。产业结构合理化的重要作用可在四个方面得到体现：一是合理化产业结构能够对本国人力、物力、财力、自然资源等国内优势以及国际分工等国际优势进行有效的利用；二是合理化的产业结构通过协调国民经济各部门的发展来提高经济活动的效率，这对于社会扩大再生产发展也具有一定的积极作用；三是合理化的产业结构能够保证在国民经济持续稳定增长的基础上来满足社会需求；四是合理化的产业结构能够使人口、资源与环境和经济发展之间形成良性循环，有利于推动可持续发展。同时，经济技术的不断创新和进步使资源利用效率也不断提高，这就是所谓的产业结构高度化。其发展可促进产业结构的优化升级，培育发展重点产业，对有巨大发展潜力的产业进行重点扶持。高生产效率产业部门的比重较大是产业结构高度化的典型标志，这些部门往往拥有较高的现代化技术水平以及较为强大的持续创新能力；随着需求结构的进一步优化，产业结构也会随着进一步升级，这也是产业结构高度化的另一重要体现。所谓的高度化，主要是指高加工度化、高附加值化、技术集约化、知识化和服务化。一般可以用五种相互补充的方法来衡量产业结构高度化程度，即：加工度衡量法、附加值衡量法、技术集约程度衡量法、知识化程度衡量法和第三次产业比重衡量法（杨盛、陈志辉，1997）[2]。值得注意的是，不能过低地看待产业结构的合理化与高度化。产业结构合理化侧重于经济发展的短期利益，为产业结构高度化的实现奠定了一

---

① 肖海平：《区域产业结构低碳转型研究——以湖南省为例》，博士学位论文，华东师范大学，2012 年。

② 杨盛、陈志辉：《论产业结构合理化与高度化》，《经贸世界》1997 年第 3 期。

定的物质基础，也可以认为是更高层次的合理化。产业结构高度化侧重于经济发展的远期目标，本质上是重点强调产业结构的科学性以及未来属性。全球气候变化问题日益突出，从而引发了国际社会、各国政府和学术界对相关问题的高度关注和激烈讨论，关于节能减排问题的讨论也被提到各国的议程上。近些年来，中国将重工业作为产业结构重心的弊端日益显现。重工业产业不但对能源的需求量较大，而且其 CO_2 排放量也较大，因此，目前中国所面临的碳减排压力与难度日益加重。通过世界各国的现代实践可以看出，产业结构优化能够有效缓解 CO_2 的过度排放（彭文博，2012）[①]，同样地，贵州的产业结构也极度不合理，需要及时通过产业结构调整来转变经济的发展格局以及减少碳排放。

三、产业发展理论

影响产业发展过程的因素有很多。在这个过程中，产业竞争力的强弱起着至关重要的作用，如果产业具有较强的竞争力，则其相对于其他产业就更容易形成，并在其发展初期能够吸纳更多的社会资源，从而加强了该产业研发相关技术的能力，这将有助于该产业抢占更多的市场份额，进而促使其进一步发展甚至在全球竞争中占据优势。反之，则该产业将会呈现递减发展态势，并逐步被市场所淘汰。综上所述，产业发展理论的观点为，动力机制、供求机制、内在机制、外在机制、决策机制和创新机制在很大程度上会影响产业发展过程（杜靖，2009）[②]。

经济利益是产业发展的根本原因，如果没有市场需求，产业就不会形成甚至是发展，因此，市场需求是产业发展的前提条件。但只要没有较强的市场需求，失去经济利益（包括生产者和政府的利益），那么资本就不会进入该产业，其他的社会资源也很难被吸纳，因此该产业很难形成甚至是发展。社会经济发展进步和国民收入增长提高会增加人们的收入，以此导致的需求

---

① 彭文博：《"工业强省"战略下贵州省产业结构合理化与高度化分析》，《环境与发展》2012年第 2 期。

② 杜靖：《产业发展理论探析》，《山西财经大学学报》2009 年第 2 期。

总量也会随之增加。不同的产业会有不同的技术经济特征，其具体特征是由其内在本质所决定的，而产业特征一般涉及以下几个方面：规模起点、资本数量、技术条件、生产要素、生产组织与方式、市场容量等。外部环境对产业发展具有巨大的约束力和间接推动力。人口增长将直接增加社会的总需求量并扩大市场规模，与此同时，这也意味着劳动力的供给增加会推动产业的形成与发展。国际贸易是推动产业发展的重要外部因素，在进行国际贸易的过程中，可以利用国内外两个市场的资源并借此推动产业的发展。政府决策决定着社会经济的发展方向、产业政策的制定以及产业结构的调整，而这些往往会直接影响产业的发展前景。产业主体的创新活动能够很好地推动产业发展。无论是科学技术的创新还是思想理论的创新都将提高产品的单位生产率和资源的使用效率，而单位生产率的逐步提升将会使得生产成本逐步降低，两者是反比例的关系。资源利用率的提升会降低对资源能源的依赖程度，同时也降低了进一步拓展规模的成本压力，这都有利于产业的进一步发展。创新还可以通过改变产品的特征来影响消费者的需求结构。如何实现产业的健康发展是一个关键性问题，目前可以通过以下三个机制有效解决上述问题：产业结构优化的机制、产业布局的机制和产业组织合理化的实现机制，本质上是个体产业与整体产业协调发展的机制，也是以市场机制为主、政府干预为辅。市场需求旺盛以及发展前途光明的产业可以通过市场机制吸纳更多的社会资源并获取更大的利益，从而该产业得到进一步发展；市场需求低迷以及发展前途暗淡的产业在市场机制的作用下会逐渐亏损，最终被市场淘汰（迟本坤，2011）[1]。以市场机制为基础，能够淘汰竞争力较低的产业并发展竞争力较高的产业，从而提高产业总体的经济效率与效益。但市场机制也有其自身的局限性，如：公共部门和部分自然垄断行业虽然应该发展但却不适用于市场机制；新兴产业、高新技术产业和环保产业在发展初期需要大量的投资而且其风险也较大，因此也不适用于市场机制。所以，政府应

---

① 迟本坤：《低碳经济视角下新能源 CDM 项目的国际合作研究》，博士学位论文，吉林大学，2011 年。

该通过对市场进行合理的管理和调控来弥补市场失灵所带来的缺陷，从而实现个体产业与整体产业的协调发展。贵州省的各产业部门在发展过程中，一是要通过上述机制实现健康发展，二是要注意各产业部门隐含碳排放问题。要注意各产业部门互动发展效应下的关联效果，根据自身要素禀赋和发展现状，促进产业结构合理化发展和高度化进程，以此来实现产业结构的优化升级，使其良性发展，进一步促进产业发展中良性循环的形成。目前与碳减排有关的交易机制主要有清洁发展机制（Clean Development Mechanism，CDM）、联合履行（Joint Implementation，JI）和排放贸易（Emission Trading，ET）三种，上述三种交易机制在很大程度上减少了碳排放，促进了低碳经济的发展。贵州各产业部门要不断创新发展低碳技术，实现产业发展和节能减排的双赢。低碳技术主要包括碳减排技术、碳效率技术、碳捕获和储存技术（Carbon Capture and Storage，CCS）[1] 以及碳汇[2]技术，其中碳减排技术是低碳技术的核心。

第三节　环境经济学相关理论

一、交易成本理论

诺贝尔经济学奖得主、美国芝加哥大学罗纳德·科斯教授于 1937 年出版了《企业的性质》一书，并在该书中首次正式引入了"交易费用"这一概念并对其进行了相关解释，交易成本是其主要的论述内容。科斯于 1960 年发表了著名的《社会成本问题》一文，并在该文章中重点对交易成本的具体内涵做了科学详细的解释说明，其定义为获得准确的市场信息所应该支付

---

① CCS 技术即碳捕获与封存（Carbon Capture and Storage，CCS）是指将大型发电厂、钢铁厂和化工厂等排放源产生的 CO_2 收集起来，并用各种方法储存以避免其排放到大气中的一种技术。

② 碳汇一般是指从空气中清除 CO_2 的过程、活动、机制。它主要是指森林吸收并储存 CO_2 的多少，或者说是森林吸收并储存 CO_2 的能力。

的费用以及经常性契约和谈判的费用（胡芳，2011）①。科斯用交易成本这一概念近乎完美地解释了企业存在的原因和决定企业规模的影响因素，并利用这一概念较为清晰地阐述了企业与市场的差别与联系，他认为企业和市场这两种交易制度具有一定的可替代性但却迥然不同。价格机制可以协调市场交易，但企业的存在却将许多原本在市场完成的交易"内部化"了（张彦利，2013）②。科斯在《社会成本问题》一文中强调了"产权"是分析解决经济问题的关键，并提出了科斯定理，但该定理并不是由其直接提出，而是人们根据他的文章所归纳出来的，产权对减少交易成本具有决定性作用这一结论正是该定理的根本所在，也最被人们所重视。科斯第一定理的主要内容为：在交易成本不存在的状态下，不管产权最初是如何界定的（只要产权明晰），市场交易都将会使资源配置处于帕累托最优状态。科斯主要是在交易成本为正的条件下研究经济问题，人们根据他的研究成果总结了所谓的科斯第二定理：在市场交易成本存在的条件下，资源配置的效果取决于合法的产权初始界定以及经济组织形式的选择。从科斯第一、第二定理中不难看出：在交易成本存在的情况下，产权的清晰界定能够有效降低人们在交易过程中的成本，进而提高经济效益（彭真善、宋德勇，2006）③。根据科斯理论，如果产权不明晰，则会导致交易成本无穷大，即任何交易都做不成；而如果产权明晰，即使存在交易成本，市场中的交易主体也可以通过交易来解决各种问题，同时还可以对交易方式进行合理的选择，实现资源的有效配置，进而使社会总福利最大化，交易成本最小化。从很大程度上讲，科斯定理是针对"外部效应"而言的，排污权交易制度在某种程度上是科斯理论在环境保护领域里的一个延伸，科斯认为由于产权不明晰，进而使外部效应造成了不可避免的损失。早期经济学家提出通过"征税"来解决外部负效应问题，也就是福利经济学的代表人物庇古所提出的庇古税，庇古税的内涵主要是政府

① 胡芳：《中国农村土地使用权流转模式选择》，《经济师》2011年第12期。
② 张彦利：《对交易成本理论思考》，《商》2013年第23期。
③ 彭真善、宋德勇：《交易成本理论的现实意义》，《财经理论与实践》2006年第4期。

通过对经济的干预进而解决外部性的问题。现阶段，世界各国普遍关注如何通过国际合作来更好地应对全球气候变化。有的学者尝试运用交易成本理论从各个方面对《京都议定书》进行剖析，从交易成本理论中不难看出，市场经济中的个体会理性地对各国的法律法规进行选择以实现降低由节能减排带来的交易事前成本和事后成本这一目的，这一行为间接地促使国际法律法规在结构上做出进一步调整，从现实角度来看，近年来全球为应对全球气候变化进行了一系列的国际合作行动，也正是基于上述原因才会不断进行调整和修正，世界各国因此而签订《京都议定书》，其目的在于降低应对气候变化的交易成本。

（1）排污权交易与碳排放。排污权理论的主要思想是：分配给所有经济主体一定的排放污染物的权力，但是每个经济主体所能排放污染物的数量都有相应的上限，若排放污染物的数量超过了该上限，则需要支付一定的费用来购买相应额度的污染物排放权以抵销自身排放的污染物数量。排污权交易是根据碳排放交易进而形成的理论，而碳排放权交易制度是指国家通过法律手段来分配碳排放权的初始分配制度，而这一制度正是建立在应对气候变化以及保障经济、环境可持续发展的基础之上的。目前正是以该制度为基础，通过市场机制以在有限的环境容量条件下实现最优的资源配置，进而达到有效管理温室气体排放这一目的，整个过程在有机结合了经济手段和法律手段的基础上，为解决环境问题提供了新的途径。碳排放权是排污权体系中的一个具体分支，权利客体环境容量的特殊性是碳排放权与传统物权最大的区别。环境容量指的是环境所具有的净化污染物的能力，而传统物权认为物权客体具有有形性和静态性等性质，因此以环境容量为物权客体违反了传统物权理论对客体的规定，而这都是人类通过探索对自然规律形成的深刻认识，也是人类环保观念随着社会发展而发展的结果。碳排放权本质上是环境容量的使用权，国家赋予人们环境容量资源所有权，也就是说国家的初始分配产生了该权利（孙良，2009）[①]。贵州产业部门在发展过程中产生的碳排放问

[①]　孙良：《论我国碳排放权交易制度的建构》，硕士学位论文，中国政法大学，2009年。

题越发严重，明确排污权交易与碳排放的关系，适时采用交易成本理论中的排污权交易制度对环境保护大有裨益。

（2）清洁发展机制（CDM）。新型投资模式——清洁发展机制（CDM），其核心内涵为减少能源消耗、降低碳排放，能够有效缓解气候变化带来的负面影响，其目的在于实现经济与碳排放脱钩的可持续发展，这对发展中国家尤其是对碳排放大国的中国而言，无疑具有重要的现实，并同时对贵州以后的减排工作提供了相应的指导。CDM 具有显著的经济和社会效益，不仅可以利用市场手段解决气候环境问题，在发达国家和发展中国家合作中也实现了双方的互利共赢。此外，CDM 也是经济学、金融学、管理学、社会学和政治学等多学科交叉结合的产物（汪晓文、李杰，2009）[①]。关于产业部门碳排放的相关研究中，认识并充分利用 CDM 不仅可以优化环境，降低碳排放量，而且还可以降低交易成本，提高社会效率，因此，大力推行清洁发展机制刻不容缓。

二、环境外部性理论

在 1910 年，著名经济学家马歇尔（A. Marshall）提出了"外部不经济性"理论，在他之后，他的学生庇古（A. C. Pigou）在继承其理论成果的基础上创新和发展了这一理论，并对其做出了相应的解释。生产者或者消费者在经济活动中所做出的行为会对其他生产者或者消费者产生一定的影响，这种并非由市场导致的影响就是外部性。这种影响可能有利于其他生产者或消费者，此时则称之为外部经济性或者正外部性。当然，该影响也有可能不利于其他生产者或消费者，此时则被称为外部不经济性或者负外部性。在一般的外部不经济性中比较典型的就是环境污染问题，其实质就是社会支付了本应该由私人承担的费用，因此只有将外部成本内部化才能从根本上解决环境外部不经济性的问题，即让排污者在做出相关决策时考虑到因产生污染而形

---

① 汪晓文、李杰：《企业参与 CDM 项目的融资创新途径——中国清洁发展机制基金》[EB/OL].中国科技论文在线，2009 年 4 月 9 日。

成的外部费用，并且使其意识到这部分费用将会由其自身承担，也就是被环保界普遍认可的"谁污染谁负责原则"（牛红义、韦彩嫩，2010）①。世界各国在解决环境外部不经济性问题时，大多采用"内部化"的方法加以解决，主要分为四类：第一，管制。旧福利经济学认为，环境污染是"市场失灵"的典型案例，此时政府应当采取一系列的措施来治理该问题。最初西方国家正是由于这个原因而对经济采取了干预活动。一般意义上的管制指的是有关的政府行政部门通过制定一系列相关法律、法规以及标准等措施，对当事人产生的具有外部不经济性影响的最大数量和方式做出直接限定。管制手段在世界各国的环境保护政策实践中被广泛使用，其中最有代表性的就是实施排污标准。第二，征税。按照庇古学说，经济学家主张通过税收的方法使经济主体的外部费用"内部化"，即征收庇古税。庇古手段包括税收手段、财政手段、收费制度和责任制度。第三，自愿协商。指在政府没有采取一系列措施的情况下，仅依靠市场自身的机制来实现最优的方法。以科斯为代表的经济学家们认为该方法具有很强的可行性，他们还认为当事人可以通过自愿协商或判断来解决相关外部性问题，但前提是能够实现恰当的设计相关产权。排污权交易制度是根据科斯理论在环境保护领域的一个成功运用。第四，社会准则。社会准则就是以一种社会普遍接受的方式来行事。在斯蒂格里茨看来，通过加强社会价值的宣传和教育以及社会准则的落实也可以有效解决外部不经济问题。另外，民间社会舆论监督的力量也不可忽视，这也可以切实有效地抑制负的外部性产生。贵州可以借鉴世界各国经验，在充分研究各产业部门碳排放关联度的基础上，采取管制手段，严格限制高污染高耗能产业"上马"；运用庇古手段对碳排放问题严重的相关产业加以限制；同时要大力推进排污权交易制度建设，鼓励民间社会力量参与到节能减排的工作中。

---

① 牛红义、韦彩嫩：《外部性理论对我国环境经济政策的启示》，《环境与可持续发展》2010年第3期。

三、环境金融理论

环境金融理论是结合了传统金融理论发展而来的创新型理论，该理论为传统金融业的进一步发展提供了新的发展思路和途径，为传统金融业的不断完善奠定了基础。一方面，在结合了低碳经济理论与传统金融业的基础上，环境金融理论促进了金融业的增长与创新，也为人类社会低碳可持续发展提供了一定的理论依据；另一方面，环境金融也将进一步完善金融业的相关领域，即不仅要实现自身的增长，还要实现在低碳经济大环境下对金融业低碳产品的供求平衡。最近这些年，关于环境金融领域的研究内容不断创新和完善，尤其是与碳金融理论相关的内容和方法。

（1）气候经济学。施瓦茨于 2005 年出版了《气候经济学》一书，在该书中首次使用了气候经济学一词，在施瓦茨看来，气候经济学的主要任务是研究气候是如何在经济领域中产生影响，以及讨论如何将气象资讯转化为经济价值。一般说来，气候经济学是一种以经济学思想来解决并应对全球气候变化问题的理论创新（王毅刚，2010）[①]。气候经济学是传统经济理论的一个边缘分支，由于温室气体与传统商品最大的区别体现在形态方面，故而在解决温室气体排放问题方面具有明显的非竞争性和非排他性。气候经济学的理论体系包括了环境经济学这门学科，其中排污权理论为当前解决在所有污染物排放权交易过程中产生的一系列问题提供了理论指导。排污权理论可以表述为，所有经济主体都被赋予了排放一定数量污染物的权利，但这个权利并不是无限大的，每个个体所能够排放的污染物数量都是一定的，当某个个体排放的污染物数量超过了其自身拥有的权利所规定的额度，则需要从其他个体手中购买相应额度的权利，相反，当某个个体排放的污染物数量并未超过其自身权利所规定的额度，即存在一定的剩余额度，则该个体将其剩余额度出售给其他个体并以此来获得相应的收益。

（2）环境金融学。作为环境经济学理论体系的一个理论分支的新兴学

---

① 王毅刚：《中国碳排放交易体系设计研究》，博士学位论文，中国社会科学院，2010 年。

科，环境金融学的主要研究内容就是在面临环境可持续发展问题的时候应当如何运用相关多元化金融工具来解决这些问题。一方面，在解决相关问题的同时，金融业自身的环保意识也得到了一定的提升；另一方面，该理论在分析研究一系列由人类生存、发展和生产所产生的污染性问题的解决方案的同时也在讨论如何将金融产品的服务作用发挥到极致（王增武、袁增霆，2010）[①]。总而言之，环境金融是环境和金融两者之间有机结合的产物，随着当前全球气候变化问题的日益恶化，该理论在解决环境污染问题和经济发展问题方面具有重要作用。深究其本质则会发现，碳金融理论是一个在环境金融学的基础上发展而来的理论分支，这也正是环境金融学随着当前时代发展而延伸出来的一项重要理论。以环境金融学理论、实践及其基本观点为基础，碳金融理论能够很好地研究分析金融学和温室气体排放问题。

（3）企业社会责任理论。美国学者谢尔顿于1924年发表了《管理哲学》一书，他在该书中首次提出了企业社会责任这一概念并进行了较为深刻的解释。从传统理论观点出发，企业是以利润最大化为经营目的，但企业社会责任理论却从人和环境之间的价值实现过程角度来研究问题，即企业的经营与决策不能仅仅以实现经济利润最大化为唯一目标。环境金融理论启示我们，贵州在节能减排的道路上，要相应地开展碳能效融资业务、绿色信贷业务和碳保理业务，给相关产业足够的资金支持；同时相关产业要明确企业社会责任，切莫单纯追求经济利润这单一目标，应努力实现经济与环境的和谐发展。

四、低碳经济理论

英国政府于2003年2月24日发表了《能源白皮书》（*UK Government*，2003），其中有一篇《我们未来的能源——创建低碳经济》的文章，该文章根据一系列调查首次引入了"低碳经济"这一概念并进行了相关解释。国内外学者普遍认为，低碳经济是以更少的自然资源消耗和更少的环境污染为代

---

① 王增武、袁增霆：《推进碳金融工具的创新发展》，《中国经济报告》2010年第1期。

价，获得更多的经济产出；是提高生活标准和生活质量的有效途径和机会，也为先进技术输出、应用和发展创造了机会以及提供了相关途径，同时也有助于创造新的商机和更多的就业机会，为经济可持续发展提供了思路。综观国内外的相关研究，在低碳经济理论领域目前还没有一个普遍接受的描述。但国内外大多数学者普遍接受低碳经济是一种新的经济发展模式这一观点，其应包括以下五个部分：低碳政策、低碳技术、低碳产业、低碳城市与低碳生活。贵州在节能减排这一重要社会课题面前，要充分运用低碳经济这一先进思想，随着能源、环境危机的爆发，由可持续发展理论逐渐延伸出生态经济、循环经济和绿色经济等新兴思想和理论，而低碳经济则是根据前面几种思想和理论演化而来的新型经济形态。站在经济理念的角度看，绿色经济与循环经济实质上同属生态经济学的一个分支，而循环经济的一个重要组成部分就是低碳经济，同时也为绿色经济和低碳经济提供了一种有效的生产方式。低碳经济在很大程度上是一种经济形态，而这也正是由循环经济衍生出来的发展模式所应该实现的重要目标，因此，按照循环经济思想来发展低碳经济是当今的主流趋势。在循环经济思想的指导下发展经济，不仅能够减少能源消耗以及二氧化碳的排放量，还能够有效缓解甚至解决经济活动中所具有的高能耗、高污染、高排放等特征的发展问题，从而实现生态与经济协调发展，这也正是研究低碳经济理论的根本目标。综上可知，当今时代的发展趋势是根据低碳经济发展模式不断优化经济结构并由此来实现真正意义上的节能减排、解决生态环境保护方面的问题以及更好地构建和谐社会，在此过程中，不仅生产生活方式会发生重大转变，而且价值观念也会相应地发生改变（肖海平，2012）[①]。随着对生态经济、循环经济、绿色经济以及低碳经济研究的深入，现代经济发展方式将会发生剧烈变化，也许有利于经济发展，也有可能会阻碍经济发展，但经济转型已经迫在眉睫，而低碳经济理论为其提供了一些基本途径并指明了进一步的发展方向，从而有利于更好地实

---

① 肖海平：《区域产业结构低碳转型研究——以湖南省为例》，博士学位论文，华东师范大学，2012年。

现经济转型。

1. 生态经济理论与碳排放

广义上的生态经济，是指人类在地球上进行的所有经济活动，并从生态、经济以及社会三个理论角度进行阐述，重点研究制度、法律、人口、伦理以及技术等因素对经济发展的影响，从可持续发展的角度来看，该理论是一种将经济活动和生态系统有机结合的经济发展模式。狭义上的生态经济，是指人类为保护生态环境而进行的所有活动，其经济意义仅仅指对与生态产业有关经济理论的研究（王万山，2001）①。生态经济正式提出来自于美国经济学家 Kenneth（1966）② 的《一门科学——生态经济学》一书，他认为生态经济是研究如何运用市场机制对人口与社会的发展进行协调，如果该理论能够真正实现，可以满足人类当代与后代的双重利益需求。此后，不同的学者对于生态经济给出了不同的定义。著名生态经济学家 Costanza Retal（1989）③ 将生态经济定义为，"生态经济学是通过研究分析经济发展和生态保护之间的关系从而有效解决当前环境恶化问题，而目前已有的理论不能很好地分析并阐述经济发展和生态保护之间的关系，从而无法有效解决相关问题"。Odum（1996）④ 站在全球生态系统的高度，从系统工程的角度对经济发展与能量、能源之间的关系进行了较为深刻的分析研究。Lester（2001）⑤在《生态经济》一书中表明了其主张，他认为自然资本会制约生态经济的发展，随着人力资本的积累，经济发展模式会实现从破坏生态的经济到持续发展的经济的转变，经济思想也会发生类似于"哥白尼式变革"。世界上生态经济发端于 20 世纪 60 年代，而中国生态经济理论的发展在 80 年代刚刚起

---

① 王万山：《生态经济理论与生态经济发展走势探讨》，《生态经济》2001 年第 5 期。

② Kenneth E. Boulding, "A Science：Ecological Economics", *Nature*, Vol. 3, Issue 7, 1966, pp. 23–32.

③ Costanza Retal, "What is Ecological Economics", *Ecological Economics*, Vol. 1, Issue 1, 1989, pp. 1–7.

④ Odum H, *Environmental Accounting：Energy and Decision Making*, New York：Johnwiley & Sons, 1996.

⑤ Lester R, Brown, *Eco-Economy：Building an Economy for the Earth*, New York：Norton & Company, 2001.

步，国内学者经过 30 多年的发展，对生态经济也基本达成共识：生态经济是有效运用生态经济学原理和系统工程方法来实现生产、消费方式的完善以及对资源潜力开发的经济理论，当然其前提是在生态系统承载能力的允许下进行，如果超出了这个范围就毫无意义甚至还会有很多糟糕的后果。我们研究生态经济的出发点正是要发展一些经济效益与生态效益都较高的产业，在社会上提倡同时兼顾合理体制与和谐社会的文化，营造健康生态、适合人类生存的环境，从而实现经济与环境共同发展、物质文明与精神文明共同进步、自然生态与人类生态共同改善，这也正是研究生态经济理论的意义所在（徐颖，2014）[①]，将生态经济理论与碳排放联系起来，利用生态经济的发展模式，降低碳排放量，促进低碳经济快速发展。

2. 清洁发展机制

实行清洁发展机制有利于推进低碳经济发展，提高生态效益。生态效益是由企业可持续发展委员会（Business Council for Sustainable Development, BCSD）于 1992 年首次正式提出，并将其定义为：不仅能够有效削弱人类经济活动对生态环境的冲击，而且还能够将经济活动对资源的消耗程度降低至地球承载能力所能接受的范围内，与此同时，还向人们提供一系列的商品与服务来满足其需求并提升其生活品质（贺丹，2012）[②]。当今经济学家不再仅仅从个体层面来研究生态效益，而是将该理论延伸到产业及国家等层面，但其核心理论并未发生改变，仍然是通过研究生态系统及其平衡的影响因素来实现人类更好的生存及发展，而这一切仍建立在人类自身的社会经济活动之上。有部分学者认为，伴随着经济的增长，资源的消耗量以及废弃物的排放量会大大增加，因此生态效益与经济效益相互对立并且不可调和，但大部分专家学者对上述观点持怀疑态度，该观点之所以认为生态效益与经济效益相互对立是由于对生态效益的片面理解，即认为通过治理来修复环境问题就是生态效益，因此需要支付一定的经济成本，从而损失了一定的经济效益

---

① 徐颖：《生态经济发展模式研究——以霞浦县创建生态县为例》，硕士学位论文，福建农林大学，2014 年。

② 贺丹：《基于生态经济的产业结构优化研究》，博士学位论文，武汉理工大学，2012 年。

（尤飞、王传胜，2003）①。当今世界普遍追求可持续发展的低碳经济，而生态效益则侧重于研究如何在生产过程中提高资源的使用率以实现保护环境、发展低碳经济的目的。因此，要在保证经济效益的基础上追求生态效益，而不是以损害经济效益为代价来获得生态效益。人们应当在日常经济活动中要同时兼顾好经济与生态两个方面，不能将两者相互对立，通过清洁发展机制的有效运行来实现经济效益与生态效益的最大化。

五、可持续发展理论

联合国世界与环境发展委员会于1987年发表了一篇《我们共同的未来》的报告，该报告不仅首次正式提出了可持续发展这一概念并做出了相关的解释，还以此为基础对当时人们普遍关心的环境与发展问题进行了较为全面的论述，这一行为在当时的世界范围内引起了广泛的影响，世界各国政府组织和舆论对此采取了相应的措施。可持续发展要领在1992年联合国环境与发展大会上经过与会者们的反复讨论和验证并最终达成共识。我们可以根据一些目前已经得到世界上大多数学者专家认可的定义总结出几个关于可持续发展理论的重要内涵：

（1）共同发展。地球是一个复杂和庞大的生态系统，每个国家或地区是这个巨大系统的一个组成部分，并在其中扮演了不同的角色。因此，可持续发展的目的在于总体发展和区域发展两者的全面发展，即共同发展。

（2）协调发展。协调发展研究国家、地区和世界的持续发展，分别从环境、社会、经济三个角度对经济发展提出了更高的要求，在保证经济增长的同时要解决人口、资源、环境和社会以及内部各个阶层等方面存在的问题。

（3）公平发展。目前存在着一个贯穿发展过程始终的问题，即由于不同国家和地区的经济发展水平有所差异而导致各自可持续发展水平也不同。

（4）高效发展。公平和效率都是可持续发展的重要推动力量，但应当注

---

① 尤飞、王传胜：《生态经济学基础理论、研究方法和学科发展趋势探讨》，《中国软科学》2003年第3期。

意的是，这里所说的效率与经济学的效率不是同一个概念，此处的效率指的是经济学中的效率以及自然资源与环境的损益。

（5）多维发展。全球化是当今世界的主要趋势之一，由于很多客观的历史原因，不同国家和地区的发展水平、文化、体制、地理环境和国际环境等发展背景也会有所不同，甚至存在巨大的差异。

因此，在全球倡导可持续发展的条件下，不能将可持续发展完全模式化，各个国家和地区应当尊重本国的国情或本地区的区情，可以通过不同的模式或形式进行可持续发展，也可以在不同领域、不同层次中进行可持续发展，实施符合自身实际情况的可持续发展战略（李龙熙，2005）[①]。"可持续发展"主要研究的是"需要"以及对需要的各种"限制"，其中，所指的"需要"具体为广大贫困人民的基本需要，而对需求的"限制"主要限制那些给环境造成严重的负面影响并且不可逆转的的需要。可持续发展是经济、生态和社会三个领域共同的可持续发展，在发展过程中不违背公平性原则、持续性原则和共同性原则，否则将会带来不利影响，可持续发展理论在保证经济效率水平不降低的基础上，强调生态和谐与社会公平的重要性，是一种追求全面发展的理论。通过以上的论述我们不难发现，虽然可持续发展最初是为了解决环境保护问题而提出的理论，但随着时代的发展，该理论在分析环境保护问题的基础上研究经济发展领域的问题，已经成为人类在 21 世纪研究全面发展问题的战略性理论（曾贤刚、周海林，2012）[②]。可持续发展理论将关于环境问题与发展问题的研究联系在一起，该理论在追求公平发展和高效发展的基础上讲究共同发展和协调发展，最终实现多维发展。综上所述，贵州省各产业部门在发展过程中要坚持可持续发展理论的思想，坚持公平性原则、持续性原则和共同性原则，协调好可持续社会、可持续生态和可持续经济三者之间的关系，并实现三者的协调共同发展，在追求经济效率的同时，也要保障社会公平和维护生态和谐。

---

① 李龙熙：《对可持续发展理论的诠释与解析》，《行政与法》2005 年第 1 期。

② 曾贤刚、周海林：《全球可持续发展面临的挑战与对策》，《中国人口·资源与环境》2012 年第 5 期。

六、环境库兹涅茨理论

20 世纪 50 年代诺贝尔奖获得者、经济学家库兹涅茨提出了库兹涅茨曲线，该曲线主要用来解释并分析分配公平程度是如何与人均收入水平相互作用的。研究表明，当经济增长率上升时，收入的差异程度先上升后下降，曲线形状为倒"U"形。随后在结合了环境因素的基础上提出了环境库兹涅茨曲线。环境库兹涅茨曲线（Environmental Kuznets Curve，EKC）是经典的生态经济理论之一。其主要内容为，当一个国家的经济发展水平较低时，该国此时此刻面临的环境污染程度也相对轻微，但是伴随着居民生活水平的提高，人均收入不断增加，环境恶化程度也随之加剧。随着经济发展水平的继续提高，当经济发展达到一定规模后，即到达某个临界点之后，环境污染程度会随着居民人均收入的不断提高而减轻，即意味着环境质量开始逐步得到改善。Kuznets（1955）认为收入水平和不平等的收入分配之间的关系可以用一个倒"U"形曲线表示①。在借鉴了这种分析方法后，Grossman 和 Krueger（1991）发现环境恶化和人均收入变动之间有一定的规律，经过分析和整理得到两者之间的关系，这种关系可以通过一个呈倒"U"形的曲线表示②。该发现表明一般经济发展在早期会对环境造成破坏，而这种破坏会随着经济的增长逐渐得到弥补。经济对环境的影响性质以及程度取决于经济活动水平的高低。

随着经济的发展，会加大对环境的开发程度以及资源的使用数量，也会增加废弃物的排放量。随着经济的进一步发展，经济结构会向信息密集型产业和服务业转型，与此同时，人们的环保意识会随着收入水平的增加而提升，国家环保方面的法律法规不断完善和落实以及环保支出的增加，相关领

① Kuznets S，"Economic Growth and Income Inequality"，*The American Economic Review*，Vol. 45，Issue 1，1955，pp. 1-28.

② Grossman G M，Krueger A B，"Environmental Impacts of a North American Free Trade Agreement"，*Social Science Electronic Publishing*，Vol. 8，Issue 2，1991，pp. 223-250.

域科学技术的进步都将会使环境恶化程度逐渐降低（Panayotou，1993）[1]。Grossman 和 Krueger（1991）提出经济增长影响环境质量的三种方式：①规模效应。一般可以从两方面分析经济增长所带来的负面影响：一方面是经济增长往往伴随着资源投入量的增加；另一方面经济增长往往会造成污染排放量的增加。②技术效应。一般说来，收入水平越高环保技术越好、效率越高。在经济增长的过程中，科技研发费用的增加往往意味着技术进步，这会带来两方面影响：一方面是随着技术进步生产率和资源的利用率会得到相应的提升，资源的需求量会随之减少，从而间接削弱了经济活动对生态环境造成的负面影响；另一方面是技术进步会产生一些清洁技术，从而污染性技术被取代，进而直接降低了经济活动对生态环境造成的负面影响。③结构效应。产出结构和投入结构一般取决于人们的收入水平，随着经济的增长人们的收入水平会不断提高，产出结构和投入结构也会随之发生变化。根据经济发展史可以看出，初始经济结构的重点往往是农业，随着经济水平的不断提升，经济结构的重点逐渐变为能源密集型重工业，生产方式的转变将直接增加污染物排放量，随后经济进一步发展，其结构重心逐渐变为低污染的服务业和知识密集型产业，投入结构也随之变化，污染物排放量也随之下降（赵云君、文启湘，2004）[2]。

第四节　本章小结

　　本章是产业部门碳排放的理论基础，系统地阐述了产业部门碳排放的相关理论并对相关概念进行了界定，以期对产业部门降低碳排放量、推行清洁发展机制等提供理论依据。作为理论基础，对贵州碳减排实践的整体筹划、

　　[1]　Panayotou T，*Empirical Tests and Policy Analysis of Environmental Degradation at Different Stages of Economic Development*，International Labour Organization，No. 292778，1993.

　　[2]　赵云君、文启湘：《环境库兹涅茨曲线及其在我国的修正》，《经济学家》2004 年第 5 期。

数据分析、归纳总结有着指导意义，详细并系统论述产业部门碳排放的理论，也有助于我们把握整体脉络，在微观数据分析处理上有理论依据可循。本章分别从相关概念界定、产业经济学、环境经济学的角度进行了分类讨论。首先界定了欠发达地区产业部门碳排放的相关概念，包括欠发达地区、隐含碳、低碳经济、产业与产业结构的相关概念，在低碳经济中延伸了生态经济、循环经济和绿色经济的概念，并与低碳经济进行了对比分析。

在产业与产业结构中，首先界定了产业的内涵，接着介绍了目前普遍使用的产业分类的方法，主要包括三次产业分类法、生产结构分类法、国际标准产业分类法以及生产要素集约分类法。其中，重点分析了我国的《国民经济行业分类》（GB/T 4754-2011）与国际标准产业分类法 Rev. 4 之间的异同，有利于从理论的角度上及时掌握我国最新标准中存在的不足以及创新之处，能够更好更方便地与国际标准进行对比。在产业结构分析中，首先介绍了产业结构的内涵，接着从产业结构合理化和产业结构高级化两个方面重点介绍产业结构优化的内涵，为我国以及贵州省以后的产业结构调整指明方向。

为了准确测量与全面掌握产业部门间 CO_2 排放的关联度、动态规律、排放水平以及与经济发展之间的关系，在产业经济学理论中，具体从产业关联理论、产业结构理论和产业发展理论的角度为统计与测量工作提供了理论支撑。在环境经济学相关理论中，重点引入了科斯经济学。科斯经济学强调产权明晰对资源配置效率的决定性作用，突出了交易成本理论中的排污权问题，另外，采用一系列与此相关的科学价值估价方法，并提出要重视从源头上解决目前所面对的环境问题的思想。为了应对我国可持续发展中的环境污染、环境破坏问题，运用了环境外部性理论，重点分析了外部不经济对环境的影响。以发展经济为动力是环境金融的最初始也是级别最低的状态，而环境金融则致力于解决全球环境治理问题并将实现人类与自然的互利共赢，在环境金融理论中，重点分析了气候经济学、环境金融学和企业社会责任理论对碳排放的作用机制。

由于气候变化已成为重要的全球性环境问题，所以由此衍生了一种新的经济发展模式——低碳经济，在低碳经济理论中，重点论述了生态经济理论与碳排放的关系，并引入了清洁发展机制。可持续发展是人类社会共同的发展目标，在国际交融越来越频繁的当今社会，在碳减排问题上，任何国家或地区都不能独善其身，基于该现状本章引入了可持续发展理论，并根据目前全球普遍认可的概念，从几个方面对可持续发展理论内涵进行了梳理，并分别从高效发展、公平发展、协调发展、共同发展以及多维发展五个方面具体分析。本章作为相关概念界定与基本理论基础，重点引入了环境库兹涅茨理论，以期为本书研究提供更深层次的理论支撑，并从规模效应、技术效应和结构效应三个方面详细分析了经济增长影响环境质量的因素。本章较为完整地对产业部门碳排放的相关理论做了详细论述，在产业部门碳排放的理论指导下，合理分配各产业的碳减排指标，调整经济结构和能源结构，以期更好地促进贵州产业部门隐含碳排放及减排政策研究的进展，科学地指导贵州省尽早实现碳减排目标。

第三章 贵州产业结构及能源消费现状

贵州作为资源能源大省，拥有丰富的煤炭、水能等自然资源，但长期以来由于粗放式的生产方式和落后的生产技术使得贵州碳排放问题较为突出，并且贵州的产业结构与全国及发达地区相比发展相对滞后，产业结构不合理问题也很突出，进而使得贵州资源禀赋状况与经济发展现状存在非常大的反差。加上贵州以煤为主的能源结构，能源需求将继续扩大，温室气体排放面临着巨大压力。基于此，本章对贵州产业组成结构、贵州能源储备情况以及主要能源的消耗状况进行具体分析。

第一节 贵州经济发展总体概况

一、贵州经济发展总体水平

在实施开发带动战略以来，贵州省的经济总量增加很快，分别在 2005 年和 2008 年打破 2000 亿元大关和 3000 亿元大关，经过一段时间的高速发展后，自从 2008 年金融危机爆发后，GDP 增速有所放缓，在 2009 年的增速降低为一位数的 9.86%，由于之前几年积累的经济总量大，又连续在 2010 年、2011 年、2012 年、2013 年、2014 年突破 4000 亿元、5000 亿元、6000 亿元、8000 亿元、9000 亿元大关，2015 年更是首次突破 1 万亿元，达到 10502.56 亿元（见表 3-1）。

由此可以看出，贵州省的经济总量可以分为三个发展阶段：一是2000～2002年的相对稳定的增长期，在这三年内，最高增速为2001年的10.03%，但是GDP增加不是特别明显，2002年的GDP总量仅比2000年的GDP总量增加213.51亿元，增幅为20.73%。二是2003～2008年的高速发展期，在这六年内，GDP均保持两位数的高增长率，其中在2006年的增速最低，但也为16.63%，超过第一阶段稳定期的任何一年的增速，并且在2007年和2008年的增速均超过20%，分别为23.31%和23.49%，在2005年的增速为19.53%，也接近于20%的高增长率。在这六年，贵州省GDP总量出现两次比较大的突破，分别出现在2005年和2008年。在2005年之前，贵州省的GDP总量始终保持在2000亿元以内，自从2005年突破2000亿元后，贵州省的GDP总量增加得非常迅速，从刚超过2000亿元到超过3000亿元仅用了三年的时间。在2003～2008年的高速发展期，GDP总量有一个很大的变化，从2003年的1426.34亿元一路飙升到2008年的3561.56亿元，扩大近2.5倍，增加额为2135.22亿元。三是贵州省的GDP总量在经过三年的稳定发展期以及六年的高速发展期后，在2008年同样受到全球金融危机的影响，GDP增速明显放慢，2009年总量仅比2008年增加351.12亿元，经过2009年的调整后，贵州省的GDP又迎来第二波的高速增长期，即2010～2015年的高速恢复增长期，在这五年，GDP总量不断攀登高峰，自从在2010年、2011年与2012年GDP总量有较大的突破后，又分别在2013年、2014年和2015年突破8000亿元、9000亿元和1万亿元的大关。在最后这一阶段，GDP总量相对于前两个阶段来说，变化得更加显著，从2010年的4602.16亿元飙升到2014年的9266.39亿元，经济总量翻一番，增幅高达101.35%，增加额更是高达4664.23亿元，其中可以看出这五年的增加额比之前任何一年的经济总量都大。

从整个研究期间看，贵州省的GDP总量从2000年的1029.92亿元增加到2015年的10502.56亿元，扩大10倍之多，年均增长率高达11.67%，可见贵州省近十几年来经济发展迅速，始终保持着较高的增长率。

表 3-1 2000~2015 年贵州省 GDP 发展状况

年份	GDP 总量（亿元）	GDP 增量（亿元）	GDP 增速（%）
2000	1029.92	92.42	9.90
2001	1133.27	103.35	10.03
2002	1243.43	110.16	9.72
2003	1426.34	182.91	14.71
2004	1677.80	251.46	17.63
2005	2005.42	327.62	19.53
2006	2338.98	333.56	16.63
2007	2884.11	545.13	23.31
2008	3561.56	677.45	23.49
2009	3912.68	351.12	9.86
2010	4602.16	689.48	17.62
2011	5701.84	1099.68	23.89
2012	6852.20	1150.36	20.18
2013	8086.86	1234.66	18.02
2014	9266.39	1179.53	14.59
2015	10502.56	1236.17	13.34

资料来源：根据历年《贵州统计年鉴》整理所得。

二、贵州对外贸易概况

随着社会经济的发展、国家改革开放和西部大开发战略的实施以及中国加入 WTO 和综合国力不断提升以来，贵州省借助后发优势，利用国家战略发展契机，大力发展本省域对外贸易，使得外贸有了长足的发展，进出口总额由 2000 年的 546374 万元增加到 2015 年的 7612200 万元，增长量为 7065826 万元，增长幅度更是高达 1293.22%，年均增长率为 18.60%。在 2000~2015 年除 2001 年、2005 年、2009 年进出口总额出现负增长，其他年份均为正增长，尤其是 2004 年和 2008 年进出口增长率超过 50%，分别为 53.78% 和 50.82%（见表 3-2）。

　　随着贵州进出口额的不断增加，贵州的对外贸易依存度①也在不断增加。如表3-2所示，2000~2015年贵州的对外贸易依存度总体上呈现波动上升的趋势，由2000年的5.31%增长到2015年的7.25%，年均增长率为1.92%。对外贸易依存度只有在2001年、2002年、2005年、2006年、2009年出现负增长，其他年份均为正增长。贵州的对外贸易依存度的增长幅度并不如进出口增长幅度明显，这是因为在这期间随着改革开放和西部大开发的进一步加深，贵州省GDP也快速增加，贵州省GDP由2000年的1029.92亿元增加到2015年的10502.56亿元，因此贵州省的对外贸易依存度增长并不是十分明显，但总的来说贵州的对外贸易依存度还是在不断增加，对外贸依存度反映的是一个地区经济发展对外贸的依赖程度，由此可见贵州的经济发展过程中对外贸的依赖在逐渐增加。

表3-2　2000~2015年贵州对外贸易依存度

年份	进出口总额（万元）	增速（%）	对外贸易依存度（%）
2000	546374	20.52	5.31
2001	537816	-1.57	4.75
2002	572287	6.41	4.60
2003	815065	42.42	5.71
2004	1253418	53.78	7.47
2005	1135477	-9.41	5.66
2006	1240471	9.25	5.30
2007	1558266	25.62	5.40
2008	2350249	50.82	6.60
2009	1576427	-32.93	4.03
2010	2132280	35.26	4.63
2011	3172193	48.77	5.56

---

　　① 对外贸易依存度（Foreign Trade for Existence Degrees）是指一国进出口总额与其国内生产总值或国民生产总值之比，又叫对外贸易系数。一国对国际贸易的依赖程度，一般可用对外贸易依存度来表示。比重的变化意味着对外贸易在国民经济中所处地位的变化。

续表

年份	进出口总额（万元）	增速（%）	对外贸易依存度（%）
2012	4189987	32.08	6.11
2013	5136541	22.59	6.35
2014	6623074	28.94	7.15
2015	7612200	14.93	7.25

资料来源：根据历年《贵州统计年鉴》整理所得。

三、贵州利用外资概况

自进入 21 世纪以来贵州借助后发优势和特有的地理、自然资源优势，进一步扩大招商引资，利用外资解决本省资金不足问题，促进经济的发展，直接利用外资金额在不断增加。2000～2015 年贵州实际利用外资金额由 2000 年的 0.25 亿美元增加到 2015 年的 4.19 亿美元，增长了 3.94 亿美元，在这 15 年间增长了 15.76 倍，年均增长率高达 20.18%（见表 3-3）。只有 2000 年、2006 年、2009 年、2012 年、2014 年、2015 年贵州直接利用外资金额出现负增长，其他年份均为正增长。2000～2015 年随着贵州直接利用外资的不断增加，贵州的外资依存度[1]也在不断增加，贵州外资依存度总体呈现上升趋势，由 2000 年的 0.20% 增加到 2015 年的 0.25%，年均增长率为 1.50%。

贵州的外资依存度年均增长率小于贵州实际利用外资金额增长率，这是因为贵州在此期间经济快速发展，GDP 的增长速度非常快，故而贵州外资依存度变化量小于实际利用外资金额的变化量。但总的来说贵州随着经济的进一步开放，外资依存度还是在不断增加，而外资的不断增加为贵州经济的发展起到了一定的拉动作用。据不完全统计，2015 年贵州实际利用外资总额位居全国第 20 左右，但其增速远远高于全国平均水平。

据外汇管理部门统计，2015 年贵州外商投资企业投注差外债实际到位金额 47860.34 万美元，同比增长 140.19%；外商投资企业境内（利润）投资

---

① 外资依存度是指一个国家或地区实际利用外资金额与该国家或地区 GDP 总额的比值。

实际到位金额 162621.81 万美元，同比增长 16.37%。2015 年，贵州合同外资金额 408530.15 万美元，同比增长 20.63%。外商直接投资合同金额 180080 万美元，同比增长 0.77%，其中：第一产业合同外资金额 7127 万美元，占合同外资总额比重 3.96%，同比减少 5.97%；第二产业合同外资金额 80789 万美元，占比 44.86%，同比增加 1.85%；第三产业合同金额 92164 万美元，占 51.18%，同比增加 0.41%。2015 年，贵州批准外商投资项目 187 个，同比增长 8.72%，其中新设外商投资企业 75 个，同比增加 11.94%，新增外商投资企业分支机构 111 户，同比增加 10 户，新增外商投资合伙企业 1 户，同比减少 3 户。外商直接投资项目数共计 74 个，其中：第一产业项目数 8 个，所占比重 10.81%，较 2014 年减少 3 个；第二产业项目数 27 个，占比为 36.49%，同比增加 5 个；第三产业项目数为 39 个，占比为 52.70%，同比增加 5 个。

表 3-3　2000~2015 年贵州外资依存度

年份	直接利用外资金额（亿美元）	增速（%）	外资依存度（%）
2000	0.25	-38.88	0.20
2001	0.28	12.00	0.20
2002	0.37	32.14	0.25
2003	0.56	51.35	0.33
2004	0.65	16.07	0.32
2005	1.08	66.15	0.44
2006	0.94	-12.96	0.32
2007	1.27	35.11	0.33
2008	1.49	17.32	0.29
2009	1.34	-10.07	0.23
2010	2.95	120.15	0.43
2011	5.15	74.58	0.58
2012	4.91	-4.66	0.45

续表

年份	直接利用外资金额（亿美元）	增速（%）	外资依存度（%）
2013	5.77	17.52	0.44
2014	4.66	−19.24	0.31
2015	4.19	−10.09	0.25

资料来源：根据历年《贵州统计年鉴》整理所得。

第二节　贵州产业结构发展现状

一、贵州产业结构总体概况

自 1978 年中国改革开放以来，贵州经济借助这一条件得到了飞速的发展，并取得了非常辉煌的成就。但是将贵州与全国及发达地区相比较来说，其产业结构发展十分不合理和滞后，其中十分突出的表现就是产业结构失衡严重，进而使得贵州资源禀赋状况与经济发展现状存在非常大的反差。通过数据分析，就总体而言，贵州省呈现出"三二一"的产业结构格局（见表3-4）。2014 年，贵州省三次产业结构为 13.8∶41.6∶44.6，产业结构呈现"三二一"格局，与全国三次产业结构（9.2∶48.2∶42.6）相类似，但与其他所有内陆省份"二三一"的产业格局还存在差异；2015 年，贵州省三次产业结构为 15.6∶39.5∶44.9，产业结构仍呈现为"三二一"格局（见表 3-4）。

从贵州第一产业、第二产业以及第三产业结构的嬗变过程来看，根据三次产业产值占 GDP 的比重从大到小进行排序，贵州自 2000 年以来产业间的发展过程大体可以划分为两个阶段：第一阶段是 2000~2005 年的"二三一"、第二阶段是 2006~2015 年的"三二一"（见表 3-4）。三次产业产值占 GDP 的比重随着经济的发展不断发生着变化，其中第一产业发展速度有所减缓，所占 GDP 比重呈现不断下降态势，第三产业体现了其后发优势，其所占 GDP 比重呈现不断上升态势,而第二产业作为国民经济的重要推动产业,其所占 GDP 比重变化不是很大,基本在 35%~40%徘徊。2014 年,经初步核算,贵州省 GDP 总值突破 9000 亿元,达到了 9266.39 亿元,与 2013 年相比,增长 14.60%。其中,第一、第二、第三产业的增加值分别为 1280.45 亿元、3857.44 亿元、4128.50 亿元,与 2013 年相比增长率分别为 6.6%、12.3%、10.4%。贵州省 GDP 总值在 2015 年在贵州发展史上第一次突破一万亿元,达到 10502.56 亿元,这比 2014 年增长了 13.35%,贵州在"十二五"规划中,提出的 GDP 目标是 8400 亿元,超额完成目标 2102.56 亿元[①]。贵州 GDP 总值占全国 GDP 的比重也逐年上涨,由 2010 年的 1.13%上升到 2015 年的 1.55%。对贵州 2015 年 GDP 总值进行深入分析发现,第一、第二、第三产业增加值分别为 1640.62 亿元、4146.94 亿元和 4715.00 亿元,三产业与 2014 年相比增长率分别为 6.5%、11.4%、11.1%。第一、第二、第三产业的增加值占贵州 GDP 总值的比重依次分别为 15.6%、39.5%、44.9%。

对以上数据进行分析可以看出:第一,总的来说,贵州经济整体是快速发展和不断进步的;第二,产业结构不合理问题在经济发展中有所缓解;第三,第二产业在三次产业中从未占据绝对优势。表 3-4 中数据还反映出一个积极的信号:2010 年、2011 年贵州三次产业都出现了非常可喜的变化,三次产业产值呈现出强势增长的态势,尤为突出的是第二产业的增长;第三产业虽然呈现出较快的增长,但是其占当年全省 GDP 的比重出现首次下降,2010 年同比回落 0.9 个百分点,第二产业占当年全省 GDP 的比重则同比上涨 1.4 个百分点。尤其是在"十二五"时期,全省 GDP 总值年均增加 1180.08 亿元,年均增长率为 12.5%,毫无疑问这是贵州省利用自身要素禀赋、国家战略发展支持以及实施"工业强省"策略所取得的进步,贵州省立足省情,尊重客观发展规律,切实从实际出发,走出了一条新型的合理的高水平发展之路,这标志着贵州经济发展步入了全新的历史机遇阶段和高速发展模式。

---

① 数据来源于《2015 年贵州省国民经济和社会发展统计公报》。

表 3-4 贵州三次产业增加值比较

年份	第一产业增加值（亿元）	第二产业增加值（亿元）	第三产业增加值（亿元）	三次产业占 GDP 比重（％）	产业结构形式
2000	271.20	391.20	367.52	26.3 : 38.0 : 35.7	二三一
2001	274.41	433.52	425.34	24.2 : 38.3 : 37.5	
2002	281.10	481.96	480.37	22.6 : 38.8 : 38.6	
2003	298.69	569.37	558.28	21.0 : 39.9 : 39.1	
2004	334.50	681.50	661.80	20.0 : 40.6 : 39.4	
2005	368.94	821.16	815.32	18.4 : 40.9 : 40.7	
2006	382.06	967.54	989.38	16.3 : 41.4 : 42.3	三二一
2007	446.38	1124.79	1312.94	15.5 : 39.0 : 45.5	
2008	539.19	1370.03	1652.34	15.1 : 38.5 : 46.4	
2009	550.27	1476.62	1885.79	14.1 : 37.7 : 48.2	
2010	625.03	1800.06	2177.07	13.6 : 39.1 : 47.3	
2011	726.22	2194.33	2781.29	12.7 : 38.5 : 48.8	
2012	891.91	2677.54	3282.15	13.0 : 39.1 : 47.9	
2013	998.47	3276.24	3812.15	12.3 : 40.5 : 47.2	
2014	1280.45	3857.44	4128.50	13.8 : 41.6 : 44.6	
2015	1640.62	4146.94	4715.00	15.6 : 39.5 : 44.9	

资料来源：根据历年《贵州统计年鉴》整理所得。

随着社会经济的高速发展，可总结出贵州产业结构的变化进程：第三产业体现了其后发优势和巨大的发展潜力，在工业化高速发展的后期，其占据主要发展地位，并在 2006 年，在产值方面已经逐步超过第二产业，产业结构呈现出"三二一"的结构分布，这看似贵州产业发展渐入佳境、结构十分合理。但进一步分析可知，这种产业结构并不意味着贵州经济的发展进入了后工业化阶段，这显然是由于贵州没有高度发达的工业，工业发展规模较小，而以此出现的产业结构"虚高度化"，这种产业结构分布水平是较低的。纵观贵州发展历史，其第二产业拥有绝对发展优势的时间几乎为零，只有在 2000~2005 年，第二产业才发挥了其程度不大的发展优势，但是贵州省并没有抓住此发展机遇，再加上本身地理位置等条件的限制，使得贵州省第二产业发展地位一直没有受到应有的重视。由此可知，贵州省第二产业发展较为落后，工业产值也相对较低。

分析贵州省、邻近省市以及沿海发达省份的发展历程，总结发展经验可得出以下结论：如果某地区第二产业尤其是工业发展较好，那么可知该地区整体经济规模较大，总体呈现出高速发展模式，第二产业尤其是工业的发展兴盛与否可以说在很大程度上决定着本地区整体经济发展规模以及发展速度，其发展水平的高低也侧面反映了该地区的整体实力。分析发达省份的发展经验可知，其经济水平的提高与工业发展状况密切相关，从而推进地区经济的快速增长。据统计，贵州省的工业化程度较低，在全国范围内也一直处于较低的地位，综合比较其工业化水平，其只是略微高于西藏，其工业化指数在 2010 年仅为 26.2，还处于工业化初期的后半发展阶段。综上所述，贵州省较为欠发达的工业化水平严重限制了本地区经济发展，使得全省经济发展较为缓慢，贵州如果在未来想实现经济的飞跃发展，毫无疑问工业经济绝对会起着决定性作用，工业的地位是其他任何产业代替不了的。只有进一步加深工业的发展，贵州省才能借助资源优势，更好地实现经济发展，经济发展水平才有可能实现突飞猛进；才能协调发展三次产业，保证第二产业尤其是工业的良性发展，带动第一产业优化升级，大力促进第三产业发展，利用其后发优势实现本地区经济进步；才能在根本上解决本地区就业和民生条件较低的问题[1]。

二、贵州第一产业发展现状

在第一产业中，农业发展较快，农业产值从 2000 年的 279.61 亿元增加到 2015 年的 1772.59 亿元，年均上升了 13.1%，渔业和林业产值均有小幅上升，渔业、林业和牧业产值分别从 2000 年的 4.65 亿元、18.04 亿元、110.67 亿元增加到 2015 年的 55.90 亿元、137.70 亿元、665.17 亿元（见表

---

① 王峰、杨凤兰：《大力推进贵州三次产业　加快提速协调发展》，《当代贵州》2012 年第 20 期。

3-5)。初步转变了对种植业过度偏重的状态，特别是单一传统的粮食生产模式，初步达到了农业经济多种经营、协调综合发展的模式，但调整幅度相对较小。种植业在第一产业中比重较大，但农产品竞争力不强，农业经营化立体缺乏，竞争力和农业管理体制不适应，有待更进一步的优化。

贵州第一产业在"十二五"期间，得到了较大的发展。2015 年，全省地区生产总值中，第一产业增加值1640.62 亿元，比 2014 年增长 6.5%，全年农林牧渔业增加值为 1712.66 亿元，与 2014 年相比，增长 6.4%。其中，种植业、林业、畜牧业、渔业和农林牧渔服务业增加值分别为 1096.54 亿元、92.87 亿元、415.94 亿元、35.26 亿元和 72.04 亿元，其增长率依次为7.8%、7.9%、1.2%、17.1%和 4.6%。2015 年，据统计，贵州粮食作物种植面积达到 311.15 万公顷，与 2014 年相比下降了 0.8%；烤烟种植面积181.67 万公顷，与 2014 年相比下降了 16.1%；油料作物种植面积59.19 万公顷，比 2014 年上涨了 1.7%；蔬菜种植面积99.63 万公顷，比 2014 年增长了7.8%；中药材种植面积15.58 万公顷，比 2014 年增长 6.3%；年末实有茶园面积41.89 万公顷，比 2014 年增长 13.5%；年末果园面积29.99 万公顷，比 2014年增长了 14.4%。粮食总产量1180.00 万吨，比 2014 年增长 3.7%，达到了历年产值的最高峰，其中夏粮产量和秋粮产量分别为269.45 万吨和910.55 万吨。茶叶产量比 2014 年增长 35.6%、水果产量比 2014 年增长 15.7%、蔬菜产量比 2014 年增长 11.1%、中药材产量比 2014 年增长 10.7%。

表 3-5　贵州 2000~2015 年农、林、牧、渔业生产值　　单位：亿元

年份	农业产值	林业产值	牧业产值	渔业产值
2000	279.61	18.04	110.67	4.65
2001	279.95	15.08	118.46	5.13
2002	278.88	18.17	128.80	5.54
2003	275.46	25.87	139.48	6.08
2004	317.69	23.25	168.79	7.02
2005	335.53	23.91	194.20	9.41

续表

年份	农业产值	林业产值	牧业产值	渔业产值
2006	347.97	25.85	189.79	7.44
2007	392.20	27.77	231.60	9.04
2008	464.80	35.63	291.65	10.49
2009	501.52	36.92	281.53	11.06
2010	587.31	41.01	304.16	13.82
2011	655.30	46.66	381.95	19.90
2012	864.86	54.19	421.55	28.21
2013	997.13	69.87	482.68	38.30
2014	1321.86	99.62	569.29	47.01
2015	1772.59	137.70	665.17	55.90

资料来源：根据历年《贵州统计年鉴》整理所得。

三、贵州第二产业发展现状

第二产业由于工业的不断快速发展，推进了工业化发展的进程。近年来贵州逐步形成了以能源、化工、有色金属、装备制造等其他产业为主的重型工业体系和以烟、酒、食品、制药等为主的轻型工业体系[①]。贵州省规模以上工业总产值从2000年的631.60亿元增加到2015年的10973.22亿元，年均增长率高达20.96%（见表3-6），工业保持平稳较快增长。对贵州工业内部结构进行分解来看，重工业有所下降，相反轻工业比重则出现不断上升的态势，非公有经济相对来说发展十分迅速，非国有经济的产值在工业总产值中的比重有了较大的提高，贵州省加快了对工业结构的调整，在加强建设能源原材料工业、机械电子等传统产业的同时，也加快了以卷烟和饮料、酒为主的轻工业的发展。在进一步稳定"两烟一酒"等支柱产业的基础上，逐渐形成了以电力、冶金、汽车零部件工业等新的支柱产业。

在传统工业平稳增长的同时，高新技术等新兴产业也加快了发展。2015

---

① 文芳：《贵州省产业结构发展现状及对策研究》，《企业导报》2009年第2期。

年，贵州地区生产总值中，第二产业增加值 4146.94 亿元，比 2014 年增长
11.4%，第二产业增加值占地区生产总值的比重为 39.5%。2015 年规模以上
工业增加值达到 3550.13 亿元，比 2014 年增长了 9.9%。其中，轻工业增加
值为 1374.19 亿元，比 2014 年增长 8.3%，重工业增加值为 2175.94 亿元，
比 2014 年增长 10.9%。据统计，"十二五"时期，全省规模以上工业增加值
年均增长率为 14.3%。全年煤电烟酒四大传统行业实现增加值 2069.07 亿
元，其增加值金额超过规模以上工业增加值总金额的 1/2，占比达到 58.3%。
其中，酒、饮料和精制茶制造业，煤炭开采和洗选业，电力、热力生产和供
应业的增加值分别为 716.05 亿元、684.68 亿元、364.53 亿元，与 2014 年相
比增长率分别为 10.2%、5.6%、4.2%。医药制造业增加值突破 100 亿元，
比 2014 年增长 6.9%；计算机、通信和其他电子设备制造业增加值也超过了
50 亿元，比 2014 年增长了 1 倍多，达到 102.0%；装备制造业增加值比 2014
年增长 24.0%；高技术产业工业增加值比 2014 年增长 22.5%。全年新建投
产纳入规模以上工业统计范围企业（不含成长性企业）432 户，其中，非公
有控股工业企业达到了 417 户，其占比高达 96.5%。

从产品分布的角度分析来看，全省规模以上工业企业共生产 567 种统计
范围内的工业产品 282 种，产品覆盖率将近达到一半，为 49.7%。全年规模
以上工业企业实现了 9376.20 亿元的主营业务收入，与 2004 年相比增长
11.4%；实现 616.10 亿元的利润总额，与 2014 年相比增长 10.7%。贵州规模
以上工业企业利润总额从 2000 年的 12.56 亿元增加到 2015 年的 732.76 亿元，
年均增长率高达 31.39%；建筑业产值从 2000 年的 109.06 亿元增加到 2015 年
的 1974.74 亿元，年均增长率为 21.30%。由此可见，自进入 21 世纪以来，贵
州第二产业发展迅速，发展势头良好，对贵州经济的发展起到重大作用。

表 3-6　贵州 2000~2015 年工业和建筑业产值　　　　单位：亿元

年份	规模以上工业总产值	规模以上工业企业利润总额	建筑业产值
2000	631.60	12.56	109.06
2001	696.93	18.59	150.20

续表

年份	规模以上工业总产值	规模以上工业企业利润总额	建筑业产值
2002	797.90	21.41	181.12
2003	977.64	37.52	212.29
2004	1394.91	61.99	255.45
2005	1690.40	70.79	271.23
2006	2066.77	110.91	312.34
2007	2520.36	174.41	348.79
2008	3111.13	181.83	393.67
2009	3426.69	191.73	523.91
2010	4206.37	317.63	622.96
2011	5520.68	456.20	824.72
2012	6544.02	627.02	1039.22
2013	8074.60	636.60	1379.15
2014	9507.33	628.68	1640.24
2015	10973.22	732.76	1947.74

资料来源：根据历年《贵州统计年鉴》整理所得。

四、贵州第三产业发展现状

随着世界经济的大融合，经济全球化和自由化的趋势愈加显著，在这一大背景下，贵州第三产业在近几年得到了飞速的发展，第三产业内部结构出现明显变化。从总的形势来看，贵州省内部结构层次较低仍然是第三产业的主要特点，并且传统商业、服务业依旧是其主导产业。最近几年，金融、保险、房地产、旅游、文化和体育稳步增长，其中最为显著的是房地产业，这些产业所占比重不断扩大，上升势头十分强势，而商业、饮食业也表现出快速增长的态势，继续在第三产业处于主导部门的地位，与此同时，运输、邮电行业的发展也初见成效。近年来，贵州省旅游业、房地产业发展势头十分强劲，高科技信息产业在政府的大力扶持之下发展也十分迅速，新兴产业不断涌现。第三产业增加值由 2000 年的 367.52 亿元增加到 2015 年的 4715.00

亿元，年均增长 18.54%，其中旅游业发展较快（见表 3-7）。社会消费品零售总额由 2000 年的 343.70 亿元增加到 2015 年的 3283.00 亿元，年均增长率为 16.24%；邮电业务总量由 2000 年的 40.92 亿元增加到 2015 年的 515.16 亿元，年均增长 18.40%；国际旅游外汇收入由 2000 年的 60.92 百万美元增加到 2015 年的 231.33 百万美元，年均增长率为 9.30%；限额以上零售业企业主营业务收入由 2000 年的 27.53 亿元增加到 2015 年的 1278.89 亿元，年均增长率为 29.16%。

贵州传统服务业仍是第三产业的主导产业，新兴服务业虽然有所发展，但相对来说较为缓慢，技术水平和知识密集程度较低，还有待进一步调整和提高。服务业发展步伐加快，其中旅游业取得较快发展。贵州第三产业增加值在 2014 年为 4128.50 亿元，与 2013 年相比增长 10.4%，第三产业增加值占 GDP 的比重为 44.6%。贵州省第三产业增加值在 2015 年为 4715.00 亿元，与 2014 年相比增长 11.1%，第三产业增加值占 GDP 的比重为 44.9%。2015 年，贵州第三产业中的批发和零售业，交通运输、仓储和邮政业，住宿和餐饮业产值分别为 671.39 亿元、920.36 亿元、360.38 亿元，这三个产业与 2014 年相比增长率分别为 8.4%、9.4%、9.7%；另外，金融业产值为 607.11 亿元，比 2014 年增长 19.2%；房地产业产值为 232.07 亿元，比 2014 年增长 6.6%。

贵州省公路通车里程在 2015 年末达到 183812 公里，与 2014 年末相比增长 2.6%，其中高速公路通车里程、铁路里程分别为 5128 公里、3037 公里，高速公路出省通道、铁路出省通道分别增至 15 个、12 个。新开 56 条加密航线，与贵阳机场通航的城市达到 81 个。3661 公里的内河航道里程中，高等级航道达到 690 公里。全年铁路货物周转量为 458.25 亿吨公里，占全省货物周转量的比重为 32.9%；公路货物周转量为 897.10 亿吨公里，占全省货物周转量的比重为 64.4%；水运货物周转量为 37.15 亿吨公里，占全省货物周转量的比重为 2.7%。铁路旅客周转量为 207.54 亿人公里，占全省旅客周转量的比重为 31.8%；公路旅客周转量为 440.42 亿人公里，占全省旅客周转量的比重为 67.4%；水运旅客周转量为 5.52 亿人公里，占全省旅客周转量的比重为 0.8%。民航货邮吞吐量为 8.96 万吨，与 2014 年相比增长

7.9%；民航旅客吞吐量达到 1563.28 万人次，与 2014 年相比增长 10.0%。总的说来，贵州省 2015 年第三产业发展取得了较大进步。

表 3-7 贵州 2000~2015 年第三产业主要部门产值

年份	社会消费品零售总额（亿元）	邮电业务总量（亿元）	限额以上零售业企业主营业务收入（亿元）	国际旅游外汇收入（百万美元）
2000	343.70	40.92	27.53	60.92
2001	378.00	48.52	33.10	68.73
2002	416.20	76.94	32.76	80.00
2003	458.80	100.02	43.29	28.94
2004	517.60	131.23	56.83	80.20
2005	615.70	172.08	77.55	101.41
2006	710.00	223.47	89.58	115.16
2007	858.20	292.70	109.57	129.00
2008	1075.20	371.96	249.34	116.97
2009	1247.30	465.57	334.55	110.44
2010	1531.60	512.47	436.18	129.58
2011	1899.90	219.32	595.60	135.07
2012	2266.30	262.05	709.60	168.94
2013	2601.20	331.77	1020.40	201.43
2014	2936.90	381.67	1169.98	188.80
2015	3283.00	515.16	1278.89	231.33

资料来源：根据历年《贵州统计年鉴》整理所得。

五、三次产业对贵州经济增长的贡献率与拉动度

第一产业对经济增长的贡献率及拉动度。第一产业是一国国民经济的基础，关系到国民的温饱和社会的安定问题，并且第一产业生产率的提高能够为第二、三产业的发展提供剩余劳动力。进入 21 世纪以来，贵州千方百计保持农村发展、农业增长、农民增收。第一产业对经济增长的贡献率波动性

较大。第二产业尤其是制造业是国民经济的命脉产业，其发展水平在很大程度上决定了本地区的综合竞争力，在较长一段时间内，制造业仍是我国保持有效竞争力的重要发展领域。同样地，第二产业依然是促进贵州经济发展的重要引擎。服务业指为推动社会经济发展，实现生产性服务，并且占有一定设施、设备或工具，以此来提供劳务的国民经济部门，通常指第三产业，目前随着人民生活水平的高速发展，逐步提高了对第三产业尤其是生产性服务业的需求，这就使得第三产业的地位与日俱增，逐步上升到了重要的战略发展地位。分析三次产业互动优势，从其贡献率角度分析（见表3-8），第三产业的贡献率在2000~2015年除了个别年份外，基本上占主导地位，在2008年表现得尤为明显，为61.6%，另外有六个年份均超过50%，分别为2006年的50.6%、2007年的59.6%、2009年的52.7%、2011年的52.1%、2000年的52.2%以及2001年的61.5%，其余年份的具体情况为：2010年的43.9%、2012年的42.8%、2013年的48.1%、2014年的45.9%以及2015年的49.0%，明显地可以看出第三产业在贵州的发展极为迅速，逐渐地成为贵州经济的支撑产业。

第二产业由于受到2008年金融危机的严重影响，在2008年对经济的贡献率明显下降，从2007年的36.6%迅速降到2008年的29.2%，下降了7.4%，可以清晰地看到金融危机对贵州第二产业发展的冲击巨大。从2009年开始，第二产业对经济的贡献率表现为一升一降的格局，具体为：2009年的41.8%、2010年的51.1%、2011年的46.8%、2012年的49.6%、2013年的46.8%、2014年的47.7%以及2015年的45.0%。由此可以看出，第二产业对贵州经济的贡献率虽然不再一直占主导地位，但是还占有很大的比重，因此，为了贵州经济的赶与超，还要注重第二产业的大力发展。

第一产业对贵州经济的贡献率一直最小，在2000~2015年，除2004年外，贡献率始终小于10%，具体表现为：2000年的3.7%、2001年的3.4%、2002年的6.1%、2003年的9.6%、2004年的14.2%、2005年的8.6%、2006年的6.6%、2007年的3.8%、2008年的9.2%、2009年的5.5%、2010年的5.0%、2011年的1.1%、2012年的7.6%、2013年的5.1%、2014年的

6.4%以及2015年的6.0%。

从三次产业对全省生产总值增长的拉动来看（见表3-9），第三产业的拉动度除个别年份（2010年、2012年和2014年）外，均处于第一的位置，在2007年达到最大，为8.8%，并有四个年份的拉动度达到7.0%及以上，具体为2004年的7.2%、2007年的8.8%、2008年的7.0%以及2011年的7.8%，剩余的年份分别为：2000年的5.2%、2001年的6.2%、2002年的4.9%、2003年的6.3%、2005年的6.7%、2006年的6.5%、2009年的6.0%、2010年的5.6%、2012年的5.8%、2013年的6.0%、2014年的5.0%以及2015年的5.3%。第二产业的拉动度几乎在所有的年份里保持第二的位置，其中在2004年达到最大，为7.8%，另外有四个年份的拉动度超过6%，分别为2003年的7.0%、2010年的6.6%、2011年的7.0%以及2012年的6.7%。第一产业的拉动度始终最小，基本上在1%左右上下徘徊，在2000~2015年，拉动度分别为：0.4%、0.3%、0.6%、1.4%、2.5%、1.1%、0.8%、0.6%、1.0%、0.6%、0.6%、0.2%、1.1%、0.6%、0.7%以及0.6%。

表3-8　三次产业对全省GDP的贡献率　　　　　单位：%

年份	第一产业	第二产业	第三产业
2000	3.7	44.1	52.2
2001	3.4	35.1	61.5
2002	6.1	44.0	49.9
2003	9.6	47.8	42.6
2004	14.2	44.6	41.2
2005	8.6	38.7	52.7
2006	6.6	42.8	50.6
2007	3.8	36.6	59.6
2008	9.2	29.2	61.6
2009	5.5	41.8	52.7
2010	5.0	51.1	43.9

续表

年份	第一产业	第二产业	第三产业
2011	1.1	46.8	52.1
2012	7.6	49.6	42.8
2013	5.1	46.8	48.1
2014	6.4	47.7	45.9
2015	6.0	45.0	49.0

资料来源：根据历年《贵州统计年鉴》整理所得。

表 3-9　三次产业对全省 GDP 的拉动度　　　　　单位：%

年份	第一产业	第二产业	第三产业
2000	0.4	4.4	5.2
2001	0.3	3.5	6.2
2002	0.6	4.3	4.9
2003	1.4	7.0	6.3
2004	2.5	7.8	7.2
2005	1.1	4.9	6.7
2006	0.8	5.5	6.5
2007	0.6	5.4	8.8
2008	1.0	3.3	7.0
2009	0.6	4.8	6.0
2010	0.6	6.6	5.6
2011	0.2	7.0	7.8
2012	1.1	6.7	5.8
2013	0.6	5.9	6.0
2014	0.7	5.1	5.0
2015	0.6	4.8	5.3

资料来源：根据历年《贵州统计年鉴》整理所得。

第三节　贵州能源储量分布概况

贵州省能源资源十分富饶，资源种类较为繁多。目前，已经勘探到的矿物能源资源就有煤炭、天然气、石油和铀矿等，并且，因贵州独特的地理位置，其水能与多种生物能源以及地热、风能等也十分丰富。其中水能与煤炭极具资源优势，又具持久开发优势，成为当今贵州最重要的能源资源之一。

一、煤炭资源

贵州煤炭资源十分富饶，是建立区域能源基础必不可少的资源之一。据统计显示，贵州含煤面积占全省总面积的比重非常高，达到40%以上，产煤地区主要聚集在六盘水市和毕节地区。全省探明加预测的煤炭资源排名全国第五位，仅少于山西、内蒙古、新疆和陕西，为江南之首，是我国南方最大的煤炭资源基地，有着非常广阔的开发利用前景。贵州省拥有丰富的煤炭资源，在全国范围内其煤炭储量名列前茅，并且其分布集中，具有较好的开采自然条件，贵州省煤炭资源主要是在桐梓、遵义、贵阳、安顺、安龙一线，以上地区是贵州省煤炭资源的集中分布区。盘水煤田、织纳煤田含煤分别为1162.8万吨/千米、700万吨/千米，这两个区域的全省含煤系数最高，同时还具有非常有利的开采条件，如在煤炭分布区采取重点开发，逐步形成高规模能源开采基地等，贵州省煤炭分布区有一显著特点，煤炭集中分布区拥有丰富多样的煤种资源，为推进专业化能源基地建设奠定了坚实的基础。如六盘水煤田富有炼焦用煤，占煤炭资源总量的比重高达一半以上，占全省炼焦用煤的比重更是高达88.2%，是贵州省非常重要的炼焦用煤发展中心，具有较强的发展潜力。无烟煤作为"环保煤种"，在当今受到越来越多的关注，其利用率也在逐年提升，织纳煤田是其主要生产地，无烟煤具有众多使用优点，如其含硫、含灰量低、发热量高，使得该地区逐步成长为化工、气化用煤，民用燃料煤的主要基地，发展潜力巨大。

由此可见，贵州煤炭品种多样、煤质优良，用途多样化。从表 3-10 的数据显示可知，贵州省煤炭储量从 2003 年的 149.21 亿吨减少到 2015 年的 101.70 亿吨，年均增长率为-3.14%，贵州的煤炭储量随着贵州经济的发展在不断下降。全国煤炭储量从 2003 年的 3342.00 亿吨减少到 2015 年的 2440.10 亿吨，年均增长率为-2.53%，可见贵州省煤炭储量消耗的速度大于全国煤炭储量消耗的速度。煤炭属于不可再生资源，虽然贵州煤炭资源储备丰富，但合理开发和利用其他清洁能源已刻不容缓。

表 3-10 2003~2015 年贵州与全国煤炭资源比较 单位：亿吨

年份	贵州省煤炭储量	全国煤炭储量
2003	149.21	3342.00
2004	149.05	3373.40
2005	148.92	3326.40
2006	148.26	3334.80
2007	146.76	3261.30
2008	150.06	3261.40
2009	128.10	3189.60
2010	118.46	2793.90
2011	58.74	2157.90
2012	69.39	2298.90
2013	83.29	2362.90
2014	93.98	2399.90
2015	101.70	2440.10

资料来源：根据历年《中国统计年鉴》和《贵州统计年鉴》整理所得。

二、天然气资源

贵州省总的来说天然气资源较为匮乏，目前只有赤水开采出了天然气，其他地区目前仍未开采出石油天然气，但依据勘探的证据表明，省内天然气开发与利用具有广阔的发展前景。正在勘探的册亨油田，历经数年勘探，初步发现该县秧坝等四个板块育隆构造有规模相对可观的油气田，其中仅秧坝育隆构造面积就达 122×100 平方米，初步估计油气储量达 600 亿吨。根据表3-11 可知，贵州的天然气储量呈现逐渐下降的态势，从 2003 年的 11.05 亿立方米减少到 2015 年的 6.10 亿立方米，几乎下降了一半。与之相反，全国天然气储量却呈现出逐年增长的态势，从 2003 年的 22288.70 亿立方米增加到 2015 年的 51939.50 亿立方米，增长了 2.3 倍之多，从全国的天然气储备数量上来看，也可以看出贵州的天然气储量十分的贫乏。

表 3-11　2003～2015 年贵州与全国天然气资源比较

单位：亿立方米

年份	贵州省天然气储量	全国天然气储量
2003	11.05	22288.70
2004	10.41	25292.60
2005	9.87	28185.40
2006	4.61	30009.20
2007	4.54	32123.60
2008	4.53	34049.60
2009	4.50	37074.20
2010	10.61	37793.20
2011	10.50	40206.40
2012	5.44	43789.90
2013	6.39	46428.80
2014	6.31	49451.80
2015	6.10	51939.50

资料来源：根据历年《中国统计年鉴》和《贵州统计年鉴》整理所得。

三、煤层气

随着时代的发展，科学技术的进步，煤层气的使用量和利用效率在逐步提升，由于其独特的"环保性"，使其在保护生态环境、推进清洁发展机制方面具有重要发展地位。可喜的是贵州煤层气资源也较为丰富，是我国煤层气的重要产出分布区。它的合理开发及利用，不但对煤炭开发的安全生产产生积极作用，同时也有利于改善目前能源生产与消费的结构，实现转废为宝。我国煤层气资源十分的丰富，是世界上第三大煤层气储量国，储量之大在全球范围内可以此估算，我国煤层气资源在全球煤层气资源排名前 12 的国家中，占据了 13% 的份额，根据最新煤层气评估报告，我国 2000 米以内的煤层气源高达 31.46 万亿立方米，煤层气主要分布在华北地区，占资源量的 60%。通过表 3-12 数据分析可知，全国四大煤层气储量区域，晋陕蒙的煤层气储量最为丰富，达到 17.25×10^{12} 立方米，占全国煤层气储量的 54.83%；其次是北疆区达到 6.88×10^{12} 立方米，占全国煤层气储量的 21.86%；再次是冀豫皖，达到 2.89×10^{12} 立方米，占全国煤层气储量的 9.18%；最后是云贵川达到 2.83×10^{12} 立方米，占全国煤层气储量的 8.99%。贵州省煤层气资源丰富，其开发价值较大，根据研究分析，贵州省 2000 米以内的煤层气资源高达 3.10 万亿立方米，煤层气储量在全国范围内占比达到了 10% 左右，居于全国次席，仅仅少于山西，而六盘水煤田中的煤层气更是我国较为著名和重点开发的煤层气之一。

表 3-12　我国主要煤层气储量比较

地域	储量（立方米）	占比（%）
晋陕蒙	17.25×10^{12}	54.83
北疆区	6.88×10^{12}	21.86
冀豫皖	2.89×10^{12}	9.18
云贵川	2.83×10^{12}	8.99

资料来源：根据相关资料整理所得。

第四节　贵州主要能源消耗情况

近年来，贵州立足省情，以科学发展观为指导，加快经济发展方式转变，不断调结构、促投资、惠民生，经济社会平稳较快发展。作为全国重要的能源基地，全省能源产量、消费量迅速扩大，省内能源利用效率不断提高，节能减排工作力度不断加强，实现了经济发展与节能降耗双赢。输出能源有所扩大，为中东部的经济社会发展提供了重要能源保障。

一、能源消费基本情况

（1）每万元生产总值能源消费量逐年降低。贵州每万元生产总值能源消费量从 2000 年的 3.99 吨标准煤降低到 2015 年的 1.20 吨标准煤，自 2000 年以来，只有 2003 年和 2005 年出现正的增长，其余年份均为负增长，这说明，随着贵州在经济发展中越来越重视节能减排，贵州经济发展与能源消耗正在朝着低碳之路发展（见表 3-13）。虽然贵州的节能减排取得了一定的成效，但是贵州省每万元生产总值能源消费量一直大于全国每万元生产总值能源消费量，我国每万元生产总值能源消费量一直是小于 2 吨标准煤的，自 2010 年开始小于 1 吨标准煤，但贵州每万元生产总值能源消费量一直在 1 吨标准煤以上，每年都几乎是我国的两倍之余，这说明贵州的能源消耗水平相对还是较高，贵州的节能减排工作任重而道远。

表 3-13　2000~2015 年贵州与全国每万元生产总值能源消费量比较

单位：吨标准煤/万元

年份	贵州省每万元生产总值能源消费量	全国每万元生产总值能源消费量
2000	3.99	1.47
2001	3.67	1.43
2002	3.51	1.43
2003	3.91	1.51
2004	2.63	1.60
2005	2.81	1.40
2006	2.73	1.36
2007	2.62	1.29
2008	2.45	1.21

续表

年份	贵州省每万元生产总值能源消费量	全国每万元生产总值能源消费量
2009	2.35	1.16
2010	2.25	0.87
2011	1.49	0.86
2012	1.43	0.82
2013	1.38	0.79
2014	1.30	0.75
2015	1.20	0.53

资料来源：根据历年《中国统计年鉴》和《贵州统计年鉴》整理所得。

（2）人均能源生活消费量逐渐优化。贵州省能源种类繁多，分析贵州省能源消费结构发现，其主要消耗的是煤炭、电力、液化石油气以及煤气等资源（见表3-14）。贵州省人均煤炭消费量由2000年的270.25千克降低到2015年的208.61千克，呈现逐渐下降的趋势，年均下降率为1.71%，人均煤炭消费的减少对贵州来说是一个积极的信号，减少煤炭的使用有利于降低贵州碳排放；贵州电力人均消费量由2000年的73.01千瓦小时增加到2015年的559.68千瓦小时，呈现逐渐增加的态势，年均增长率为14.53%，电力属于清洁能源，电力使用量的增加有利于贵州节能减排工作的开展；液化石油气的人均消费量由2000年的1.68千克增加到2015年的3.12千克，呈现逐渐增加的态势，年均增长率为4.21%；煤气的人均消费量从2000年的1.36立方米增加到2015年的8.33立方米，年均增长率高达12.84%。通过上述分析可以发现，煤炭的人均消费量在下降，其他三种清洁能源的消费量在增加，这无疑有利于助推贵州走清洁发展之路。

表3-14 2000~2015年人均能源生活消费量对比

年份	煤炭（千克）	电力（千瓦小时）	液化石油气（千克）	煤气（立方米）
2000	270.25	73.01	1.68	1.36
2001	264.07	84.91	1.88	1.35

续表

年份	煤炭（千克）	电力（千瓦小时）	液化石油气（千克）	煤气（立方米）
2002	266.46	122.89	1.75	1.44
2003	261.97	134.92	1.69	1.87
2004	253.23	135.66	1.56	1.89
2005	235.19	137.80	1.24	1.91
2006	221.33	167.49	1.34	2.48
2007	210.24	198.68	2.02	2.50
2008	172.68	235.04	2.68	2.49
2009	161.85	279.67	2.19	2.87
2010	180.21	352.48	2.54	3.29
2011	205.63	417.56	2.75	3.68
2012	252.33	488.94	2.44	4.11
2013	195.32	500.18	1.88	10.74
2014	217.10	546.00	3.09	9.73
2015	208.61	559.68	3.12	8.33

资料来源：根据历年《贵州统计年鉴》整理所得。

（3）能源消费结构有所优化。全省能源消费三次产业结构中，第一产业能源消费比重整体上呈现减少趋势，从 2000 年的 5.2% 下降到 2015 年的 1.6%。第二产业能源消费比重从 2000 年的 62.4% 下降到 2015 年的 57.0%，下降 5.4 个百分点。第二产业增加值占 GDP 的占比由 2000 年的 39.0% 上升到 2015 年的 39.5%。由于工业单位产出能耗要远大于其他产业，所以工业能耗比重下降说明工业能效水平有所提高。第三产业能源消费比重呈现波动状态，整体上看为递减趋势，从 2000 年的 10.8% 增长到 2002 年的 12.4%，再从 2003 年的 10.5% 增加到 2008 年的 20.5%，又从 2009 年的 20.1% 反复波动增长到 2015 年的 30.0%，这期间第三产业能源消费量年均增长率为 17.54%（见表 3-15）。

表 3-15 2000～2015 年贵州能源消费构成　　　　　单位：%

年份	第一产业	第二产业	第三产业	生活消费
2000	5.2	62.4	10.8	20.2
2001	5.2	61.9	11.1	20.2
2002	5.5	64.1	12.4	21.0
2003	5.1	69.1	10.5	15.8
2004	4.3	68.5	12.3	13.7
2005	1.9	51.8	13.1	12.9
2006	2.0	58.0	14.4	12.8
2007	2.0	64.0	17.2	12.8
2008	2.1	66.0	20.5	12.1
2009	2.0	66.4	20.1	11.5
2010	1.7	65.7	20.4	12.2
2011	1.4	65.9	20.2	12.6
2012	1.3	66.0	19.7	13.0
2013	1.4	65.3	20.9	12.5
2014	1.5	58.4	27.1	13.0
2015	1.6	57.0	30.0	12.9

资料来源：根据历年《贵州统计年鉴》整理所得。

二、能源消费与经济发展

经济不断增长带动能源消费量大幅增加，能源消费强度逐步减小。2015年能源消费总量比 2000 年增长了 2.5 倍之多。随着节能减排工作深入开展，全省能源消费强度逐年下降，能源消费强度由 2000 年的 0.97 下降到 2015 年的 0.23，下降幅度高达 76.29%。能源消费增长与经济增长弹性系数相对稳定（见表 3-16）。2009 年以来，全省地区生产总值增速每提高 1 个百分点，能源消费总量增速提高 0.6～0.73 个百分点，能源消费总量的增速低于经济增长速度。贵州能源消费弹性系数自 2000 年以来，只有 2003 年和 2004 年大于 1，其余的年份全部小于 1，这说明经济发展速度要大于能源消费增长速度。贵州因其丰富的矿产资源，成为全国重要能源基地之一，按照能耗总量进行排序，规模以上工业能源消耗量排在前三位的是电力、热力生产和供应业，煤炭开采与洗选业，化学原料。其中，气候特别是降水量等其他自然因素会对电力行业造成较大的影响，因此其不可测因素较多。在第二产业中，煤炭消耗量较大，分析第二产业产业结构，化学工业、非金属矿物制品业、黑色金属冶炼和压延加工业发展规模较大，上述产业消耗煤炭量较多。全省2015年传统六大高耗能产业分别是：黑色金属冶炼和压延加工业，石油加工、炼焦和核燃料加工业，非金属矿物制品业，化学工业，有色金属冶炼和压延加工业以及电力、热力生产和供应业，消费4335.63万吨标准煤的能源，在规模以上工业综合能耗总量中的占比达到了81.2%，比2014年下降3.1%，上述产业带动了贵州省经济发展，是重要的工业经济推动产业。与全国能源消费系数比较来看，贵州省能源消费弹性系数总体上来说大于全国能源消费弹性系数，2015年全国能源消费弹性系数为0.13，贵州为0.23，比贵州低43.48%。

表3-16　2000~2015年贵州与全国能源消费弹性系数比较

年份	贵州能源消费弹性系数	全国能源消费弹性系数
2000	0.97	0.54
2001	0.33	0.70
2002	0.36	0.99
2003	2.65	1.62
2004	1.35	1.67
2005	0.58	1.18
2006	0.74	0.76
2007	0.69	0.61
2008	0.37	0.30
2009	0.60	0.57
2010	0.63	0.58
2011	0.73	0.76

续表

年份	贵州能源消费弹性系数	全国能源消费弹性系数
2012	0.65	0.51
2013	0.65	0.48
2014	0.41	0.30
2015	0.23	0.13

资料来源：根据历年《中国统计年鉴》和《贵州统计年鉴》整理所得。

第五节　本章小结

本章主要对贵州第一产业、第二产业和第三产业的发展状况、贵州主要能源储备情况以及贵州主要耗能情况进行了相关梳理。首先就贵州的产业来看，自1978年中国改革开放以来，贵州的经济借助这一外力也得到了飞速发展，然而贵州产业结构发展与全国及发达地区相比明显滞后，产业结构失衡、产业分布不合理的问题愈演愈烈，进而使得贵州经济发展水平与资源禀赋状况之间有着非常大的反差。

首先，根据其三次产业发展规模，分析其所占GDP比重，然后根据比重进行排序可发现，贵州省自改革开放以来发展较为迅速，其历程可以划分为四个阶段：第一阶段是1978～1991年的"一二三"、第二阶段是1992～1997年的"二一三"、第三阶段是1998～2005年的"二三一"、第四阶段是2006年开始的"三二一"。

虽然从2006年起贵州的产业结构呈现出"三二一"的发展状态，这似乎是产业发展的最理想状态，但我们必须清楚地认识到贵州的这种产业结构水平是低水平、发展很不完善的。可以说，正是由于贵州工业化发展较为缓慢从而致使全省经济发展较为落后，贵州如果在未来想实现经济的飞跃发展，毫无疑问工业经济绝对会起着决定性作用，工业的地位是其他任何产业代替不了的。只有进一步加深工业的发展，贵州省才能借助资源优势，更好地实现经济发展，经济发展水平才有可能实现突飞猛进；才能协调发展三次产业，保证第二产业尤其是工业的良性发展，带动第一产业优化升级，大力促进第三产业发展，利用其后发优势实现本地区经济进步；才能在根本上解决本地区就业和民生条件较低的问题。

其次，就贵州能源储备情况来看，贵州省能源资源十分富饶，资源种类较为繁多，目前，已经勘探到的矿物能源资源就有煤炭、天然气、石油和铀矿等。其中，贵州丰富的煤炭资源是其建立区域能源基础的主要资源之一，水能与煤炭极具资源优势，又具持久开发优势，成为当今贵州最重要的能源资源。

最后，通过对贵州的主要耗能情况分析发现，贵州能源消费强度逐年降低。2009～2013 年，贵州能源消费以年均 7.1% 的增速支撑了全省地区生产总值年均 13.1% 的增长，能源消费增速低于地区生产总值增速 6 个百分点，贵州能源加工转换效率不断提高。

2013 年，全省 9466.4 万吨标准煤用于加工转换，产出 6645.8 万吨标准煤的二次能源，加工转换总效率为 70.2%，比 2009 年提高 10%，贵州能源消费结构有所优化。全省能源消费三次产业结构中，第一产业能源消费比重从 2009 年开始呈逐年减少趋势，从 2009 年的 2.0% 下降到 2014 年的 1.5%。第二产业能源消费比重从 2009 年的 66.4% 下降到 2014 年的 58.4%，下降 8 个百分点。第三产业能源消费比重不断上升，从 2009 年的 20.1% 上升到 2014 年的 27.1%。通过对上述三方面的具体分析，能更好地把握贵州产业发展情况以及产业在发展中主要耗能的情况，加之对贵州能源储备的分析，贵州在未来的经济发展中可以加大对储备丰富、污染相对较小能源的利用力度，以促进贵州产业实现更快更好的绿色可持续发展。

第四章 贵州产业部门隐含
碳排放的估算

产业部门是碳排放的主要来源地，准确了解和把握各个产业部门的碳排放情况，对以后贵州碳减排具有重要意义。本章以 1997 年作为起点，2012年作为终点，构建出贵州产业部门隐含碳排放投入产出模型，并以竞争型投入产出数据为基础测算贵州 27 个产业部门隐含碳排放情况，以期为贵州相关职能部门提供客观的碳排放数据。

第一节 贵州产业部门碳排放
估算的投入产出模型构建

一、投入产出模型

1. 投入产出分析法

投入产出分析方法（或称产业部门间分析）是由 Leontief 于 1936 年研究并创立的一种分析方法[①]，其理论基础是新古典学派 Walras 的一般均衡理论，它是分析特定经济系统内投入和产出间数量依存关系的原理和方法，也是一种有效的、从宏观尺度评价嵌入到商品和服务中的资源或污染量的工

[①] Leontief, "Quantitative Input-output Relations in the Economic System of the United States", *Review of Economic Statistics*, Vol. 18, Issue 3, 1936, pp. 105-125.

具。自 20 世纪 60 年代后期开始，一些专家学者就将投入产出分析法从经济学领域广泛地转入并应用于能源和环境领域问题的研究，其中就包括贸易隐含碳排放的研究，并且这种方法在 20 世纪七八十年代就已经被证明是一种非常有效地研究能源发展和环境污染的分析工具（Daly，1968；Leontief，1970；Wright，1974；Chapman，1974；Bullard et al.，1978；Hannon et al.，1983；Casler and Wilbur，1984；Batra et al.，1998；Michaelis and Jackson，1998；Lenzen，2001；Machado et al.，2001；Lenzen et al.，2004；Peters and Hertwich，2006，2008；Mongelli et al.，2006；Ackerman et al.，2007）。

投入产出分析是通过编制投入产出表（也称部门联系平衡表或产业关联表）来实现的，它以矩阵形式描述国民经济各部门在一定时期（通常为一年）生产活动的投入来源和产出使用去向，揭示国民经济各部门之间相互依存、相互制约的数量关系，是国民经济核算体系的重要组成部分[①]。投入产出表的分类主要包括以下几种：根据编表数据性质和资料内容的不同可分为报告期投入产出表和计划期（或预测期）投入产出表两种；根据数据覆盖范围的不同可分为多区域或国家投入产出表、单区域或国家投入产出表（含全国投入产出表、省级投入产出表、企业投入产出表等）；根据分析时期的不同可分为静态投入产出表和动态投入产出表以及平衡投入产出表和优化投入产出表；根据计量单位的不同可以划分为价值型投入产出表和实物型投入产出表；根据研究对象和特定用途的不同可分为产品、固定资产、生产能力、劳动、价格、财务、环境保护投入产出表等（董承章，2000）[②]。

由于投入产出分析的科学性、先进性和实用性，自 20 世纪 50 年代以来世界各国纷纷研究投入产出分析，编制和应用投入产出表，不仅美国、英国、法国、德国和日本等发达国家编制和应用投入产出表，而且苏联和东欧等国家也在编制和应用投入产出表，就连印度、埃及、哥伦比亚和秘鲁等发展中国家都在编制和应用投入产出表（何其祥，1999）[③]。据统计，目前全

---

① 刘敬青：《基于投入产出法的货物运输需求预测方法研究》，《中国储运》2008 年第 9 期。
② 董承章：《投入产出分析》，中国财政经济出版社 2000 年版。
③ 何其祥：《投入产出分析》，科学出版社 1999 年版。

世界已经有 100 多个国家和地区编制了投入产出表。联合国于 1950 年成立国际投入产出学会，至今已召开十多次世界范围内的投入产出分析国际研讨会（廖明球，2009）[1]。联合国经济社会事务部将投入产出核算纳入 1968 年版本的国民经济账户体系（Systern of National Accounts，SNA），使其成为国民经济核算体系的重要组成部分，并制定编制了部分分类目录、指标解释、计价标准、计算方法等（向蓉美，2007）[2]。1993 年版本 SNA 及其修订版本中仍旧强调"将投入产出法纳入国民经济核算体系是 SNA 的一个重要特点"。中国是应用投入产出分析较晚的国家，但是传播普及迅速，应用领域广泛，模型种类多样，参与人员众多[3]。20 世纪 60 年代初期，中国科学院成立专门的小组研究投入产出分析，并进行这方面的宣传和理论探讨工作，在个别高等院校开设投入产出分析课程，但都仅限于理论研究（何其祥，1999）。1974~1976 年，在国家统计局和国家计划委员会组织下，由国家统计局、国家计划委员会、中国科学院和中国人民大学等单位联合编制了中国第一张全国性实物型投入产出表，即 1973 年的 61 种产品的实物表，它标志中国正式引入了投入产出分析（廖明球，2009）；1982 年，国家统计局、国家计划委员会及有关部门编制了 1981 年全国投入产出价值表和实物表；1984 年，在 1981 年全国投入产出价值表的基础上，国家统计局编制了 1983 年全国投入产出延长表；1987 年，中国国务院办公厅发布《关于进行全国投入产出调查的通知》，明确规定从 1987 年开始，每逢尾数是 7 和 2 的年份进行一次全国投入产出调查，编制基本投入产出表；每逢尾数是 0 和 5 的年份编制延长投入产出表，于是从 1987 年起，我国就已经编制了 1987 年、1992 年、1997 年、2002 年、2007 年和 2012 年的基本投入产出表（向蓉美，2007）[4]。我国编制的主要是价值型和实物型投入产出表两种类型，在正式公布的全国投入产出表中包含六张全国投入产出调查表和五张投入产出延长表（见表4-1），而贵州的投入产出表仅仅是价值型的，且没有编制投入产出延

---

① ③　廖明球：《投入产出及其扩展分析》，首都经济贸易大学出版社 2009 年版。
② ④　向蓉美：《投入产出法》，西南财经大学出版社 2007 年版。

长表，1987~2012 年一共编制了六张贵州投入产出表（见表 4-2）。

表 4-1　1987~2012 年中国投入产出表编制

年份	部门数量	类型	备注
1987	33	价值型	第一张投入产出调查表
	118		
1990	33	价值型	投入产出延长表（1987）
1992	33	价值型	第二张投入产出调查表
	118		
	151	实物型	
1995	33	价值型	投入产出延长表（1992）
1997	40	价值型	第三张投入产出调查表
	124		
2000	17	价值型	投入产出延长表（1997）
2002	42	价值型	第四张投入产出调查表
	122		
2005	42	价值型	投入产出延长表（2002）
2007	42	价值型	第五张投入产出调查表
	135		
2010	41	价值型	投入产出延长表（2007）
2012	42	价值型	第六张投入产出调查表
	139		

资料来源：根据相关文献资料整理所得。

表 4-2　1987~2012 年贵州投入产出表编制

年份	部门数量	类型	备注
1987	33	价值型	第一张投入产出调查表
	118		
1992	33	价值型	第二张投入产出调查表
	118		

续表

年份	部门数量	类型	备注
1997	40	价值型	第三张投入产出调查表
	124		
2002	42	价值型	第四张投入产出调查表
	122		
2007	42	价值型	第五张投入产出调查表
	135		
2012	42	价值型	第六张投入产出调查表
	139		

资料来源：根据相关文献资料整理所得。

　　本章主要以贵州投入产出价值表为基础进行了相关研究，简化的投入产出表（价值型）的结构形式如表4-3所示，其主要由四个部分组成（第Ⅰ象限、第Ⅱ象限、第Ⅲ象限和第Ⅳ象限），包括产出列（宾栏）和投入列（主栏），他们交叉又生成四个象限，各象限的经济含义为：①第Ⅰ象限是由 n 个经济部门交叉形成的棋盘式表，各元素 x_{ij} 用货币形态计量。每个 x_{ij} 都有双重含义，其中 i 表示横向部门，j 表示纵向部门，从横向来看，它表示 i 产品用于 j 部门做生产消耗的产品数量，反映某产品部门生产的货物或服务提供给各产品部门使用的价值量，被称为中间使用；从纵向来看，它表示 j 部门在生产中对 i 产品的消耗量，反映某产品部门在生产过程中消耗各产品部门生产的货物或服务的价值量，被称为中间投入。第Ⅰ象限完整地反映了经济部门之间投入和产出的数量关系[①]。②第Ⅱ象限是第Ⅰ象限在水平方向上的延伸，主栏的部门分组与第Ⅰ象限相同；宾栏由最终消费、资本形成总额、出口等最终使用项目组成。从横向来看，其反映某产品部门生产的货物或服务用于各种最终使用的价值量；从纵向来看，其反映最终使用的消费、资本、出口等规模及其构成。第Ⅰ象限和第Ⅱ象限连接组成的横表，反映出国民经济各产品部门生产的货物或服务的使用去向，即各产品部门的中间使

---

　　① 国家统计局核算司：《中国2007年投入产出表》，中国统计出版社2010年版。

用和最终使用数量①②。③第Ⅲ象限是第Ⅰ象限在垂直方向的延伸，主栏由劳动者报酬、生产税净额、固定资产折旧、营业盈余等各种增加值项目组成；宾栏的部门分组与第Ⅰ象限相同。该象限主要反映GDP的初次分配。第Ⅰ象限和第Ⅲ象限连接组成的竖表，反映出国民经济各产品部门在生产经营过程中的各种投入来源以及产品价值构成，即各产品部门总投入及其所包含的中间投入和增加值的数量③。④第Ⅳ象限是第Ⅱ象限和第Ⅲ象限共同延伸形成的，反映出GDP的再分配，由于尚处于理论探索阶段，故正式编表时都是空着的。根据全国投入产出表的平衡关系，可以建立按行（产品分配流向）的投入产出数学模型，即：中间使用+最终使用=总产出，用数学符号来表达为：

$$\sum_{j=1}^{n} x_{ij} + Y_i = X_i \quad (i, j=1, 2, \cdots, n) \tag{4-1}$$

式（4-1）中：$\sum_{j=1}^{n} x_{ij}$表示第i产品部门中间投入的合计；Y_i表示第i产品部门在本期产品中提供的最终使用的价值量；X_i表示第i产品部门的总产出。

表4-3　价值型投入产出表

投入＼产出		中间使用					最终使用				总产出
		部门1	部门2	…	部门n	中间使用合计	最终消费	资本形成总额	出口	最终使用合计	
中间投入	部门1	x_{ij} 第Ⅰ象限					Y_i 第Ⅱ象限				X_i
	部门2										
	…										
	部门n										
	中间投入合计										

①③ 国家统计局核算司：《中国2007年投入产出表》，中国统计出版社2010年版。
② 李成刚：《FDI对我国技术创新的溢出效应研究》，博士学位论文，浙江大学，2008年。

·130·

续表

投入＼产出		中间使用				最终使用				总产出
		部门1	部门2	…	部门n	中间使用合计	最终消费	资本形成总额	出口	最终使用合计	
增加值	劳动者报酬	N_{ij} 第Ⅲ象限					第Ⅳ象限				
	生产税净额										
	固定资产折旧										
	营业盈余										
	增加值合计										
总投入		—					—				

资料来源：2012 年《中国投入产出表》和《贵州投入产出表》。

2. 直接消耗系数

为了反映出产业部门之间的相互联系程度，引入直接消耗系数（或称投入系数），记为 $a_{ij}=$（i，j=1，2，…，n），它是指在生产经营过程中第 j 产品或产业部门的单位总产出直接消耗的第 i 产品部门货物或服务的价值量，将各产品或产业部门的直接消耗系数用表的形式表现出来就是直接消耗系数表或直接消耗系数矩阵，用字母 A 表示[1][2]，其计算公式为：

$$a_{ij}=x_{ij}/X_j \quad (i, j=1, 2, \cdots, n) \tag{4-2}$$

将式（4-2）改写为：

$$x_{ij}=a_{ij}X_j \tag{4-3}$$

将式（4-3）代入式（4-1）中，可得：

$$\sum_{j=1}^{n} a_{ij}X_j + Y_j = X_j \tag{4-4}$$

式（4-4）可以看成是由 n 个线性方程所组成的线性方程组，根据矩阵和线性方程组一一对应的关系，若令 A 表示直接消耗系数矩阵，I 表示 n 阶

---

① 张曦：《基于投入产出分析的城市路桥项目宏观经济效益评价》，《福建建设科技》2010 年第 3 期。

② 国家统计局核算司：《中国 2002 年投入产出表》，中国统计出版社 2006 年版。

单位矩阵，Y 表示各产品部门最终使用的列向量，X 表示各产品部门总产出的列向量，则有：

$$
A = \begin{cases}
a_{11} & a_{12} & \cdots & a_{1,n-1} & a_{1n} \\
a_{21} & a_{22} & \cdots & a_{2,n-1} & a_{2n} \\
\vdots & \vdots & \vdots & \vdots & \vdots \\
a_{n-1,1} & a_{n-1,2} & \cdots & a_{n-1,n-1} & a_{n-1,n} \\
a_{n1} & a_{n2} & \cdots & a_{n,n-1} & a_{nn}
\end{cases}
\qquad
Y = \begin{cases}
Y_1 \\
Y_2 \\
\vdots \\
Y_{n-1} \\
Y_n
\end{cases}
$$

$$
I = \begin{cases}
1 & 0 & \cdots & 0 & 0 \\
0 & 1 & \cdots & 0 & 0 \\
\vdots & \vdots & \vdots & \vdots & \vdots \\
0 & 0 & \cdots & 1 & 0 \\
0 & 0 & \cdots & 0 & 1
\end{cases}
\qquad
X = \begin{cases}
X_1 \\
X_2 \\
\vdots \\
X_{n-1} \\
X_n
\end{cases}
$$

那么式（4-4）则可以写成：

$$
\begin{cases}
a_{11} & a_{12} & \cdots & a_{1,n-1} & a_{1n} \\
a_{21} & a_{22} & \cdots & a_{2,n-1} & a_{2n} \\
\vdots & \vdots & \vdots & \vdots & \vdots \\
a_{n-1,1} & a_{n-1,2} & \cdots & a_{n-1,n-1} & a_{n-1,n} \\
a_{n1} & a_{n2} & \cdots & a_{n,n-1} & a_{nn}
\end{cases}
\times
\begin{cases}
X_1 \\
X_2 \\
\vdots \\
X_{n-1} \\
X_n
\end{cases}
+
\begin{cases}
Y_1 \\
Y_2 \\
\vdots \\
Y_{n-1} \\
Y_n
\end{cases}
=
\begin{cases}
X_1 \\
X_2 \\
\vdots \\
X_{n-1} \\
X_n
\end{cases}
$$

即：$AX + Y = X$ （4-5）

对式（4-5）进行移项合并，可得：

$X = (I-A)^{-1}Y$ （4-6）

式（4-6）建立了总产出和最终使用之间的关系，通过投入产出表中给出的直接消耗系数矩阵，并已知总产出列向量 X 或最终使用列向量 Y 中的一项，即可求出未知的另外一项，这就是投入产出的基本模型。

3. 完全消耗系数

完全消耗系数，记为 b_{ij}（i，j = 1，2，…，n），它是指第 j 产品部门每提供一个单位最终使用时，对第 i 产品部门货物或服务的直接消耗和间接消耗之和[1][2]，即为了满足最终使用需求所直接和间接拉动整个经济体各部门产出的系数。其意义不仅反映了国民经济各部门之间直接的技术经济联系，还反映了国民经济各部门之间间接的技术经济联系，并通过线性关系，将国民经济各部门的总产出和最终使用联系在一起[3]，更加全面地反映各部门之间相互联系依存的数量关系。若设完全消耗系数矩阵为 B，则有：

$$B = (1-A)^{-1} - 1 \qquad (4-7)$$

4. 完全需求系数

完全需求系数，记为 c_{ij}（i, $j = 1, 2, \cdots, n$），它是指第 j 产品部门增加一个单位最终使用对第 i 产品部门货物或服务的完全需求量，包括直接需求量和间接需求量[4]，这个是从社会需求角度来求解的。若设完全需求系数矩阵为 C，则有：

$$W = (I-A)^{-1} \qquad (4-8)$$

式（4-8）中，（$I-A$）称为 Leontief 矩阵，（$I-A$）$^{-1}$ 称为 Leontief 逆矩阵。

二、投入产出模型在碳排放测算中的应用

若将投入产出模型扩展到非经济领域，则可以用来衡量单位产出变化所产生的外部性。就环境领域而言，从理论上来看，CO_2 排放量的计算公式应该为：

$$C_i = Q_i \times EF \qquad (4-9)$$

其中，C_i 是指贵州第 i 产业部门能源消费的 CO_2 排放量，Q_i 是指贵州第 i 产业部门各种能源消耗转换成标准煤的消费量（单位：吨标准煤），EF 是指标准煤的 CO_2 排放系数（单位：吨/吨标准煤），即每吨标准煤的 CO_2 排

① 黄小军、张仁寿、王朋：《从投入产出析文化产业对经济增长的影响——以广东为例》，《广州大学学报（社会科学版）》2011 年第 7 期。

② 周慧：《基于投入产出法的江苏省行业吸纳就业能力研究》，《现代商贸工业》2011 年第 10 期。

③ 国家统计局核算司：《中国 2002 年投入产出表》，中国统计出版社 2006 年版。

④ 李成刚：《FDI 对我国技术创新的溢出效应研究》，博士学位论文，浙江大学，2008 年。

放量。

若记 CO_2 的直接排放系数为 E_i（$i = 1, 2, \cdots, n$），它是指第 i 部门每单位产出 X_i 的直接 CO_2 排放量，其计算公式为：

$$E_i = \frac{C_i}{X_i} = \frac{Q_i \times EF}{X_i} \qquad (4-10)$$

若用行向量 E 来表示 CO_2 的直接排放系数矩阵，则一国为了满足最终需求 Y 而引起的国内隐含碳排放量的计算公式为：

$$C = EX = E\ (I-A)^{-1}Y \qquad (4-11)$$

将式（4-11）移项整理，可得：

$$C/Y = E\ (1-A)^{-1} \qquad (4-12)$$

我们在此将各产业部门 CO_2 的完全碳排放系数记为 F_i（$i = 1, 2, \cdots, n$），它是指第 i 部门每单位产出的直接和间接 CO_2 排放量，若用行向量 F 作为完全碳排放系数矩阵，则有 F =（C/Y），即各产业部门的完全碳排放系数可以表达为：

$$F = E\ (1-A)^{-1} \qquad (4-13)$$

通过上述公式的推导，我们可以发现求解商品中的隐含碳排放的基本思路就是：用生产该类产品的 CO_2 排放系数乘以该商品的价值矩阵，但不能直接观察到每类商品的 CO_2 排放量，原因在于 CO_2 的排放不仅仅产生在产品的最终制造过程，还存在于制造以及运输此类产品而使用的中间产品中，而投入产出分析方法由于可以一目了然地反映国民经济各部门之间在生产过程中直接和间接的关系。所以，将此方法应用于估算商品直接和间接排放的 CO_2 再恰当不过，也是目前诸多学者将其作为研究贸易碳排放主流方法的原因所在（Machado et al., 2001；Lenzen, 2002；Peters and Hertwich, 2005, 2006；Mukhopadhyay, 2006；Maenpaa and Siikavirta, 2007；Wiedmann, 2008；陈迎等，2008；Ahmad and Wyckoff, 2009；魏本勇等，2009；Dong et al., 2010；张云、赵捧莲，2011）。

第二节 数据来源及处理

一、产业划分及调整

考虑到数据资料可获取的详细程度、统一性和可靠性，本章的研究分析主要以 1997 年、2002 年、2007 年和 2012 年的《贵州投入产出表》（价值型）和《贵州统计年鉴》中各产业能源消费量为基础，用于评估测算贵州产业部门碳排放。其中，这些投入产出表来源于国家统计局国民经济核算司，而《贵州统计年鉴》来源于贵州统计局。《贵州投入产出表》和《贵州统计年鉴》中的能源消耗的产业分类都是以国民经济产业分类标准为依据和基础的，但是略存在一些差异，为了统一不同产业部门类型之间的口径和便于数据处理，本章最终将产业划分为 27 类（见表 4-4）。

表 4-4 产业部门分类划分及代码

代码	产业分类	代码	产业分类
1	农业	11	化学工业
2	煤炭开采和洗选业及石油天然气开采业	12	非金属矿物制品业
3	金属矿采选业	13	金属冶炼及压延加工业
4	非金属矿及其他矿采选业	14	金属制品业
5	食品制造及烟草加工业	15	通用、专用设备制造业
6	纺织业	16	交通运输设备制造业
7	服装皮革羽绒及其制造业	17	电气机械及器材制造业
8	木材加工及家具制造业	18	通信设备、计算机及其他电子设备制造业
9	造纸印刷及文教体育用品制造业	19	仪器仪表及文化办公用机械制造业
10	石油加工、炼焦及核燃料加工业	20	其他制造业

代码	产业分类	代码	产业分类
21	电力、热力的生产和供应业	25	交通运输、仓储及邮政业
22	燃气生产和供应业	26	批发零售及餐饮业
23	水的生产和供应业	27	其他服务业
24	建筑业		

二、标准煤 CO_2 排放系数

排放系数分类是在没有气体回收和有气体回收或治理情况下的排放系数。但是众多因素会影响碳排放系数的取值，如技术水平、生产状况、能源的消费使用情况等，由于这些方面的原因，在使用系数法的时候存在着较大的不确定性。针对数据缺乏不够详细的情况这种方法有很大的优势，此外，对于那些小型甚至是不合法的企业估计测算其碳排放量也有较好的适用性。根据《中国能源统计年鉴》附录 4 提供的各种能源折标准煤参考系数，并结合国家发展和改革委员会能源研究所推荐的折算系数，我们取 EF = 2.4567，即每吨标准煤消耗过程中排放 2.4567 吨 CO_2。

三、贵州产业部门 CO_2 排放强度

根据整个研究期间各产业部门基础数据资料，运用式（4-10）和（4-13）可以算出 27 个产业部门这四年直接和隐含碳排放强度（见表 4-5）。具体分析为：①这四年，27 个产业部门直接和隐含碳排放强度大体呈现出逐渐递减态势，这说明贵州为应对气候变化做出了积极努力，并在碳减排进程中取得了一定成效。②根据这四年直接碳排放强度数值，可知煤炭开采和洗选业及石油天然气开采业，纺织业，化学工业，非金属矿物制品业，金属冶炼及压延加工业，电力、热力的生产和供应业，水的生产和供应业，交通运输、仓储及邮政业这八个产业部门直接碳排放强度在这四年内一直位于前 15 位。这八个产业部门根据三次产业划分，除了交通运输、仓储及邮政业属于第三产

业外，其他均属于第二产业，这说明第二产业直接碳排放强度较大。③分析这四年隐含碳排放强度发现：石油加工、炼焦及核燃料加工业，金属冶炼及压延加工业，非金属矿物制品业，化学工业这四个产业部门全部属于第二产业，且其隐含碳排放强度一直居于前10位，可见第二产业隐含碳排放强度较大。

表4-5 1997~2012年贵州27个产业部门直接和隐含碳排放强度

单位：吨/万元

产业部门	1997 年		2002 年		2007 年		2012 年	
	直接碳排放强度	隐含碳排放强度	直接碳排放强度	隐含碳排放强度	直接碳排放强度	隐含碳排放强度	直接碳排放强度	隐含碳排放强度
农业	1.2381	3.8377	1.2184	6.1381	0.4980	2.3985	0.2175	1.6084
煤炭开采和洗选业及石油天然气开采业	20.1646	24.7500	14.1668	21.7560	2.8427	6.3646	0.9930	2.9063
金属矿采选业	0.9885	5.0029	1.5317	7.7873	1.2106	4.5647	1.5391	2.9145
非金属矿及其他矿采选业	0.2776	5.2071	3.4164	14.1570	0.8142	4.2145	0.2976	2.1255
食品制造及烟草加工业	0.3729	3.7261	0.4098	5.2628	0.5902	2.8508	0.2505	1.3993
纺织业	2.1658	7.8901	2.7315	14.2080	2.0482	6.4536	0.6947	3.3551
服装皮革羽绒及其制造业	0.3950	5.5605	0.3650	9.9921	0.6596	4.6649	0.3984	2.8845
木材加工及家具制造业	0.3688	4.9336	0.5602	8.7072	1.5104	4.8700	0.3103	1.4095
造纸印刷及文教体育用品制造业	0.9284	5.3232	1.7506	8.7644	1.1960	4.6554	1.5808	3.4187
石油加工、炼焦及核燃料加工业	0.8779	8.4910	76.8718	89.9970	4.8593	11.3180	6.6263	11.0350
化学工业	6.1842	12.7370	4.2427	13.7130	5.5304	10.7880	4.2160	8.4233
非金属矿物制品业	5.0847	11.8250	9.6537	24.2100	12.1678	17.9710	7.7196	11.5550

产业部门	1997 年		2002 年		2007 年		2012 年	
	直接碳排放强度	隐含碳排放强度	直接碳排放强度	隐含碳排放强度	直接碳排放强度	隐含碳排放强度	直接碳排放强度	隐含碳排放强度
金属冶炼及压延加工业	7.3436	14.0080	4.8032	20.1360	6.9594	12.7010	4.6041	9.0184
金属制品业	0.9316	10.4490	0.9018	12.8020	1.4930	8.4654	0.1737	4.5068
通用、专用设备制造业	1.2002	7.1263	0.7807	10.9420	0.7306	6.0585	0.8606	4.8581
交通运输设备制造业	1.7243	7.4621	1.0190	8.5380	0.4882	5.9407	0.3005	4.4538
电气机械及器材制造业	0.7570	7.5095	0.3066	13.0120	0.1435	7.0520	0.1695	5.3096
通信设备、计算机及其他电子设备制造业	0.4721	5.5400	0.2591	7.3703	0.1575	4.1100	0.0431	2.8526
仪器仪表及文化办公用机械制造业	0.6831	4.7723	0.6472	9.5353	0.1766	3.9458	0.3096	1.9533
其他制造业	0.1838	3.8364	1.0677	6.0754	0.6355	2.6600	0.3531	2.9796
电力、热力的生产和供应业	1.9208	9.6505	14.0065	22.4370	1.2469	4.3341	1.2070	3.5083
燃气生产和供应业	0.1218	6.2663	14.3439	33.7450	1.9868	8.4604	2.1227	5.7777
水的生产和供应业	2.0475	8.0692	1.8728	9.3095	2.6425	5.1805	0.6623	2.8495
建筑业	0.2127	7.3092	0.1148	13.4200	0.2682	7.5374	0.1147	5.3191
交通运输、仓储及邮政业	3.5691	7.6410	2.5998	13.4420	2.6925	5.3079	1.1746	3.7569
批发零售业及餐饮业	2.4772	4.8433	1.4665	6.0949	1.9969	3.7873	1.4355	2.2532
其他服务业	1.6993	4.0414	1.1718	5.1157	1.0023	2.8123	0.4469	1.9169

资料来源：根据前述相关公式及数据整理计算所得。

第三节　实证结果与讨论分析

根据上一节数据的预处理，以及相应的计算公式，我们可以求得贵州分产业部门的直接碳排放系数和间接碳排放系数，运用计量软件 Matlab 7.0 中有关矩阵的运算公式，可以求得隐含碳排放系数矩阵。根据上述相应估算模型和数据，应用软件 Matlab 7.0 中有关矩阵的运算公式，我们可以求得贵州 1997 年、2002 年、2007 年和 2012 年各产业部门的碳排放量，其计算结果和讨论分析如下：

一、总体的视角

根据表 4-6 中的实证结果，就隐含和直接碳排放总量而言：①贵州产业部门总的隐含碳排放量在 1997 年、2002 年、2007 年和 2012 年呈现持续增长态势，分别达到 12361.08 万吨、32609.25 万吨、37454.15 万吨和 61361.73 万吨，年均增长率高达 11.27%。1997~2002 年隐含碳排放增速为 163.81%；2002~2007 年隐含碳排放增速为 14.86%；2007~2012 年隐含碳排放增速为 63.83%，可见贵州产业部门隐含碳排放增速呈现出波动式下降。这一方面是因为在这三个时间段内，贵州总产值基本上是以递减的速率在增加；另一方面是因为贵州省各个产业的隐含碳排放系数是在逐渐降低的，因此虽然隐含碳排放是在增加的，但增长速度却在逐渐放缓。②1997 年直接碳排放量为 4683.31 万吨，占隐含碳排放的比重为 37.89%；2002 年直接碳排放量为 8166.27 万吨，占隐含碳排放的比重为 25.04%，1997~2002 年直接碳排放增速为 74.37%；2007 年直接碳排放量为 14463.23 万吨，占隐含碳排放的比重为 38.62%，2002~2007 年直接碳排放增速为 77.11%；2012 年直接碳排放量为 21110.55 万吨，占隐含碳排放的比重为 34.40%，2007~2012 年直接碳排放增速为 45.96%。由此可见，在这三个时间段内，贵州直接碳排放基本上是以递减的速率在逐渐增加的，直接碳排放量占隐含碳排放量的比值变化幅度较小。在这三个时间段内，2002~2007 年直接碳排放量的增速最大，这是因为 2002~2007 年的总产出的增长幅度是最大的。③根据实证结果分析，我们可知 1997 年、2002 年、2007 年以及 2012 年这四年的直接碳排放量都小于间接碳排放量，并且两者之间的差值呈现出波动式增长态势，其差值分别为：2994.46 万吨、16276.71 万吨、8527.69 万吨、19140.63 万吨。通过上述各种分析结果，我们可以清晰地看到，虽然贵州隐含、直接碳排放量都在逐渐增加，但总体的增长率却在逐渐减少，说明贵州省在节能减排上取得了一定成果，有效控制了碳排放的快速增长。

表 4-6 1997~2012 年贵州产业部门直接和隐含碳排放总体情况

年份	直接碳排放量（万吨）	占比（%）	增速（%）	隐含碳排放量（万吨）	增速（%）
1997	4683.31	37.89	—	12361.08	—
2002	8166.27	25.04	74.37	32609.25	163.81
2007	14463.23	38.62	77.11	37454.15	14.86
2012	21110.55	34.40	45.96	61361.73	63.83

资料来源：根据前述相关公式及数据整理计算所得。

二、27 个产业部门的视角

根据之前的公式，我们计算得到各产业部门直接和隐含碳排放情况（见表 4-7、表 4-8 和表 4-9），具体的纵向和横向比较讨论结果如下：

1. 横向比较

隐含碳排放主要集中在建筑业，金属冶炼及压延加工业，化学工业，电力、热力的生产和供应业等十个产业部门，在这四年中，这十个部门的隐含碳排放量之和在隐含碳排放总量中的占比依次为 84.37%、86.32%、87.72% 和 90.85%。隐含碳排放的具体变化情况如下：①在这四年间，隐含碳排放量排在前六位的是建筑业，金属冶炼及压延加工业，化学工业，电力、热力的生产和供应业，其他服务业和非金属矿物制品业，有的年份排名虽不一致，但总体上该六个产业部门的隐含碳排放都处于前列。建筑业的隐含碳排放在 2002 年和 2012 年均排在第一位，在 2007 年排在第三位，在 1997 年排在第五位；金属冶炼及压延加工业的隐含碳排放在 2007 年排在第一位，在 2002 年和 2012 年均排在第二位，在 1997 年排在第三位；化学工业的隐含碳排放在 1997 年和 2007 年均排在第二位，在 2012 年排在第三位，在 2002 年排在第五位；电力、热力的生产和供应业的隐含碳排放在 2002 年排在第三位，在 2007 年排在第五位，在 2012 年排在第七位，在 1997 年排在第十位；其他服务业的隐含碳排放在 2007 年和 2012 年均排在第四位，在 1997 年和 2002 年均排在第六位；非金属矿物制品业的隐含碳排放在 2012 年排在第六位，在 1997 年和 2007 年均排在第七位，在 2002 年排在第八位。②在隐含碳排放位于前十的产业部门中，第二产业由于是贵州经济的支柱产业，其隐含碳比重在四年的研究中均超过 69%。第三产业中的交通运输、仓储及邮政业，其他服务业和批发零售业及餐饮业也均位于前十，三者隐含碳排放之和在 1997 年、2002 年、2007 年及 2012 年整个产业部门中占比分别为 12.51%、16.82%、18.19% 和 23.19%。造成这三者的隐含碳排放较高的原因是它们属于第三产业，位于产业链底端，是大多中间投入产品的最终消费终端，其测量计算出来的隐含碳包括从最初的原料开采到制成品生产制造全过程中 CO_2 排放量。另外，本章中的其他服务业通过合并金融保险业、租赁和商务服务业、房地产业等多个分类比较粗的部门形成，故过粗的产业分类再加上几乎囊括了产品的整个生产过程，最终使其他服务产业在隐含碳排放方面排名靠前。属于第一产业部门的农业在隐含碳排放方面也都进入了前十名，尤其在 1997 年，农业的隐含碳排放位居第一名，其隐含碳排放总量为 1606.00 万吨，占比为 12.99%。

2. 纵向比较

通过表 4-9 我们可知，由于在经济生产中对各个产业部门的需求不同，加之技术因素等方面的影响，27 个产业部门的隐含碳排放增速、增量变化差异大。具体为：

（1）从增速角度看。除 2002~2007 年外，绝大多数产业部门（1997~

2002 年共 25 个, 2007~2012 年共 21 个, 1997~2012 年共 25 个) 的隐含碳
排放呈现递增的态势, 其中增速较大的产业部门几乎全部集中在第二产业,
究其原因是第二产业是贵州省经济的命脉, 而工业的发展又离不开大量能源消
耗, 贵州经济还未能完全摆脱高消耗、高污染、高排放的增长模式。1997~
2002 年, 产业部门隐含碳排放增速排在前五位的分别为: 燃气生产和供应业
(10197.62%), 石油加工、炼焦及核燃料加工业 (1586.23%), 建筑业
(430.02%), 电力、热力的生产和供应业 (426.00%) 及服装皮革羽绒及其
他制造业 (320.17%)。与此同时, 造纸印刷及文教体育用品制造业和其他
制造业的隐含碳排放增速出现不同程度的下降, 降幅分别为 16.41% 和
0.15%。2002~2007 年, 产业部门隐含碳排放增速排在前五位的分别为: 金
属矿采选业 (101.67%), 石油加工、炼焦及核燃料加工业 (90.80%), 化
学工业 (88.96%), 煤炭开采和洗选业及石油天然气开采业 (69.86%) 及
其他制造业 (68.67%)。与此同时, 从 2007 年与 2002 年的对比中发现, 超
过一半的产业部门隐含碳排放的增速出现不同程度的下降, 可以看出贵州为
应对气候变化而做出的积极努力, 其中降幅最大的五个部门分别为: 服装皮
革羽绒及其制造业 (84.83%)、非金属矿及其他矿采选业 (55.08%)、农业
(37.85%)、纺织业 (33.38%)、建筑业 (27.92%)。

2007~2012 年, 产业部门隐含碳排放增速排在前五位的分别为: 交通运
输、仓储及邮政业 (193.46%), 建筑业 (124.21%), 非金属矿物制品业
(110.41%), 其他服务业 (87.91%) 及石油加工、炼焦及核燃料加工业
(87.11%)。与此同时, 金属矿采选业, 纺织业, 通用、专用设备制造业,
电气、机械及器材制造业, 仪器仪表及文化办公用机械制造业, 其他制造业
的隐含碳排放增速出现不同程度的下降, 降幅分别为 36.49%、74.09%、
16.69%、33.96%、50.73% 和 15.11%。1997~2012 年, 产业部门隐含碳排
放增速排在前五位的分别为: 燃气生产和供应业 (10311.90%), 石油加工、
炼焦及核燃料加工业 (5919.73%), 交通运输、仓储及邮政业 (940.51%),
建筑业 (756.60%), 电力、热力的生产和供应业 (662.09%)。与此同时,
纺织业、造纸印刷及文教体育用品制造业的隐含碳排放增速出现不同程度的

下降，降幅分别为 82.39% 和 15.32%。

（2）从增量角度看。除 2002~2007 年外，绝大多数产业部门（1997~2002 年共 25 个，2007~2012 年共 21 个，1997~2012 年共 25 个）的隐含碳排放不断增加。1997~2002 年，产业部门隐含碳排放增量排在前五位的分别为：建筑业（4860.10 万吨），金属冶炼及压延加工业（3674.50 万吨），电力、热力的生产和供应业（2517.53 万吨），交通运输、仓储及邮政业（1365.23 万吨）及其他服务业（1254.19 万吨）。2007~2012 年，产业部门隐含碳排放增量排在前五位的分别为：建筑业（5363.40 万吨），交通运输、仓储及邮政业（3659.30 万吨），化学工业（2996.80 万吨），其他服务业（2865.20 万吨）及非金属矿物制品业（2410.60 万吨）。1997~2012 年，产业部门隐含碳排放增量排在前五位的分别为：建筑业（8551.10 万吨），金属冶炼及压延加工业（7199.20 万吨），化学工业（6475.70 万吨），其他服务业（5201.19 万吨）及交通运输、仓储及邮政业（5017.33 万吨）。与此同时，2002~2007 年，超过一半产业部门的隐含碳排放减少，由此可以看出贵州为应对气候变化而做出的积极努力，减少量排在前五位的分别为：建筑业（1672.40 万吨）、农业（1018.30 万吨）、食品制造及烟草加工业（244.20 万吨）、非金属矿及其他矿采选业（183.70 万吨）、服装皮革羽绒及其制造业（114.67 万吨）。

表 4-7　1997~2012 年贵州 27 个产业部门直接和隐含碳排放

单位：万吨

产业部门	1997 年		2002 年		2007 年		2012 年	
	直接碳排放	隐含碳排放	直接碳排放	隐含碳排放	直接碳排放	隐含碳排放	直接碳排放	隐含碳排放
农业	518.14	1606.00	533.96	2690.10	347.08	1671.80	312.42	2310.60
煤炭开采和洗选业及石油天然气开采业	988.28	1213.00	937.53	1439.80	1092.30	2445.60	1318.63	3859.50
金属矿采选业	9.80	49.61	14.10	71.70	38.35	144.60	48.50	91.83

续表

产业部门	1997 年		2002 年		2007 年		2012 年	
	直接碳排放	隐含碳排放	直接碳排放	隐含碳排放	直接碳排放	隐含碳排放	直接碳排放	隐含碳排放
非金属矿及其他矿采选业	4.69	88.03	80.48	333.51	28.94	149.81	21.82	155.81
食品制造及烟草加工业	67.76	677.02	100.11	1285.60	215.60	1041.40	277.24	1548.50
纺织业	17.57	63.99	12.55	65.30	13.81	43.50	2.33	11.27
服装皮革羽绒及其制造业	2.28	32.17	4.94	135.17	2.90	20.50	5.21	37.71
木材加工及家具制造业	3.19	42.72	4.54	70.64	19.95	64.32	15.33	69.63
造纸印刷及文教体育用品制造业	33.39	191.42	31.96	160.01	36.14	140.66	74.95	162.10
石油加工、炼焦及核燃料加工业	2.36	22.81	328.53	384.63	315.07	733.86	824.54	1373.10
化学工业	728.71	1500.80	815.38	2635.30	2552.71	4979.70	3992.41	7976.50
非金属矿物制品业	335.63	780.57	693.60	1739.40	1478.32	2183.40	3069.23	4594.00
金属冶炼及压延加工业	726.62	1386.10	1207.12	5060.60	4022.43	7341.10	4382.97	8585.30
金属制品业	16.78	188.19	21.86	310.39	46.46	263.41	10.91	282.94
通用、专用设备制造业	28.25	167.76	19.90	278.90	50.36	417.63	61.64	347.94
交通运输设备制造业	69.89	302.47	68.62	574.90	55.99	681.35	52.11	772.23
电气、机械及器材制造业	8.38	83.10	8.11	344.12	8.87	435.96	9.19	287.90
通信设备、计算机及其他电子设备制造业	3.96	46.41	5.50	156.55	4.67	121.79	2.21	146.18
仪器仪表及文化办公用机械制造业	1.42	9.96	2.11	31.13	1.35	30.20	2.36	14.88

续表

| 产业部门 | 1997 年 | | 2002 年 | | 2007 年 | | 2012 年 | |
	直接碳排放	隐含碳排放	直接碳排放	隐含碳排放	直接碳排放	隐含碳排放	直接碳排放	隐含碳排放
其他制造业	4.08	85.12	14.94	84.99	34.25	143.35	14.42	121.69
电力、热力的生产和供应业	117.63	590.97	1940.45	3108.50	892.32	3101.70	1549.47	4503.70
燃气生产和供应业	0.02	1.26	55.15	129.75	26.70	113.71	48.20	131.19
水的生产和供应业	5.45	21.49	8.84	43.96	28.06	55.00	15.60	67.12
建筑业	32.90	1130.20	51.22	5990.30	153.67	4317.90	208.82	9681.30
交通运输、仓储及邮政业	249.18	533.47	367.23	1898.70	959.51	1891.50	1735.39	5550.80
批发零售业及餐饮业	318.71	623.13	338.73	1407.80	875.81	1661.10	1626.78	2553.50
其他服务业	388.23	923.31	498.78	2177.50	1161.63	3259.30	1427.88	6124.50
合计	4683.31	12361.08	8166.27	32609.25	14463.23	37454.15	21110.55	61361.73

资料来源：根据前述相关公式及数据整理计算所得。

表 4-8　1997~2012 年贵州 27 个产业部门隐含碳排放位居前十部门

| 产业 ＼ 年份 | 1997 年 | | | 2002 年 | | | 2007 年 | | | 2012 年 | | |
	排放量（万吨）	占比（%）	排名	排放量（万吨）	占比（%）	排名	排放量（万吨）	占比（%）	排名	排放量（万吨）	占比（%）	排名
建筑业	1130.20	9.14	5	5990.30	18.37	1	4317.90	11.53	3	9681.30	15.78	1
金属冶炼及压延加工业	1386.10	11.21	3	5060.60	15.52	2	7341.10	19.60	1	8585.30	13.99	2
化学工业	1500.80	12.14	2	2635.30	8.08	5	4979.70	13.30	2	7976.50	13.00	3
电力、热力的生产和供应业	590.97	4.78	10	3108.50	9.53	3	3101.70	8.28	5	4503.70	7.34	7
其他服务业	923.31	7.47	6	2177.50	6.68	6	3259.30	8.70	4	6124.50	9.98	4
非金属矿物制品业	780.57	6.31	7	1739.40	5.33	8	2183.40	5.83	7	4594.00	7.49	6

续表

年份 产业	1997 年			2002 年			2007 年			2012 年		
	排放量（万吨）	占比（%）	排名	排放量（万吨）	占比（%）	排名	排放量（万吨）	占比（%）	排名	排放量（万吨）	占比（%）	排名
交通运输、仓储及邮政业	—	—	—	1898.70	5.82	7	1891.50	5.05	8	5550.80	9.05	5
煤炭开采和洗选业和石油天然气开采业	1213.00	9.81	4	1439.80	4.42	9	2445.60	6.53	6	3859.50	6.29	8
农业	1606.00	12.99	1	2690.10	8.25	4	1671.80	4.46	9	2310.60	3.77	10
食品制造及烟草加工业	677.02	5.48	8	—	—	—	—	—	—	—	—	—
批发零售业及餐饮业	623.13	5.04	9	1407.80	4.32	10	1661.10	4.44	10	2553.50	4.16	9

注：上表中的"—"表示该年份没有进入前十的产业部门。

资料来源：根据前述相关公式及数据整理计算所得。

表 4-9 1997~2012 年贵州 27 个产业部门隐含碳排放增速和增量比较

单位：万吨

产业部门	1997~2002 年		2002~2007 年		2007~2012 年		1997~2012 年	
	增速（%）	增量（万吨）	增速（%）	增量（万吨）	增速（%）	增量（万吨）	增速（%）	增量（万吨）
农业	67.50 (19)	1084.10 (7)	-37.85 (25)	-1018.30 (26)	38.21 (12)	638.80 (11)	43.87 (23)	704.60 (12)
煤炭开采和洗选业及石油天然气开采业	18.70 (24)	226.80 (15)	69.86 (4)	1005.80 (4)	57.81 (8)	1413.90 (6)	218.18 (12)	2646.50 (8)
金属矿采选业	44.53 (23)	22.09 (23)	101.67 (1)	72.90 (11)	-36.49 (25)	-52.77 (25)	85.10 (18)	42.22 (21)
非金属矿及其他矿采选业	278.86 (7)	245.48 (14)	-55.08 (26)	-183.70 (24)	4.01 (21)	6.00 (20)	77.00 (19)	67.78 (19)
食品制造及烟草加工业	89.89 (17)	608.58 (10)	-19.00 (21)	-244.20 (25)	48.69 (10)	507.10 (12)	128.72 (16)	871.48 (11)

续表

产业部门	1997~2002 年		2002~2007 年		2007~2012 年		1997~2012 年	
	增速(%)	增量(万吨)	增速(%)	增量(万吨)	增速(%)	增量(万吨)	增速(%)	增量(万吨)
纺织业	2.05 (25)	1.31 (25)	-33.38 (24)	-21.80 (20)	-74.09 (27)	-32.23 (24)	-82.39 (27)	-52.72 (27)
服装皮革羽绒及其制造业	320.17 (5)	103.00 (20)	-84.83 (27)	-114.67 (23)	83.95 (6)	17.21 (18)	17.22 (25)	5.54 (24)
木材加工及家具制造业	65.36 (21)	27.92 (21)	-8.95 (17)	-6.32 (15)	8.26 (19)	5.31 (21)	62.99 (20)	26.91 (23)
造纸印刷及文教体育用品制造业	-16.41 (27)	-31.41 (27)	-12.09 (18)	-19.35 (19)	15.24 (17)	21.44 (15)	-15.32 (26)	-29.32 (26)
石油加工、炼焦及核燃料加工业	1586.23 (2)	361.82 (11)	90.80 (2)	349.23 (6)	87.11 (5)	639.24 (10)	5919.73 (2)	1350.29 (10)
化学工业	75.59 (18)	1134.50 (6)	88.96 (3)	2344.40 (1)	60.18 (7)	2996.80 (3)	431.48 (9)	6475.70 (3)
非金属矿物制品业	122.84 (14)	958.83 (8)	25.53 (10)	444.00 (5)	110.41 (3)	2410.60 (5)	488.54 (8)	3813.43 (7)
金属冶炼及压延加工业	265.10 (8)	3674.50 (2)	45.06 (8)	2280.50 (2)	16.95 (15)	1244.20 (8)	519.39 (7)	7199.20 (2)
金属制品业	64.93 (22)	122.20 (17)	-15.14 (20)	-46.98 (22)	7.41 (20)	19.53 (16)	50.35 (21)	94.75 (18)
通用、专用设备制造业	66.25 (20)	111.14 (18)	49.74 (6)	138.73 (8)	-16.69 (23)	-69.69 (26)	107.40 (17)	180.18 (15)
交通运输设备制造业	90.07 (16)	272.43 (12)	18.52 (12)	106.45 (9)	13.34 (18)	90.88 (13)	155.31 (15)	469.76 (13)
电气、机械及器材制造业	314.10 (6)	261.02 (13)	26.69 (9)	91.84 (10)	-33.96 (24)	-148.06 (27)	246.45 (11)	204.80 (14)
通信设备、计算机及其他电子设备制造业	237.32 (10)	110.14 (19)	-22.20 (22)	-34.76 (21)	20.03 (14)	24.39 (14)	214.98 (13)	99.77 (17)

产业部门	1997~2002 年		2002~2007 年		2007~2012 年		1997~2012 年	
	增速 (%)	增量 (万吨)	增速 (%)	增量 (万吨)	增速 (%)	增量 (万吨)	增速 (%)	增量 (万吨)
仪器仪表及文化办公用机械制造业	212.55 (11)	21.17 (24)	-2.99 (16)	-0.93 (14)	-50.73 (26)	-15.32 (22)	49.40 (22)	4.92 (25)
其他制造业	-0.15 (26)	-0.13 (26)	68.67 (5)	58.36 (12)	-15.11 (22)	-21.66 (23)	42.96 (24)	36.57 (22)
电力、热力的生产和供应业	426.00 (4)	2517.53 (3)	-0.22 (14)	-6.80 (16)	45.20 (11)	1402.00 (7)	662.09 (5)	3912.73 (6)
燃气生产和供应业	10197.62 (1)	128.49 (16)	-12.36 (19)	-16.04 (18)	15.37 (16)	17.48 (17)	10311.90 (1)	129.93 (16)
水的生产和供应业	104.56 (15)	22.47 (22)	25.11 (11)	11.04 (13)	22.04 (13)	12.12 (19)	212.33 (14)	45.63 (20)
建筑业	430.02 (3)	4860.10 (1)	-27.92 (23)	-1672.40 (27)	124.21 (2)	5363.40 (1)	756.60 (4)	8551.10 (1)
交通运输、仓储及邮政业	255.92 (9)	1365.23 (4)	-0.38 (15)	-7.20 (17)	193.46 (1)	3659.30 (2)	940.51 (3)	5017.33 (5)
批发零售业及餐饮业	125.92 (13)	784.67 (9)	17.99 (13)	253.30 (7)	53.72 (9)	892.40 (9)	309.79 (10)	1930.37 (9)
其他服务业	135.84 (12)	1254.19 (5)	49.68 (7)	1081.80 (3)	87.91 (4)	2865.20 (4)	563.32 (6)	5201.19 (4)

注：表中括号里的数字表示各产业部门的排序。

资料来源：根据前述相关公式及数据整理计算所得。

三、三次产业的视角

参照贵州省三次产业的划分方法，按照《国民经济行业分类》（GB/T 4754-2011）标准，我们把 27 个产业部门分别归属为第一产业（编号为 1 的产业部门）、第二产业（编号为从 2~24 的产业部门）和第三产业（编号为从 25~27 的产业部门），以此来考量三次产业直接和隐含碳排放变化情况。

根据表 4-10 和表 4-11 的数据我们得出如下结论：

（1）1997 年第一、第二、第三产业直接碳排放量分别为 518.14 万吨、3209.04 万吨、956.12 万吨，分别占本年直接碳排放的比例为 11.06%、68.52%、20.42%；在这一年中三次产业的隐含碳排放量分别为 1606.00 万吨、8675.17 万吨、2079.91 万吨，占本年隐含碳排放的比例依次为 12.99%、70.18%、16.83%。2002 年第一、第二、第三产业直接碳排放量分别为 533.96 万吨、6427.54 万吨、1204.74 万吨，分别占本年直接碳排放的比例为 6.54%、78.71%、14.75%；在这一年中三次产业的隐含碳排放量分别为 2690.10 万吨、24435.15 万吨、5484.00 万吨，占本年隐含碳排放的比例依次为 8.25%、74.93%、16.82%。2007 年第一、第二、第三产业直接碳排放量分别为 347.08 万吨、11119.22 万吨、2996.95 万吨，分别占本年直接碳排放的比例为 2.40%、76.88%、20.72%；在这一年中三次产业的隐含碳排放量分别为 1671.80 万吨、28970.45 万吨、6811.90 万吨，占本年隐含碳排放的比例依次为 4.46%、77.35%、18.19%。2012 年第一、第二、第三产业直接碳排放量分别为 312.42 万吨、16008.09 万吨、4790.05 万吨，分别占本年直接碳排放的比例为 1.48%、75.83%、22.69%；在这一年中第一、第二、第三产业隐含碳排放量分别为 2310.60 万吨、44822.32 万吨、14228.80 万吨，分别占本年隐含碳排放的比例为 3.76%、73.05%、23.19%。综上来看，随着时间推移，三次产业总的隐含碳排放总体呈现递增趋势，究其原因主要是工业仍然是贵州省经济发展的动力产业，而工业相较于其他产业来说对能源需求量大，因此，导致三次产业的隐含碳排放始终居高不下，但值得高兴的是，随着低碳经济发展模式的普及，第二产业隐含碳排放增量不断递减，表明贵州省现行低碳减排措施初见成效。

（2）在这四年中，第二产业不管是直接碳排放量，还是隐含碳排放的值都是最大的，这主要是因为第二产业的碳排放强度较大，另外贵州省现在的经济发展结构主要是"二三一"，第二产业的总产值是最大的，因此第二产业总的碳排放量最大，第二产业每年的直接和隐含的碳排放量占比都超过了70%。在三次产业中，第三产业的直接和隐含碳排放都大于第一产业小于第二产业，这主要是因为第一产业的总产值在三次产业中是最小的。

（3）第一产业直接和隐含的碳排放量除 1997~2002 年是增加的，在其他时间段内逐渐减小，这是因为 2002 年的直接和隐含碳排放强度都大于1997 年的碳排放强度，也说明了贵州在第一产业中为减少碳排放做出的积极努力。第二和第三产业的直接和隐含碳排放量均在逐渐增加，其中隐含碳排放量增速最快的年份是 2002 年，第二和第三产业隐含碳排放增量和增速分别为：15759.98 万吨（181.67%）、3404.09 万吨（163.67%）；第二产业直接碳排放量增速最快的年份也为 2002 年，增量和增速为：3218.50 万吨（100.29%），而第三产业直接碳排放量增速最快的年份为 2007 年，增量和增速为 1792.21 万吨（148.76%）。

表 4-10　1997~2012 年贵州三次产业直接和隐含碳排放量

年份	产业	第一产业	第二产业	第三产业	合计
1997	直接碳排放量（万吨）	518.14	3209.04	956.12	4683.31
	各产业占比（%）	11.06	68.52	20.42	100
	隐含碳排放量（万吨）	1606.00	8675.17	2079.91	12361.08
	各产业占比（%）	12.99	70.18	16.83	100
2002	直接碳排放量（万吨）	533.96	6427.54	1204.74	8166.27
	各产业占比（%）	6.54	78.71	14.75	100
	隐含碳排放量（万吨）	2690.10	24435.15	5484.00	32609.25
	各产业占比（%）	8.25	74.93	16.82	100
2007	直接碳排放量（万吨）	347.08	11119.22	2996.95	14463.23
	各产业占比（%）	2.40	76.88	20.72	100
	隐含碳排放量（万吨）	1671.80	28970.45	6811.90	37454.15
	各产业占比（%）	4.46	77.35	18.19	100
2012	直接碳排放量（万吨）	312.42	16008.09	4790.05	21110.55
	各产业占比（%）	1.48	75.83	22.69	100
	隐含碳排放量（万吨）	2310.60	44822.32	14228.80	61361.73
	各产业占比（%）	3.76	73.05	23.19	100

资料来源：根据前述相关公式及数据整理计算所得。

表 4-11 1997~2012 年贵州三次产业直接和隐含碳排放量

各类碳排放量		直接碳排放量		隐含碳排放量	
		增量（万吨）	增速（%）	增量（万吨）	增速（%）
1997~2002 年	第一产业	15.82	3.05	1084.1	67.50
	第二产业	3218.5	100.29	15759.98	181.67
	第三产业	248.62	26.00	3404.09	163.67
2002~2007 年	第一产业	-186.88	-35.00	-1018.3	-37.85
	第二产业	4691.68	73.00	4535.3	18.56
	第三产业	1792.21	148.76	1327.9	24.21
2007~2012 年	第一产业	-34.66	-9.99	638.80	38.21
	第二产业	4888.87	43.97	15851.87	54.72
	第三产业	1793.10	59.83	7416.90	108.88

资料来源：根据前述相关公式及数据整理计算所得。

第四节 本章小结

碳排放的主要来源地之一就是产业部门。为准确测算贵州各产业部门的隐含碳排放情况，本章借助投入产出法的思想，构建出碳排放测算模型，对各产业部门的碳排放量进行了测算，然后分三次视角对贵州各产业部门的碳排放情况进行了具体的分析，并探析了一些产业部门碳排放量较大的原因。首先，详细介绍了投入产出法，投入产出法的理论基础是新古典学派 Walras 的一般均衡理论，它是分析特定经济系统内投入和产出间数量依存关系的原理和方法。其次，在投入产出法的基础上构建了贵州省隐含碳排放模型，自 20 世纪 60 年代后期开始，一些专家学者就将投入产出分析法从经济学领域广泛地转入并应用于能源和环境领域问题的研究，其中就包括贸易隐含碳排放的研究，并且这种方法在 20 世纪七八十年代就已经被证明是一种非常有效的研究能源发展和环境污染的分析工具，因此在投入产出法的基础上构建了贵州省隐含碳排放模型，用来测算贵州省各个产业部门的碳排放情况。考虑到数据资料可获取的详细程度、统一性和可靠性，本章的研究是以国民经济产业分类标准为依据和基础的，为了统一不同产业部门类型之间的口径和便于数据处理，本章最终将产业划分为 27 类。最后，根据各产业部门的碳排放测算实际情况，分别从总体视角、27 个产业部门视角以及三次产业视角对贵州省产业部门隐含碳排放进行了全面系统的分析，通过分析发现：

（1）从总体视角来看，贵州产业部门总的隐含碳排放量在 1997 年、2002 年、2007 年和 2012 年呈现持续增长态势，但增长速度却在逐渐放缓，究其原因在于贵州总产值基本上是以递减的速率在增加，另外是因为贵州省各个产业的隐含碳排放系数是在逐渐降低的。

（2）从 27 个产业部门视角来看，贵州隐含碳排放主要集中在建筑业，金属冶炼及压延加工业，化学工业，电力、热力的生产和供应业等十个产业部门，除 2002~2007 年外，绝大多数产业部门的隐含碳排放呈现递增的态势，其中增速较大的产业部门几乎全部集中在第二产业。

（3）从三次产业视角来看，随着时间推移，三次产业总的隐含碳排放总体呈现递增趋势，究其原因主要是工业相较于其他产业来说对能源需求量大，但值得高兴的是，随着贵州省低碳经济发展模式的普及，第二产业隐含碳排放增量不断递减，表明贵州省现行低碳减排措施初见成效。另外，第二产业不管是直接碳排放量还是隐含碳排放的值都是最大的，在三次产业中，第三产业的直接和隐含碳排放都大于第一产业小于第二产业。从三个不同的角度出发，对贵州各产业部门隐含碳排放进行了深入的探究，以此更能清楚地把握贵州产业碳排放的总体情况，以及清楚地看到哪些产业部门的碳排放值较高，哪些产业部门的碳排放值较低，哪些产业部门可以作为未来贵州节能减排的重点调整产业，这为贵州未来通过调整产业结构来实现低碳可持续发展提供了强有力的数据支撑。

第五章　贵州产业部门隐含碳排放的驱动因素分解

本章利用 LMDI 基本内涵，运用 Kaya 恒等式，构建出影响贵州碳排放变化的驱动因素模型，并将驱动效应进一步划分为规模效应、结构效应和强度效应，根据测度结果分析影响贵州碳排放变化程度大小的因素。

第一节　指数分解法及研究方法选取

因假设不同，指数分解法有不同的表达方式，而最为常见的两类方法主要包括：拉氏指数分解法（Laspeyres Index Decomposition）和迪氏指数分解法（Divisia Index Decomposition）。

一、IDA 的基本形式

指数分解法若用数学语言来表达，其基本模型的思路是，假设目标变量 V 是 m 个部门之和，即 $V = \sum_{i=1}^{m} V_i$，目标变量 V 在 n 维空间里被分解成 n 个驱动因素的乘积，即：$V_i = x_{1,i} \times x_{2,i} \times x_{3,i} \times \cdots \times x_{n,i}$，则有 $V = \sum_{i=1}^{m} x_{1,i} \times x_{2,i} \times x_{3,i} \times \cdots \times x_{n,i}$，在时间周期 $[0, t]$ 内，目标变量 V 将从 $V^0 = \sum_{i=1}^{m} x_{1,i}^0 \times x_{2,i}^0 \times x_{3,i}^0 \times \cdots \times x_{n,i}^0$ 变化到 $V^t = \sum_{i=1}^{m} x_{1,i}^t \times x_{2,i}^t \times x_{3,i}^t \times \cdots \times x_{n,i}^t$，或者 $\Delta V =$

$V^t - V^0$，则指数分解法的基本表达式（包括乘法和加法）如下所示：

加法表达式为：

$$\Delta V_{tot} = V^t - V^0 = \Delta V_{x_1} + \Delta V_{x_2} + \Delta V_{x_3} + \cdots + \Delta V_{x_n} + \Delta V_{rsd} \tag{5-1}$$

乘法表达式为：

$$D_{tot} = \frac{V^t}{V^0} = D_{x_1} \times D_{x_2} \times D_{x_2} \times \cdots \times D_{x_n} \times D_{rsd} \tag{5-2}$$

式（5-2）中，角标 tot 表示总的变化；ΔV_{tot} 和 D_{tot} 分别代表目标变量的变化量；ΔV_{x_n}、D_{x_n} 分别代表第 n 个驱动因素 x_n 的变化量；ΔV_{rsd} 和 D_{rsd} 分别表示驱动因素分解的残差值。

二、Laspeyres 指数分解法

Paasche 指数分解法、Marshall-Edgeworth 指数分解法、Shapley 指数分解法和 Refined Laspeyres 指数分解法是拉氏指数分解法的四种不同分类。

用加法和用乘法表示的 Laspeyres 指数分解法略有不同，如下所示：

加法表达式为：

$$\Delta V_{x_k} = \sum_{i=1}^{m} x_{1,i}^0 \times x_{2,i}^0 \times x_{3,i}^0 \times \cdots (x_{k,i}^t - x_{k,i}^0) \cdots \times x_{n,i}^0 = \sum_{i=1}^{m} \frac{V_i^0 x_{k,i}^t}{x_{k,i}^0} - V^0$$

$$(i = 1, 2, 3, \cdots, m; \ k = 1, 2, 3, \cdots, n) \tag{5-3}$$

乘法表达式为：

$$D_{x_k} = \frac{\sum\limits_{i=1}^{m} x_{1,i}^0 \times x_{2,i}^0 \times x_{3,i}^0 \times \cdots x_{k,i}^0 \cdots \times x_{n,i}^0}{\sum\limits_{i=1}^{m} x_{1,i}^0 \times x_{2,i}^0 \times x_{3,i}^0 \times \cdots x_{k,i}^0 \cdots \times x_{n,i}^0}$$

$$= \frac{\sum\limits_{i=1}^{m} V_i^0 x_{k,i}^t / x_{k,i}^0}{V^0} = \sum_{i=1}^{m} \psi_i^0 x_{k,i}^t / x_{k,i}^0$$

$$(i = 1, 2, 3, \cdots, m; \ k = 1, 2, 3, \cdots, n; \ \psi_i = V_i / V) \tag{5-4}$$

Laspeyres 指数分解法因为其变化量分解不全，易存在严重残差值，从而导致分析结果的不合理，为进一步提高该计算结果的精确度，Sun（1998）对 Laspeyres 指数分解法进行了相应的拓展和完善，整理出没有残差值的 Refined Laspeyres 指数分解法，并将残差值中所被忽略的影响效应补充到计算结果当中[1]。鉴于 Refined Laspeyres 指数分解法的一般表达式较为复杂烦琐，尤其是当分解因素较多之时，计算公式将变得异常复杂，为应用带来诸多不便，为此本章选取的研究方法不涉及该方法，故在此不再赘述，但可参见 Sun（1998）[2] 的文献。

三、Divisia 指数分解法

根据 Divisia 指数分解方法的相关思路，我们可以利用目标变量 V 对时间 t 进行微分，其表达式为：

$$\frac{dV^t}{dt} = \sum_{k=1}^{n} \sum_{i=1}^{n} x_{1,i}^t \times x_{2,i}^t \times x_{3,i}^t \times \cdots x_{k-1,i}^t \times x_{k+1,i}^t \cdots x_{n,i}^t \times dx_{k,i}^t / dt$$

$$= \sum_{k=1}^{n} \sum_{i=1}^{n} V_i^t \times d\left(\ln x_{k,i}^t\right) / dt$$

$$(i=1, 2, 3, \cdots, m; k=1, 2, 3, \cdots, n) \tag{5-5}$$

对等式两边的 t 同时进行积分，则式（5-5）变化为：

$$\int_0^t \frac{dV^t}{dt} = V^t - V^0 = \sum_{k=1}^{n} \int_0^t \sum_{i=1}^{n} V_i^t \times d(\ln x_{k,i}^t)/dt \tag{5-6}$$

根据本章第一节 IDA 的加法形式，则有：

$$\Delta V_{x_k} = \int_0^t \sum_{i=1}^{m} V_i^t \times d(\ln x_{k,i}^t)/dt \tag{5-7}$$

同时，将式（5-5）的两边同时除以 V^t 之后，再对时间 t 进行积分，可得：

————————————

① Sun J W, " Accounting for Energy Use in China: 1980–1994", *Energy*, Vol. 23, Issue 10, 1998, pp. 835–849.

② Sun J W, "Changes in Energy Consumption and Energy Intensity: A Complete Decomposition Model ", *Energy Economics*, Vol. 20, Issue 1, 1998, pp. 85–100.

$$\int_0^t \frac{1}{V^t} \times \frac{dV^t}{dt} = in\left(\frac{V^t}{V^0}\right) = \sum_{k=1}^m \int_0^t \sum_{i=1}^m \psi_i^t \times d(\ln x_{k,i}^t)/dt$$

$$(i=1, 2, 3, \cdots, m; \ k=1, 2, 3, \cdots, n; \ \psi_i^t = V_i^t/V^t) \qquad (5-8)$$

将式（5-8）的两边同时对 e 的指数进行运算，根据 IDA 的乘法形式，可得：

$$D_{x_k} = \exp\left\{ \int_0^t \sum_{i=1}^m \psi_i^t \times d(\ln x_{k,i}^t)/dt \right\} \qquad (5-9)$$

式（5-7）为 Divisia 指数分解法的加法形式，式（5-9）为 Divisia 指数分解法的乘法形式，最为常见当属算术平均迪氏指数分解法（Arithmetic Mean Divisia Index Decomposition Method，AMDI）和对数平均迪氏指数分解法（Logarithmic Mean Divisia Index Decomposition Method，LMDI）。

（1）算术平均迪氏指数分解方法（AMDI）的分解模型如下：

加法形式：

$$\Delta V_{x_k} = \frac{1}{2} \sum_{i=1}^m (V_i^0 + V_i^t) \ln\left(\frac{x_{k,i}^t}{x_{k,i}^0}\right) \qquad (5-10)$$

乘法形式：

$$D_{x_i} = \exp\left\{ \frac{1}{2} \sum_{i=1}^m (\psi_i^0 + \psi_i^t) \ln\left(\frac{x_{k,i}^t}{x_{k,i}^0}\right) \right\} \qquad (5-11)$$

但由于 AMDI 指数分解法同样受到分解过程中残差值的困扰，致使该方法应用有限，因此，一种完全分解的方法——无残差值的对数平均迪氏指数分解法（LMDI）由此产生[1]。

（2）对数平均迪氏指数分解法（LMDI）的基本形式：

加法形式：

$$\Delta V_{x_k} = \sum_{i=1}^m L(V_i^t, V_i^0) \ln\left(\frac{x_{k,i}^t}{x_{k,i}^0}\right) = \sum_{i=1}^m \frac{V_i^t - V_i^0}{\ln V_i^t - \ln V_i^0} \ln\left(\frac{x_{k,i}^t}{x_{k,i}^0}\right) \qquad (5-12)$$

加法形式对应的总的分解表达式为：

[1] Ang B W, "Decomposition Aanalysis for Policymaking in Energy: Which Is the Prefered Method?", *Energy Policy*, Vol. 32, Issue 9, 2004, pp. 1131–1139.

$$\Delta V_{tot} = V^t - V^0 = \Delta V_{x_1} + \Delta V_{x_2} + \Delta V_{x_3} + \cdots + \Delta V_{x_n} \tag{5-13}$$

乘法形式：

$$D_{x_k} = \exp\left\{\sum_{i=1}^{m} \frac{L(V_i^t, V_i^0)}{L(V^t, V^0)} \ln\left(\frac{x_{k,i}^t}{x_{k,i}^0}\right)\right\} = \exp\left\{\sum_{i=1}^{m} \frac{\frac{V_i^t - V_i^0}{\ln V_i^t - \ln V_i^0}}{\frac{V^t - V^0}{\ln V^t - \ln V^0}} \times \ln\left(\frac{x_{k,i}^t}{x_{k,i}^0}\right)\right\}$$

$$\tag{5-14}$$

乘法形式对应的总的分解表达式为：

$$D_{tot} = \frac{V^t}{V^0} = D_{x_1} \times D_{x_2} \times D_{x_3} \times \cdots \times D_{x_n} \tag{5-15}$$

LMDI 分解方法虽然有效解决了残差值问题，但有个不容忽视的缺陷：如何有效处理 0 值问题，即对于像 $\Delta V_X = L(V^t, V^0) \ln\left(\frac{X^t}{X^0}\right)$ 中的变量 V^0、V^t、X^0、X^t 中的某一个变量为 0 或趋向于 0 时，会导致对数运算出现趋向于无穷的情况。有关学者如 Ang 和 Liu 等（2007）对该问题提出了八种处理 0 值的办法，具体如表 5-1 所示[①]。

表 5-1 LMDI 分解法中 0 值处理措施

八种情况	V^0	V^t	X^0	X^t	$\Delta V_X = L(V^t, V^0)\ln\left(\frac{X^t}{X^0}\right)$
1	0	+	0	+	$\Delta V_X = V^t$
2	+	0	+	0	$\Delta V_X = -V^0$
3	0	0	0	0	0
4	0	+	+	+	0
5	+	0	+	+	0
6	0	0	+	+	0

① Ang B W, Liu Na, "Handling Zero Values in the Logarithmic Mean Divisia Index Decomposition Approach", *Energy Policy*, Vol. 35, Issue 1, 2007, pp. 238-246.

续表

八种情况	V^0	V^t	X^0	X^t	$\Delta V_X = L\ (V^t,\ V^0)\ \ln\left(\dfrac{X^t}{X^0}\right)$
7	0	0	+	0	0
8	+	+	0	+	0

资料来源：根据相关文献资料整理所得。

四、研究方法的选取

贸易结构、部门能源消耗强度和技术进步等变化对能源消费变化的影响效应在 20 世纪 70 年代就已经开始运用指数分解分析方法进行研究[1]，并于 80 年代得到发展和逐步完善，从 90 年代开始，指数分解分析方法也逐渐被应用到温室气体、碳排放及 SO_2 等方面的研究之中（张明，2009）[2]。由于驱动因素变化对目标变量变化的影响可以逐年反映出来，为将潜在的变化原因表达更加详细，我们可以在获得时间序列数据的前提下选择时间序列分解法而不是区间分解方法（Ang and Lee, 1994; Ang, 1994）[3][4]。结合上述有关 Laspeyres 完全指数分解法和 LMDI 分解法、时间序列分解方式和区间分解方式相比以及有关碳排放影响因素研究方法的文献综述之后，再结合本章研究实际情况和数据可获得性等方面进行综合考虑，拟采用 LMDI 分解模型和区间分解方法两种方法分别对贵州产业部门隐含碳排放的影响因素进行研究讨论分析。

---

① 张炎治、聂锐：《能源强度的指数分解分析》，《管理学报》2008 年第 5 期。

② 张明：《基于指数分解的我国能源相关 CO_2 排放及交通能耗分析与预测》，博士学位论文，大连理工大学，2009 年。

③ Ang B W, Lee S Y, "Decomposition of Industrial Energy Consumption: Some Methodological and Application Issues", *Energy Economics*, Vol. 16, Issue 2, 1994, pp. 83-92.

④ Ang B W, "Decomposition of Industrial Energy Decomposition: The Energy Intensity Approach", *Energy Economics*, Vol. 1, Issue 16, 1994, pp. 163-174.

第二节 贵州产业部门隐含碳排放 LMDI 模型构建

根据 Kaya（1990）[1] 应用 IPAT 方程（Ehrlich and Holden，1971，1972）[2][3] 提出的碳排放 Kaya 恒等式，贵州产业部门隐含碳排放影响因素的模型是结合 LMDI 分解模型得出的，具体情况如下：

$$C = \sum_{i=1}^{n} C_i = \sum_{i=1}^{n} T \times \frac{T_i}{T} \times \frac{C_i}{T_i} \qquad (i=1, 2, \cdots, n) \qquad (5\text{-}16)$$

其中，C 表示贵州产业部门的隐含碳排放总量；C_i 表示第 i 产业部门的隐含碳排放量；T 表示产业部门的产出总额；T_i 表示第 i 产业部门中的产出额。

将式（5-16）表示为：

$$C = \sum_{i=1}^{n} Q \times S_i \times R_i \qquad (i=1, 2, \cdots, n) \qquad (5\text{-}17)$$

其中，Q=T 表示规模总量，即贵州产业部门的产出总额；$S_i = \dfrac{T_i}{T}$ 表示产出结构，即各产业部门产出额在产出总额中的占比；$R_i = \dfrac{C_i}{T_i}$ 表示隐含碳排放强度，即各产业部门完全碳排放系数。

式（5-17）的具体含义为，贵州产业部门中的隐含碳排放量 C 的变化来自于 Q 的变化（规模效应）、S_t 的变化（结构效应）以及 R_t 的变化（强

① Kaya Y, *Impact of Carbon Dioxide Emission Control on GNP Growth：Interpretation of Proposed Scenaries*, *Paper Presented at the IPCC Energy and Industry Subgroup*, Response Strategies Working Group, Paris France，1990.

② Ehrlich P R, Holden J P, "*Impact of Population Growth*", *Obstetrical & Gynecological Survey*, Vol. 26, Issue 11，1971，pp. 769-771.

③ Ehrlich, P R, Holden, J P, "*One Dimensional Economy*", *Bulletin of Atomic Scientists*, Vol. 28, Issue 5，1972，pp. 18-27.

度效应)[1]。

根据 LMDI 研究方法，我们定义从 0 年到 t 年的贵州产业部门中的隐含碳排放量的变化（总效应）为 ΔC，ΔC_Q 规模效应、ΔC_S 结构效应和 ΔC_R 强度效应共同决定了隐含碳排放量 ΔC。即：

$$\Delta C = C^t - C^0 = \sum_{i=1}^{n} Q^t S_i^t R_i^t - \sum_{i=1}^{n} Q^0 S_i^0 R_i^0 = \Delta C_Q + \Delta C_S + \Delta C_R \qquad (5-18)$$

$$\Delta C_Q = \sum_{i=1}^{n} \frac{C_i^t - C_i^0}{\ln C_i^t \ln C_i^0} \ln\left(\frac{Q^t}{Q^0}\right) \qquad (5-19)$$

$$\Delta C_S = \sum_{i=1}^{n} \frac{C_i^t - C_i^0}{\ln C_i^t - \ln C_i^0} \ln\left(\frac{S_i^t}{S_i^0}\right) \qquad (5-20)$$

$$\Delta C_R = \sum_{i=1}^{n} \frac{C_i^t - C_i^0}{\ln C_i^t - \ln C_i^0} \ln\left(\frac{R_i^t}{R_i^0}\right) \qquad (5-21)$$

第三节　数据来源及处理

本章的数据主要包括：贵州产业部门的产出总额、27 个产业部门产出额以及第四章计算得出的各产业部门的隐含碳排放量。除各产业部门的隐含碳排放量已由第四章计算得出外，其他数据均来源于 1997 年、2002 年、2007 年和 2012 年的《贵州投入产出表》和《贵州统计年鉴》。为分析贵州产业部门隐含碳排放的影响因素，我们还需计算出 $Q = T$（产出规模总量）、$S_i = \dfrac{T_i}{T}$（各产业部门产出额占总产出的份额）和 $R_i = \dfrac{C_i}{T_i}$（各产业部门隐含碳排放强度）；本章将 27 个产业部门划分为三个产业，与第四章的划分方式相同，

---

[1] 此处借鉴了 Krossman 和 Krueger（1991）所建立的国际贸易环境效应理论框架中国际贸易对环境影响的三种效应：规模效应、结构效应和技术效应。结合本章的实际情况分析，"规模效应"指经济增长对产业部门隐含碳排放的影响；"结构效应"指产业结构的变化对产业部门隐含碳排放的影响；"强度效应"指碳排放强度的变化对产业部门隐含碳排放的影响。

即：第一产业为 27 个产业中的 1 号产业农业，第二产业为 27 个产业部门中的 2~24 号产业，25~27 号产业为第三产业（见表 4-4）。

第四节　实证结果与讨论分析

基于 LMDI 模型，对贵州省经济发展中产业部门隐含碳排放的驱动因素进行分解，量化分析了经济发展规模、产业结构以及碳排放强度对隐含碳排放变化的影响。

一、总体的视角

从总体上来看，经济规模效应对隐含碳排放的增长起着明显的正向效应，碳排放强度和产业结构对隐含碳排放的影响不是特别明显，其中，产业结构效应在研究期间的前半段，即 1997~2002 年以及 2002~2007 年为正向的，而在剩余的研究期间内，产业结构效应转变为负向；碳排放强度效应在最开始的时间段内，即 1997~2002 年为正向的，而在余下的时间段内转变为负向，总效用在整个研究期间内对碳排放的作用始终是正向的（见表 5-3）。具体实证结果如下：

1. 经济规模效应

由表 5-2 可知，在研究期间，各个产业部门总产出呈现出逐渐递增的态势，从 1997 年的 1791.47 亿元飙升至 2012 年的 15927.73 亿元，增量为 14136.26 亿元，年均增长率高达 15.68%。贵州产业部门隐含碳排放从 1997 年的 1.24 亿吨一路攀升至 2012 年的 6.14 亿吨，增幅高达 395.16%，年均增长率为 11.25%。从各个产业部门总产出的变化以及贵州隐含碳排放的变化可以看出，经济规模变化与 CO_2 排放变化的方向一致，为碳排放的增长提供积极的正向作用，因此经济规模效应对隐含碳排放的贡献值一直表现为正值，并且在所分解的所有驱动因素当中，贡献值和贡献率最大（见表 5-3）。从贡献值的角度来看，在 1997~2002 年、2002~2007 年、2007~2012 年的三个时间段内，贡献值分别为 0.9968 亿吨、2.7309 亿吨以及 4.3630 亿吨，大体上来看，经济规模效应在整个研究时间段内表现为递增的趋势。从贡献率的角度来看，在 1997~2002 年、2002~2007 年、2007~2012 年的三个时间段内分别为 49.23%、563.66% 以及 182.49%。从整个研究期间来看，即在 1997~2012 年，经济规模效应贡献值累计为 6.4783 亿吨，由此可以说明，经济快速增长的背后伴随着 CO_2 的大量排放，是一种不合理的经济增长方式，究其原因主要是因为贵州当前的工业经济相对落后，为了实现工业强省的目标，不断出台措施大力促进工业化进程的推进，与此同时，经济的增长对能源消费、原材料、生产制造以及交通运输等方面的需求产生更大压力，而且高能耗和高排放部门作为贵州的基础产业部门，还将在未来的一段时间内存在和发展，再加上短期内生产技术水平、能源利用方式变化不大，随着经济的增长，经济规模效应势必会通过追加能耗，导致碳排放的不断增长。

2. 产业结构效应

由表 5-3 可知：产业结构效应对隐含碳排放的影响在前两个阶段内推动碳排放的增加，当进入到 2007~2012 年，产业结构效应开始转变为负值，说明产业结构效应开始抑制碳排放增加。具体表现为在 2007~2012 年，贡献值和贡献率依次为 -0.1724 亿吨、-7.21%。从整个研究期间来看，即 1997~2012 年，产业结构效应的累计贡献值为 0.4053 亿吨，一方面说明，前部分时间内产业结构效应对碳排放增长的贡献值太大；另一方面说明，贵州产业结构调整作用还没有完全发挥出来，需要继续坚定不移地进行产业结构优化升级和经济转型。

3. 碳排放强度效应

碳排放强度是指每单位总产出所带来的 CO_2 排放量。由此可见，碳排放强度受 CO_2 排放量和总产出两方面的影响，其中 CO_2 排放量又取决于能源消费总量和能源结构。故相对于能源强度而言，碳排放不仅受能源效率影响，更受能源结构的影响，是一个能源质量（清洁能源在能源结构中的比例）问题。强调碳排放强度的改善，不仅意味着提高能源使用效率，更意味着改进能源结构,提高能源使用质量。另外,一个国家或地区产出增加越快,碳排放强度下降就越快。由表5-2看出,贵州的隐含碳排放强度在整个研究期间大体上呈下降的趋势,在1997年、2002年、2007年及2012年分别为6.92吨/万元、11.17吨/万元、5.83吨/万元和3.85吨/万元,1997~2012年下降幅度高达44.36%。碳排放强度效应对碳排放增长的贡献值和贡献率除在1997~2012年时间段内为正值外,剩余的时间段内一直为负值,起到抑制碳排放增加的作用(见表5-3)。具体表现为,在1997~2002年这个时间段内,碳排放强度的贡献值和贡献率分别为:0.8546亿吨和42.21%;在2002~2007年这个时间段内,碳排放强度的贡献值和贡献率分别为:-2.4354亿吨和-502.67%;在2007~2012年这个时间段内,碳排放强度的贡献值和贡献率分别为:-1.7998亿吨和-75.28%。由于后两个时间段内碳排放强度的负向贡献值较大,故针对整个研究期间,即在1997~2012年,因碳排放强度效应减少1.9836亿吨排放量。究其原因,一方面是贵州经济不断快速发展,GDP始终保持着较高的增长速率,其中,GDP的增速在全国名列前茅;另一方面,贵州受到喀斯特地貌的控制,属于典型的生态脆弱区,近些年来资源紧缺、环境不断恶化以及碳排放量持续增加的问题更是愈演愈烈,各级领导对待资源环境问题不断加强重视,更是提出了守住发展与生态"两条底线"这一硬性要求,不断推进贵州进行能源结构调整、经济发展方式转型、产业结构调整等,最终达到碳排放强度下降的目标,使得碳排放强度效应不断趋向负值。

4. 总效应

由表5-3可知:总效应的贡献值始终为正值,即总效应在整个研究期间始终助推碳排放的增长,主要原因在于总效应受经济规模效应、产业结构效应和碳排放强度效应三方面的影响,而规模效应的正向作用远远大于结构效应和强度效应对碳排放的影响。具体来看,总效应在1997~2002年、2002~2007年以及2007~2012年这三个时间段内对碳排放增长的贡献值分别为:2.0248亿吨、0.4845亿吨、2.3908亿吨,故由于这三个阶段的积累,以至于在整个研究期间,碳排放量增加了4.9001亿吨,故贵州在碳减排的道路上还需继续努力。

表 5-2   1997~2012 年贵州产业部门总产出、隐含碳排放及强度情况

年份	1997	2002	2007	2012
总产出（亿元）	1791.47	2918.97	6428.46	15927.73
隐含碳排放（亿吨）	1.24	3.26	3.75	6.14
隐含碳排放强度（吨/万元）	6.92	11.17	5.83	3.85

资料来源：根据前述相关公式及数据整理计算所得。

表 5-3   贵州产业部门隐含碳排放影响因素分解

效应	1997~2002 年		2002~2007 年		2007~2012 年		1997-2012 年	
	贡献值（亿吨）	贡献率（%）	贡献值（亿吨）	贡献率（%）	贡献值（亿吨）	贡献率（%）	贡献值（亿吨）	贡献率（%）
经济规模效应	0.9968	49.23	2.7309	563.66	4.3630	182.49	6.4783	123.21
产业结构效应	0.1734	8.56	0.1890	39.01	-0.1724	-7.21	0.4053	8.27
碳排放强度效应	0.8546	42.21	-2.4354	-502.67	-1.7998	-75.28	-1.9836	-40.48
总效应	2.0248	100	0.4845	100	2.3908	100	4.9001	100

资料来源：根据前述相关公式及数据整理计算所得。

二、27 个产业部门的视角

27 个产业部门由于生产产品的差异性，导致各个部门对能源的需求量不同，以及各部门的劳动生产率、技术水平不同，最终导致各部门产出不同。贵州目前的经济发展模式，还未摆脱高排放、高污染的特点，故经济增长与碳排放之间还未形成完全脱钩关系，导致经济发展水平的高低与碳排放息息相关。由于各个部门的总产出水平参差不齐，使得 27 个产业部门的经济规模效应对碳排放增长的贡献值和贡献率存在一定差距。但大体上来说，27 个产业部门经济规模效应对碳排放增长均起着正向驱动作用。另外，贵州为了实现后发赶超的战略目标，不断进行产业结构调整，随着旧的高碳产业的淘汰、新的低碳产业的产生，使得产业结构处于动态变化过程中。相应地，各

个部门的碳排放强度也不断变化,因此碳排放受产业结构调整以及碳排放强度变化的影响。具体的分析结果如下:

1. 经济规模效应

从贡献值的角度,由表5-4可以看出,在1997~2002年、2002~2007年以及2007~2012年三个时间段内,27个产业部门的经济规模效应对碳排放的贡献值均为正数,并且可以明显看到一个趋势,除个别部门外,在研究期间的三个时间段内,绝大多数产业部门经济规模效应的贡献值逐渐递增,表现尤为突出的五个部门为:石油加工、炼焦及核燃料加工业,化学工业,建筑业,交通运输、仓储及邮政业以及其他服务业,这五个部门经济规模效应对碳排放的贡献值在2002~2007年和2007~2012年时间段内分别为:0.0427亿吨、0.0926亿吨,0.2909亿吨、0.5771亿吨,0.4033亿吨、0.6027亿吨,0.1496亿吨、0.3084亿吨和0.2118亿吨、0.4121亿吨,其中,2002~2007年相比于1997~2002年,这五个部门贡献值的增幅分别为:577.78%、195.63%、183.42%、184.95%和196.64%,2007~2012年相比于2002~2007年,这五个部门贡献值的增幅分别为:116.86%、98.86%、49.44%、106.15%和94.57%,足以看出这五个部门在产出不断增加的同时,排放了大量的CO_2。

当然,可喜的是,随着各级政府对能源环境问题的重视,各项节能减排措施落到实处,近年来,碳减排效果明显,各个部门贡献值的增幅不断减小。对于整个研究期间,因经济规模效应导致碳排放量增加最大的产业部门主要集中在建筑业,金属冶炼及压延加工业以及化学工业等,在研究的四个时间段内,跻身前十的产业部门一致,均为:农业,煤炭开采和洗选业及石油天然气开采业,化学工业,非金属矿物制品业,金属冶炼及压延加工业,电力、热力的生产和供应业,建筑业,交通运输、仓储及邮政业,批发零售业及餐饮业以及其他服务业。在1997~2002年、2002~2007年、2007~2012年和1997~2012年增加值排在前十位的产业部门因产出增加引起的隐含碳排放增量以及这十个部门的隐含碳排放增量占经济规模效应引起的所有部门隐含碳排放增加总和的比重依次分别为0.8497亿吨、85.24%,2.3786亿吨、

87.10%、3.9051亿吨、89.51%以及5.7612亿吨、88.93%。可以清楚地看出增加值排名前十的部门对碳排放的增加起着主导性作用，主要原因在于，尽管排名前十的部门在不同的时间段内排位有变动，但综合来看，几乎全部集中在第二产业，另外第三产业中的交通运输、仓储及邮政业，其他服务业以及第一产业农业在各个阶段也都跻身前十，造成这个局面的原因主要在于贵州仍需要不断推进工业化的进程以促进经济的发展，而工业向来以高耗能高排放著称，而且，随着城镇化水平的不断提高，对基础设施和交通等方面的需求也会增大，进而也会刺激工业生产不断增加，最终导致第二产业的碳排放量遥遥领先于第一、第三产业。

随着"工业强省"目标的提出，贵州省不断进行产业结构的调整，第三产业水平不断提高，而第三产业属于服务性质，随着经济水平的提高，居民对生活水平的追求越来越高，会增加对第三产业的需求，导致第三产业能源消耗量不断攀升，并且伴随着碳排放量的增加。从贡献率的角度（见表5-5），在整个研究期间内，各个产业部门规模效应的贡献率变化较大。其中，在1997~2002年贡献率排在前三位的产业分别为：纺织业（2418.24%）、煤炭开采和洗选业及石油天然气开采业（284.82%）以及金属矿采选业（132.59%）；在2002~2007年贡献率排在前三位的产业分别为：批发零售业及餐饮业（477.18%）、交通运输设备制造业（464.74%）以及水的生产和供应业（352.46%）；在2007~2012年贡献率排在前三位的产业分别为：非金属矿及其他矿采选业（2310.51%）、金属制品业（1268.58%）以及木材加工及家具制造业（1144.42%）；在1997~2012年贡献率排在前三位的产业分别为：服装皮革羽绒及其制造业（1373.41%）、其他制造业（611.32%）以及农业（600.68%）。

2. 产业结构效应

由表5-4我们可得：四个时间段所对应的27个产业部门的结构效应有正有负，其中1997~2002年为正数的产业部门数量为13个，负数的有14个；2002~2007年为正数的有14个，负数为13个；2007~2012年正数有9个，负数为18个。通过前三个时间段的分析可知，产业结构效应对碳排放增加的贡献值为负数的部门呈现出波动式增多的趋势，这在一定程度上抑制碳排放的高速增长，说明贵州产业部门的结构朝着优化的方向转化，即由"增排"转化为"减排"，这是一个比较良好的发展态势。纵观整个研究期间，即1997~2012年，结构效应为正数的有8个，负数为19个。从产业结构效应对碳排放增长的贡献值的大小来看，在四个时间段内，因产业结构效应导致产业部门隐含碳排放量增加最大的前十个产业部门大都包括燃气生产和供应业，交通运输、仓储及邮政业以及其他服务业等，四个时间段内跻身前十的产业部门变化较大。其中，1997~2002年，产业结构效应增加值排在前十的产业部门由于产业结构变动引起的隐含碳排放量增加总和为0.4151亿吨，2002~2007年为0.7132亿吨，2007~2012年为0.6189亿吨，这三个阶段产业结构效应显著，有利于我们继续推进优化产业结构的步伐，尽量使高污染高排放的第二产业向着低排放高附加值的第三产业转换。纵观整个研究期间，即1997~2012年产业结构变动引起的隐含碳排放量增加总和为0.9336亿吨。另外，从贡献率的角度来看，1997~2002年，贡献率排在前三位的部门为：其他制造业、造纸印刷及文教体育用品制造业以及燃气生产和供应业，这三个产业部门结构对碳排放增加的贡献率依次为：63585.03%、650.57%和53.11%；2002~2007年，贡献率排在前三位的部门为：金属制品业，木材加工及家具制造业以及石油加工、炼焦及核燃料加工业，这三个产业部门结构对碳排放增加的贡献率依次为：329.03%、322.23%和298.73%；2007~2012年，贡献率排在前三位的部门为：其他制造业，木材加工及家具制造业以及通用、专用设备制造业，这三个产业部门结构对碳排放增加的贡献率依次为：723.16%、519.40%和476.03%；1997~2012年，贡献率排在前三位的部门为：造纸印刷及文教体育用品制造业，纺织业，煤炭开采及洗选业及石油天然气开采业，这三个产业部门结构对碳排放增加的贡献率依次为：1147.92%、176.59%和96.28%。由此可见，各部门产业结构效应的贡献率差别较大，并且由于产业结构是变动的，在不同的时间段内，相同部门在不同时间段内的产业结构效应的贡献率也表现出较大的差别，我们目前需要做的就是让本来是高碳产业通过技术改造、产业升级等方式朝着低碳方向发展，使得高碳产业的结构效应越来越趋向于负值，达到抑制碳排放的目的。

3. 碳排放强度效应

由表5-4我们可得：在1997~2002年时间段内，27个产业部门的碳排放强度效应的贡献值有正有负，而在2002~2007年、2007~2012年碳排放强度效应的贡献值均为负值。纵观整个研究期间，即1997~2012年碳排放强度效应的贡献值有正有负。其中，1997~2002年为正数的产业部门数量为26个，负数的有1个；1997~2012年为正数的产业部门数量为1个，负数的有26个。因此，从整个研究期间来看，碳排放强度效用的贡献值为负数的部门越来越多，表明各个产业部门所对应的完全碳排放系数处于递减态势。

从贡献值的角度来看，在2002~2007年、2007~2012年以及1997~2012年因碳排放强度效应导致产业部门隐含碳排放量减少最大的前十位产业部门主要集中在煤炭开采和洗选业及石油天然气开采业、化学工业、金属冶炼及压延加工业等，其中煤炭开采和洗选业及石油天然气开采业，化学工业，金属冶炼及压延加工业，电力、热力的生产和供应业，建筑业，交通运输、仓储及邮政业，批发零售业及餐饮业以及其他服务业这八个部门在这三个时间段内均跻身到前十的产业部门行列中，剩余的两个部门在每个时间段内的变动较大。其中，2002~2007年，前十的产业部门隐含碳排放量加总减少2.1321亿吨，占碳排放强度效应导致的产业部门隐含碳排放减少总量的87.55%；2007~2012年减少1.6169亿吨，占89.84%；1997~2012年减少1.8788亿吨，占94.72%。由此可以清晰地看到，因碳排放强度效应导致产业部门隐含碳排放量减少最大的前十个产业部门在碳减排上作用巨大，为未来的减排工作指明方向。

从贡献率的角度来看，2002~2007年，减少碳排放贡献率前三的部门为石油加工、炼焦及核燃料加工业，批发零售业及餐饮业以及水的生产和供应业，这三个部门的贡献率分别为：-320.94%、-287.56%和-261.67%；2007~2012年，减少碳排放贡献率前三的部门为非金属矿及其他矿采选业、木材加工及家具制造业以及金属制品业，这三个部门的贡献率分别为：

-1743. 31%、-1563. 81%和-881. 41%；1997～2012 年，减少碳排放贡献率前三的部门为服装皮革羽绒及其制造业、木材加工及家具制造业以及农业，这三个部门的贡献率分别为：-412. 54%、-256. 47%和-239. 07%。

4. 总效应

由表 5-4 可知：在 1997～2002 年总效应为正数的产业有 26 个，负数有 1 个，说明促使产业部门隐含碳排放量增加的产业占96. 30%，具有减排效果的产业部门仅为造纸印刷及文教体育用品制造业；2002～2007 年为正数的产业有 13 个，负数有 14 个，48. 15%左右的产业部门促使产业部门隐含碳排放量增加；2007～2012 年为正数的产业有 21 个，负数有 6 个，具有减排效果的产业部门为金属矿采选业，纺织业，通用、专用设备制造业，电气机械及器材制造业，仪器仪表及文化办公用机械制造业和其他制造业，70%以上的产业部门促使产业部门隐含碳排放量的增加。在整个研究期间，即 1997～2012 年，由于经济规模效应的正向累计作用大于产业结构效应与碳排放强度效应的综合累计影响，使得在这个时间段内所有产业部门的总效应对碳排放的增长大体上起着促进作用，总效应为正数的产业有 25 个，负数有 2 个。

三、三次产业的视角

目前，贵州面临着发展经济、改善民生、保护环境和应对气候变化的多重挑战，控制碳排放的增长速度更是当前工作的重中之重。由于贵州的低碳减排技术远远落后于其他发达省份，且技术水平不可能一蹴而就，所以，通过技术升级提高能源利用效率、降低能源强度在短时间内不可能完成，这就需要我们另辟蹊径来完成碳减排目标。其中，由于居民收入水平不断提高，对服务业的需求越来越大，从而带动了第三产业的快速发展。由于第三产业属于低能耗高附加值的产业，与高能耗、高污染与高排放的第二产业相比，对碳排放的增长具有明显的抑制作用。因此，调整优化产业结构不仅有利于经济的发展，也有利于促进低碳减排目标的实现。从三次产业的角度分析各驱动因素对碳排放的影响，才能更好地把握产业结构调整的方向，具体的实证分析结果如下：

表5-4 贵州27个产业部门隐含碳排放影响因素分解

单位：亿吨

产业部门	1997~2002年				2002~2007年				2007~2012年				1997~2012年			
	ΔC_iQ	ΔC_iS	ΔC_iR	ΔC_i	ΔC_iQ	ΔC_iS	ΔC_iR	ΔC_i	ΔC_iQ	ΔC_iS	ΔC_iR	ΔC_i	ΔC_iQ	ΔC_iS	ΔC_iR	ΔC_i
农业	0.1026 (3)	-0.0929 (27)	0.0987 (4)	0.1084 (7)	0.1690 (6)	-0.0697 (26)	-0.2012 (23)	-0.1018 (26)	0.1791 (10)	-0.0363 (23)	-0.0789 (17)	0.0639 (10)	0.4232 (8)	-0.1843 (27)	-0.1684 (23)	0.0705 (12)
煤炭开采和洗选业及石油天然气开采业	0.0646 (7)	-0.0249 (25)	-0.0171 (27)	0.0227 (15)	0.1499 (8)	0.1840 (2)	-0.2334 (24)	0.1006 (4)	0.2812 (8)	0.1031 (3)	-0.2429 (26)	0.1414 (6)	0.4996 (5)	0.2548 (1)	-0.4898 (27)	0.2646 (8)
金属矿采选业	0.0029 (23)	-0.0034 (18)	0.0027 (23)	0.0022 (23)	0.0082 (22)	0.0046 (11)	-0.0056 (6)	0.0073 (11)	0.0105 (22)	-0.0106 (18)	-0.0052 (10)	-0.0053 (25)	0.0150 (21)	-0.0071 (15)	-0.0037 (7)	0.0042 (21)
非金属矿及其他矿采选业	0.0090 (16)	-0.0029 (16)	0.0184 (11)	0.0245 (14)	0.0181 (17)	-0.0087 (19)	-0.0278 (15)	-0.0184 (24)	0.0139 (17)	-0.0028 (12)	-0.0105 (14)	0.0006 (20)	0.0259 (18)	-0.0085 (16)	-0.0106 (15)	0.0068 (19)
食品制造及烟草工业	0.0463 (11)	-0.0182 (23)	0.0328 (8)	0.0609 (10)	0.0915 (11)	-0.0449 (24)	-0.0711 (17)	-0.0244 (25)	0.1160 (11)	0.0257 (6)	-0.0910 (19)	0.0507 (12)	0.2302 (11)	-0.0398 (25)	-0.1032 (18)	0.0871 (11)
纺织业	0.0032 (22)	-0.0068 (20)	0.0038 (21)	0.0001 (25)	0.0042 (25)	-0.0022 (16)	-0.0042 (4)	-0.0022 (20)	0.0022 (26)	-0.0038 (13)	-0.0016 (4)	-0.0032 (24)	0.0066 (25)	-0.0093 (17)	-0.0026 (6)	-0.0053 (27)

续表

产业部门	1997~2002 年				2002~2007 年				2007~2012 年				1997~2012 年			
	ΔC_iQ	ΔC_iS	ΔC_iR	ΔC_i	ΔC_iQ	ΔC_iS	ΔC_iR	ΔC_i	ΔC_iQ	ΔC_iS	ΔC_iR	ΔC_i	ΔC_iQ	ΔC_iS	ΔC_iR	ΔC_i
服装皮革羽绒及其制造业	0.0035 (21)	0.0026 (10)	0.0042 (19)	0.0103 (20)	0.0048 (24)	-0.0116 (20)	-0.0046 (5)	-0.0115 (23)	0.0026 (25)	0.0005 (9)	-0.0014 (2)	0.0017 (18)	0.0076 (24)	-0.0048 (14)	-0.0023 (4)	0.0006 (24)
木材加工及家具制造业	0.0027 (24)	-0.0031 (17)	0.0032 (22)	0.0028 (21)	0.0053 (23)	-0.0020 (15)	-0.0039 (3)	-0.0006 (15)	0.0061 (23)	0.0028 (8)	-0.0083 (11)	0.0005 (21)	0.0120 (22)	-0.0024 (12)	-0.0069 (12)	0.0027 (23)
造纸印刷及文教体育用品制造业	0.0086 (17)	-0.0204 (24)	0.0087 (15)	-0.0031 (27)	0.0119 (18)	-0.0043 (17)	-0.0095 (9)	-0.0019 (19)	0.0137 (18)	-0.0069 (17)	-0.0047 (8)	0.0021 (15)	0.0385 (16)	-0.0337 (22)	-0.0078 (13)	-0.0029 (26)
石油加工、炼焦及核燃料加工业	0.0063 (18)	-0.0003 (15)	0.0302 (9)	0.0362 (11)	0.0427 (13)	0.1043 (3)	-0.1121 (20)	0.0349 (6)	0.0926 (12)	-0.0261 (20)	-0.0026 (5)	0.0639 (10)	0.0720 (13)	0.0544 (6)	0.0086 (1)	0.1350 (10)
化学工业	0.0984 (4)	0.0002 (13)	0.0149 (12)	0.1135 (6)	0.2909 (3)	0.0319 (5)	-0.0884 (19)	0.2344 (1)	0.5771 (3)	-0.1200 (25)	-0.1574 (23)	0.2997 (3)	0.8470 (3)	-0.0392 (24)	-0.1603 (22)	0.6476 (3)

续表

产业部门	1997~2002年				2002~2007年				2007~2012年				1997~2012年			
	ΔC_iQ	ΔC_iS	ΔC_iR	ΔC_i	ΔC_iQ	ΔC_iS	ΔC_iR	ΔC_i	ΔC_iQ	ΔC_iS	ΔC_iR	ΔC_i	ΔC_iQ	ΔC_iS	ΔC_iR	ΔC_i
非金属矿物制品业	0.0584 (8)	-0.0483 (26)	0.0857 (5)	0.0959 (8)	0.1542 (7)	-0.0516 (25)	-0.0582 (16)	0.0444 (5)	0.2940 (7)	0.0902 (4)	-0.1431 (22)	0.2411 (5)	0.4701 (6)	-0.0838 (26)	-0.0050 (9)	0.3813 (7)
金属冶炼及压延加工业	0.1385 (2)	0.1260 (2)	0.1030 (3)	0.3675 (2)	0.4840 (1)	0.0266 (6)	-0.2825 (25)	0.2280 (2)	0.7211 (1)	-0.3245 (27)	-0.2721 (27)	0.1244 (8)	0.8626 (2)	0.0312 (7)	-0.1739 (24)	0.7199 (2)
金属制品业	0.0119 (13)	-0.0047 (19)	0.0050 (17)	0.0122 (17)	0.0226 (16)	-0.0155 (21)	-0.0118 (10)	-0.0047 (22)	0.0248 (16)	-0.0056 (16)	-0.0172 (15)	0.0020 (16)	0.0508 (15)	-0.0218 (20)	-0.0195 (16)	0.0095 (18)
通用、专用设备制造业	0.0107 (14)	-0.0089 (22)	0.0094 (14)	0.0111 (18)	0.0271 (15)	0.0071 (8)	-0.0203 (12)	0.0139 (8)	0.0346 (14)	-0.0332 (21)	-0.0084 (12)	-0.0070 (26)	0.0540 (14)	-0.0265 (21)	-0.0095 (14)	0.0180 (15)
交通运输设备制造业	0.0207 (12)	0.0008 (11)	0.0057 (16)	0.0272 (12)	0.0495 (12)	-0.0161 (22)	-0.0227 (13)	0.0106 (9)	0.0659 (13)	-0.0359 (22)	-0.0209 (16)	0.0091 (13)	0.1095 (12)	-0.0367 (23)	-0.0259 (17)	0.0470 (13)
电气机械及材料制造业	0.0090 (15)	0.0070 (7)	0.0101 (13)	0.0261 (13)	0.0307 (14)	0.0023 (12)	-0.0238 (14)	0.0092 (10)	0.0324 (15)	-0.0371 (24)	-0.0101 (13)	-0.0148 (27)	0.0360 (17)	-0.0098 (18)	-0.0057 (10)	0.0205 (14)

续表

产业部门	1997~2002 年				2002~2007 年				2007~2012 年				1997~2012 年			
	$\Delta C_i Q$	$\Delta C_i S$	$\Delta C_i R$	ΔC_i	$\Delta C_i Q$	$\Delta C_i S$	$\Delta C_i R$	ΔC_i	$\Delta C_i Q$	$\Delta C_i S$	$\Delta C_i R$	ΔC_i	$\Delta C_i Q$	$\Delta C_i S$	$\Delta C_i R$	ΔC_i
通信设备、计算机及其他电子设备制造业	0.0044 (19)	0.0040 (9)	0.0026 (24)	0.0110 (19)	0.0109 (19)	-0.0063 (18)	-0.0081 (7)	-0.0035 (21)	0.0121 (19)	-0.0048 (15)	-0.0049 (9)	0.0024 (14)	0.0190 (20)	-0.0033 (13)	-0.0058 (11)	0.0100 (17)
仪器仪表及文化办公用机械制造业	0.0009 (27)	-0.0001 (14)	0.0013 (25)	0.0021 (24)	0.0024 (27)	0.0002 (13)	-0.0027 (1)	-0.0001 (14)	0.0020 (27)	-0.0020 (11)	-0.0015 (3)	-0.0015 (22)	0.0027 (27)	-0.0011 (10)	-0.0011 (3)	0.0005 (25)
其他制造业	0.0042 (20)	-0.0081 (21)	0.0039 (20)	0.0000 (26)	0.0088 (21)	0.0062 (9)	-0.0092 (8)	0.0058 (12)	0.0120 (20)	-0.0157 (19)	0.0015 (1)	-0.0022 (23)	0.0224 (19)	-0.0161 (19)	-0.0026 (5)	0.0037 (22)
电力、热力的生产和供应业	0.0740 (5)	0.0498 (3)	0.1279 (2)	0.2518 (3)	0.2451 (4)	0.2647 (1)	-0.5106 (27)	-0.0007 (16)	0.3411 (5)	-0.1214 (26)	-0.0795 (18)	0.1402 (7)	0.4210 (9)	0.1653 (3)	-0.1949 (25)	0.3913 (6)
燃气生产和供应业	0.0014 (26)	0.0068 (8)	0.0047 (18)	0.0128 (16)	0.0096 (20)	0.0056 (10)	-0.0168 (11)	-0.0016 (18)	0.0111 (21)	-0.0047 (14)	-0.0047 (8)	0.0017 (17)	0.0061 (26)	0.0071 (8)	-0.0002 (2)	0.0130 (16)

产业部门	1997~2002年				2002~2007年				2007~2012年				1997~2012年			
	ΔC_iQ	ΔC_iS	ΔC_iR	ΔC_i	ΔC_iQ	ΔC_iS	ΔC_iR	ΔC_i	ΔC_iQ	ΔC_iS	ΔC_iR	ΔC_i	ΔC_iQ	ΔC_iS	ΔC_iR	ΔC_i
水的生产和供应业	0.0015 (25)	0.0003 (12)	0.0004 (26)	0.0022 (22)	0.0039 (26)	0.0001 (14)	-0.0029 (2)	0.0011 (13)	0.0055 (24)	-0.0007 (10)	-0.0036 (6)	0.0012 (19)	0.0088 (23)	0.0000 (9)	-0.0042 (8)	0.0046 (20)
建筑业	0.1423 (1)	0.1667 (1)	0.1771 (1)	0.4860 (1)	0.4033 (2)	-0.2759 (27)	-0.2947 (26)	-0.1672 (27)	0.6027 (2)	0.1652 (2)	-0.2315 (25)	0.5363 (1)	0.8699 (1)	0.1117 (5)	-0.1265 (20)	0.8551 (1)
交通运输、仓储及邮政业	0.0525 (9)	0.0233 (4)	0.0607 (6)	0.1365 (4)	0.1496 (9)	0.0258 (7)	-0.1761 (22)	-0.0007 (17)	0.3084 (6)	0.1750 (1)	-0.1175 (21)	0.3659 (2)	0.4680 (7)	0.1858 (2)	-0.1521 (21)	0.5017 (5)
批发零售业及餐饮业	0.0470 (10)	0.0093 (6)	0.0221 (10)	0.0785 (9)	0.1209 (10)	-0.0227 (23)	-0.0728 (18)	0.0253 (7)	0.1883 (9)	0.0087 (7)	-0.1078 (20)	0.0892 (9)	0.2990 (10)	-0.0013 (11)	-0.1047 (19)	0.1930 (9)
其他服务业	0.0714 (6)	0.0196 (5)	0.0345 (7)	0.1254 (5)	0.2118 (5)	0.0569 (4)	-0.1605 (21)	0.1082 (3)	0.4121 (4)	0.0485 (5)	-0.1741 (24)	0.2865 (4)	0.6006 (4)	0.1245 (4)	-0.2050 (26)	0.5201 (1)

注：表中括号里的数字表示各产业部门的排序，由于表中数据取四位小数，在表中数据中一致的数据在取六位小数时，大小不同，故排序不同，另外，取值为0.0000的数受四位小数的限制，其实际值不为0。

资料来源：根据前述相关公式及数据整理计算所得。

表5-5 贵州27个产业部门隐含碳排放影响因素分解的贡献率

单位：%

序号	产业部门	1997~2002年			2002~2007年			2007~2012年			1997~2012年		
		ΔC_iQ 贡献率	ΔC_iS 贡献率	ΔC_iR 贡献率	ΔC_iQ 贡献率	ΔC_iS 贡献率	ΔC_iR 贡献率	ΔC_iQ 贡献率	ΔC_iS 贡献率	ΔC_iR 贡献率	ΔC_iQ 贡献率	ΔC_iS 贡献率	ΔC_iR 贡献率
1	农业	94.64 (7)	-85.70 (23)	91.05 (4)	-165.97 (16)	68.43 (12)	197.55 (10)	280.38 (10)	-56.89 (19)	-123.49 (16)	600.68 (3)	-261.61 (25)	-239.07 (25)
2	煤炭开采和洗选业及石油天然气开采业	284.82 (2)	-109.62 (24)	-75.20 (25)	149.02 (10)	182.99 (6)	-232.01 (23)	198.87 (14)	72.95 (8)	-171.81 (17)	188.78 (14)	96.28 (3)	-185.06 (22)
3	金属矿采选业	132.59 (3)	-152.76 (26)	120.17 (2)	112.54 (13)	63.60 (13)	-76.13 (16)	-199.85 (24)	201.02 (5)	98.83 (3)	354.86 (8)	-167.11 (22)	-87.75 (18)
4	非金属矿及其他矿采选业	36.65 (19)	-11.74 (18)	75.09 (8)	-98.65 (15)	47.25 (16)	151.40 (13)	2310.51 (1)	-467.20 (27)	-1743.31 (27)	382.66 (7)	-125.74 (20)	-156.93 (21)
5	食品制造及烟草加工业	76.13 (9)	-29.97 (19)	53.84 (10)	-374.78 (20)	183.76 (5)	291.02 (7)	228.71 (12)	50.66 (9)	-179.37 (18)	264.10 (10)	-45.72 (16)	-118.38 (20)
6	纺织业	2418.24 (1)	-5231.65 (27)	2913.41 (1)	-194.40 (17)	100.09 (11)	194.31 (11)	-67.18 (22)	118.75 (7)	48.44 (5)	-125.83 (26)	176.59 (2)	49.25 (2)
7	服装皮革羽绒及其制品业	34.01 (21)	25.17 (8)	40.83 (13)	-41.86 (14)	101.47 (10)	40.39 (14)	148.86 (16)	30.01 (13)	-78.87 (14)	1373.41 (1)	-860.86 (27)	-412.54 (27)
8	木材加工及家具制造业	97.05 (5)	-109.99 (25)	112.94 (3)	-841.70 (24)	322.23 (2)	619.48 (5)	1144.42 (3)	519.40 (2)	-1563.81 (26)	447.30 (6)	-90.83 (19)	-256.47 (26)

续表

序号	产业部门	1997~2002 年			2002~2007 年			2007~2012 年			1997~2012 年		
		ΔC_iQ 贡献率	ΔC_iS 贡献率	ΔC_iR 贡献率	ΔC_iQ 贡献率	ΔC_iS 贡献率	ΔC_iR 贡献率	ΔC_iQ 贡献率	ΔC_iS 贡献率	ΔC_iR 贡献率	ΔC_iQ 贡献率	ΔC_iS 贡献率	ΔC_iR 贡献率
9	造纸印刷及文教体育用品制造业	-272.38 (26)	650.57 (2)	-278.19 (26)	-612.54 (23)	221.66 (4)	490.88 (6)	639.56 (5)	-321.96 (25)	-217.60 (20)	-1314.25 (27)	1147.92 (1)	266.33 (1)
10	石油加工、炼焦及核燃料加工业	17.28 (24)	-0.84 (16)	83.56 (7)	122.21 (12)	298.73 (3)	-320.94 (27)	144.82 (17)	-40.77 (17)	-4.05 (6)	53.32 (24)	40.28 (6)	6.39 (3)
11	化学工业	86.71 (8)	0.17 (15)	13.11 (24)	124.06 (11)	13.62 (18)	-37.69 (15)	192.59 (15)	-40.06 (16)	-52.53 (9)	130.80 (17)	-6.05 (13)	-24.75 (8)
12	非金属矿物制品业	60.93 (12)	-50.35 (21)	89.42 (5)	347.27 (4)	-116.21 (22)	-131.07 (18)	121.97 (19)	37.40 (11)	-59.38 (11)	123.27 (18)	-21.97 (14)	-1.31 (4)
13	金属冶炼及压延加工业	37.70 (18)	34.28 (6)	28.02 (19)	212.23 (6)	11.65 (19)	-123.88 (17)	579.53 (7)	-260.81 (22)	-218.72 (21)	119.82 (19)	4.33 (10)	-24.15 (7)
14	金属制品业	97.57 (4)	-38.16 (20)	40.60 (14)	-481.06 (21)	329.03 (1)	252.03 (8)	1268.58 (2)	-287.17 (24)	-881.41 (25)	535.83 (5)	-229.62 (24)	-206.21 (23)
15	通用、专用设备制造业	96.04 (6)	-80.39 (22)	84.35 (6)	195.55 (8)	50.87 (15)	-146.41 (19)	-496.99 (26)	476.03 (3)	120.96 (1)	299.53 (9)	-147.00 (21)	-52.53 (13)
16	交通运输设备制造业	76.02 (10)	3.01 (14)	20.98 (22)	464.74 (2)	-151.23 (23)	-213.51 (22)	724.67 (4)	-394.58 (26)	-230.09 (22)	233.12 (11)	-78.06 (18)	-55.06 (15)
17	电气机械及器材制造业	34.36 (20)	26.96 (7)	38.69 (15)	333.74 (5)	25.22 (17)	-258.96 (24)	-218.67 (25)	250.28 (4)	68.39 (4)	175.85 (15)	-47.95 (17)	-27.90 (9)

续表

序号	产业部门	1997~2002 年			2002~2007 年			2007~2012 年			1997~2012 年		
		$\Delta C_i Q$ 贡献率	$\Delta C_i S$ 贡献率	$\Delta C_i R$ 贡献率	$\Delta C_i Q$ 贡献率	$\Delta C_i S$ 贡献率	$\Delta C_i R$ 贡献率	$\Delta C_i Q$ 贡献率	$\Delta C_i S$ 贡献率	$\Delta C_i R$ 贡献率	$\Delta C_i Q$ 贡献率	$\Delta C_i S$ 贡献率	$\Delta C_i R$ 贡献率
18	通信设备、计算机及其他电子设备制造业	40.15 (16)	36.36 (4)	23.48 (21)	-314.45 (19)	181.81 (7)	232.64 (9)	497.06 (8)	-197.00 (21)	-200.06 (19)	190.45 (13)	-32.59 (15)	-57.86 (16)
19	仪器仪表及文化办公机械制造业	42.82 (15)	-3.54 (17)	60.71 (9)	-2600.03 (25)	-205.71 (24)	2905.74 (3)	-128.20 (23)	128.86 (6)	99.35 (2)	543.62 (4)	-221.37 (23)	-222.24 (24)
20	其他制造业	-32695.76 (27)	63585.03 (1)	-30789.27 (27)	151.03 (9)	106.97 (9)	-158.01 (21)	-553.88 (27)	723.16 (1)	-69.28 (13)	611.32 (2)	-440.61 (26)	-70.71 (17)
21	电力、热力的生产和供应业	29.41 (22)	19.77 (9)	50.82 (11)	-36051.23 (27)	-38929.67 (27)	75080.90 (1)	243.28 (11)	-86.61 (20)	-56.68 (10)	107.59 (21)	42.23 (5)	-49.82 (12)
22	燃气生产和供应业	10.54 (25)	53.11 (3)	36.35 (17)	-598.30 (22)	-350.12 (25)	1048.42 (4)	634.52 (6)	-267.80 (23)	-266.71 (23)	47.06 (25)	54.69 (4)	-1.75 (5)
23	水的生产和供应业	68.22 (11)	11.80 (13)	19.98 (23)	352.46 (3)	9.22 (20)	-261.67 (25)	455.58 (9)	-55.44 (18)	-300.14 (24)	191.88 (12)	-0.47 (11)	-91.41 (19)
24	建筑业	29.27 (23)	34.29 (5)	36.43 (16)	-241.16 (18)	164.95 (8)	176.21 (12)	112.37 (20)	30.80 (12)	-43.17 (8)	101.73 (22)	13.06 (9)	-14.80 (6)
25	交通运输、仓储及邮政业	38.45 (17)	17.05 (10)	44.49 (12)	-20780.34 (26)	-3577.62 (26)	24457.96 (2)	84.28 (21)	47.82 (10)	-32.10 (7)	93.29 (23)	37.02 (7)	-30.31 (10)

续表

序号	产业部门	1997~2002 年			2002~2007 年			2007~2012 年			1997~2012 年		
		$\Delta C_i Q$ 贡献率	$\Delta C_i S$ 贡献率	$\Delta C_i R$ 贡献率	$\Delta C_i Q$ 贡献率	$\Delta C_i S$ 贡献率	$\Delta C_i R$ 贡献率	$\Delta C_i Q$ 贡献率	$\Delta C_i S$ 贡献率	$\Delta C_i R$ 贡献率	$\Delta C_i Q$ 贡献率	$\Delta C_i S$ 贡献率	$\Delta C_i R$ 贡献率
26	批发零售业及餐饮业	59.90 (13)	11.90 (12)	28.20 (18)	477.18 (1)	-89.62 (21)	-287.56 (26)	211.01 (13)	9.76 (15)	-120.77 (15)	154.92 (16)	-0.66 (12)	-54.26 (14)
27	其他服务业	56.90 (14)	15.63 (11)	27.47 (20)	195.74 (7)	52.59 (14)	-148.34 (20)	143.84 (18)	16.92 (14)	-60.76 (12)	115.48 (20)	23.94 (8)	-39.42 (11)

注：表中括号里的数字表示各产业部门的排序。
资料来源：根据前述相关公式及数据整理计算所得。

1. 经济规模效应

由表5-7可以看出：三次产业在四个时间段内所对应的经济规模效应均为正数，表明按三次产业分类所对应的产出为递增状态。另外，在1997~2002年，第二产业因经济规模效应引起隐含碳排放量增加0.7233亿吨，占经济规模效应导致的产业部门隐含碳排放的72.56%，在同时间段内，第一、第三产业经济规模效应的贡献值分别为0.1026亿吨（占比10.29%）和0.1709吨（占比17.15%）；在2002~2007年，第二产业因经济规模效应引起隐含碳排放量增加2.0796亿吨，占经济规模效应导致的产业部门隐含碳排放的76.15%，在同时间段内，第一、第三产业经济规模效应的贡献值分别为0.1690亿吨（占比6.19%）和0.4822吨（占比17.66%）；在2007~2012年，第二产业因经济规模效应引起隐含碳排放量增加3.2750亿吨，占经济规模效应导致的产业部门隐含碳排放的75.06%，在同时间段内，第一、第三产业经济规模效应的贡献值分别为0.1791亿吨（占比4.11%）和0.9088亿吨（占比20.83%）；在1997~2012年，第二产业因经济规模效应引起隐含碳排放量增加4.6872亿吨，占经济规模效应导致的产业部门隐含碳排放的72.35%，在同时间段内，第一、三产业经济规模效应的贡献值分别为0.4232亿吨（占比6.53%）和1.3677亿吨（占比21.12%）。因此，从贡献率上看，三次产业的经济规模效应在所分析的三个驱动因素中，影响最大。

2. 产业结构效应

由表5-7我们可得：三次产业在四个时间段内所对应的产业结构效应有正有负。其中，1997~2002年为负数的是第一产业，其余两个产业为正；2002~2007年为负数的仍旧是第一产业，其余两个产业为正。这主要是因为在1997~2007年，第二、第三产业的产值在三次产业总产值中的比重均不断增加，分别为：1997的52.81%、23.83%，2002年的57.65%、27.33%以及2007年的58.76%、30.39%。与此同时，在这三年内，第一产业的产值在三次产业中的比重不断下降，具体表现为1997年的23.36%，2002年的15.01%以及2007年的10.84%（见表5-6）。其中，第二产业包括工业和建筑业。

目前，贵州的工业化进程仍不断推进，并且工业化依赖于煤炭等化石燃料的现状还没有从根本上改变。贵州经济发展起步晚，电力、钢铁、机械设备、汽车、造船、化工、电子、建材等工业仍然是其经济增长的主要动力，以机械、钢铁、石化为核心的重化产业群仍将成为进一步促进经济增长的至关重要的因素。这一重化工趋势意味着不可避免地要大量消耗能源和资源。此外，随着城镇化水平的不断提高，建设规模持续增加，而建筑大规模建造和建材大量生产必然要以大量的能源消耗为代价。因此，随着第二产业的不断发展，消耗的能源资源不断增加，必定造成贵州隐含碳排放的快速上升。另外，随着居民收入水平的提高，对服务业的需求越来越大，相应地增加能源消耗量，故随着第二、第三产业产值在总产出中的占比在 1997~2007 年逐渐递增，两者的产业结构效应在 2002~2005 年以及 2005~2007 年这两个时间段内表现为正向的，贡献值和贡献率在 1997~2002 年依次为 0.2141 亿吨、13.59% 和 0.0522 亿吨、15.34%，在 2002~2007 年依次为 0.1987 亿吨、43.82% 和 0.0600 亿吨、45.15%。此后，随着三次产业结构不断调整，第二产业的比重下降，同时，第一产业的比重继续下降，第三产业的比重明显增加，三次产业的占比在 2012 年依次为：9.02%、54.53% 和 36.45%。故第二产业的产业结构效应对碳排放的增长逐渐表现出负向作用，表现为：2007~2012 年结构效应为正数的是第三产业，其余两个产业为负；从整个研究期间来看，产业结构效应在 1997~2012 年为负数的是第一产业，其余两个产业为正。其中，产业结构效应对碳排放量的具体影响如下：1997~2002 年，因产业结构效应导致产业部门隐含碳排放量减少的产业是第一产业，其隐含碳排放量减少 0.0929 亿吨，占产业结构效应导致的隐含碳排放的 -53.58%，而导致产业部门隐含碳排放量增加的是第二产业和第三产业，其值分别为 0.2141 亿吨（占比 123.47%）和 0.0522 亿吨（占比 30.10%）；2002~2007 年，因产业结构效应导致产业部门隐含碳排放量减少的产业是第一产业，引起隐含碳排放量减少 0.0697 亿吨，占产业结构效应导致的隐含碳排放的 -36.88%，而导致产业部门隐含碳排放量增加的是第二产业和第三产业，其值分别为 0.1987 亿吨（占比 105.13%）和 0.0600 亿吨（占比 31.75%）；

2007~2012 年，因产业结构效应导致产业部门隐含碳排放量增加的是第三产业，其引起的隐含碳排放量增加值为 0.2322 亿吨，占产业结构效应导致的隐含碳排放的-134.76%，而导致产业部门隐含碳排放量减少的是第一产业和第二产业，其值分别为 -0.0363 亿吨（占比 21.07%）和 -0.3682 亿吨（占比 213.700%）；1997~2012 年，因产业结构效应导致产业部门隐含碳排放量减少的是第一产业，其引起的隐含碳排放量减少值为 0.1843 亿吨，占产业结构效应导致的隐含碳排放的-45.46%，而导致产业部门隐含碳排放量增加的是第二产业和第三产业，其值分别为 0.2807 亿吨（占比 69.24%）和 0.3090 亿吨（占比 76.22%）。

3. 碳排放强度效应

由表5-7 可知：首先，三次产业除在1997~2002 年所对应的碳排放强度效应为正数外，其余时间段均为负数，表明按三次产业分类所对应的完全碳排放系数呈现递减的趋势。其次，因碳排放强度效应导致产业部门隐含碳排放量减少最大的产业是第二产业，其中，2002~2007 年，第二产业因碳排放强度效应导致的隐含碳排放量减少 1.8248 亿吨，占产业强度效应导致的隐含碳排放减少总量的 74.93%，其次是第三产业和第一产业，分别减少 0.4094 亿吨（占比 16.81%）和 0.2012 亿吨（占比 8.26%）；2007~2012 年，第二产业减少碳排放量为 1.3216 亿吨，占比 73.43%，其次是第三产业和第一产业，分别减少 0.3993 亿吨（占比 22.19%）和 0.0789 亿吨（占比 4.38%）；1997~2012 年因碳排放强度效应而减少的隐含碳排放量从大到小依次为第二产业、第三产业和第一产业，其值分别为 1.3533 亿吨（占比 68.23%）、0.4618 亿吨（占比 23.28%）和 0.1684 亿吨（占比 8.49%）。综上可以看出，三次产业中，碳排放强度效应对碳减排的影响作用从大到小依次为：第二产业、第三产业和第一产业，究其原因主要是第二产业的隐含碳排放强度最大，接下来依次为第二产业和第一产业（见表5-6），可见第三产业在减排领域具有较大的潜力，需要适时地将其他高碳产业转换升级为第三产业，以缓解我国的碳减排压力。

4. 总效应

由表5-7可得：三次产业在四个时间段内所对应的总效应除了第一产业在2002~2007年为负值外，在其余时段，所有产业的总效应均为正值，说明贵州三次产业的发展依旧产生增排效果，减排工作刻不容缓。总效应对碳排放的增长影响最大的是第二产业。其中，在1997~2002年、2002~2007年、2007~2012年、1997~2012年，这四个时间段内第二产业因总效应引起的碳排放增加量分别为1.5760亿吨、0.4535亿吨、1.5852亿吨和3.6147亿吨，占总效应引起的碳排放增加的比重分别为77.83%、93.60%、66.30%和73.77%；接下来为第三产业，其总效应在这四个时间段的贡献值分别为0.3403亿吨（占比16.81%）、0.1328亿吨（占比27.41%）、0.7417亿吨（占比31.02%）和1.2149亿吨（占比24.79%）；第一产业总效应引起的碳排放增加量最小，其中2002~2007年，排放量减少了0.1018亿吨。综上，第一产业对碳排放的影响最小，其次是第三产业，在以后的经济发展中，要大力发展第一产业和第三产业，不断促进第二产业的转化，尽早实现碳减排的目标。

表5-6 贵州三次产业产值与隐含碳排放情况

年份＼产业	第一产业			第二产业			第三产业		
	产值（亿元）	隐含碳排放（亿吨）	隐含碳排放强度（吨/万元）	产值（亿元）	隐含碳排放（亿吨）	隐含碳排放强度（吨/万元）	产值（亿元）	隐含碳排放（亿吨）	隐含碳排放强度（吨/万元）
1997	418.49	0.1606	3.84	946.05	0.8675	9.17	426.94	0.2080	4.87
2002	438.25	0.2690	6.14	1682.83	2.4435	14.52	797.89	0.5484	6.87
2007	697.02	0.1672	2.40	3777.55	2.8970	7.67	1953.89	0.6812	3.49
2012	1437.00	0.2311	1.61	8685.00	4.4822	5.16	5806.00	1.4229	2.45

资料来源：根据前述相关公式及数据整理计算所得。

表 5-7　贵州三次产业隐含碳排放影响因素分解

年份	效应	第一产业		第二产业		第三产业	
		贡献值（亿吨）	贡献率（%）	贡献值（亿吨）	贡献率（%）	贡献值（亿吨）	贡献率（%）
1997~2002 年	规模效应	0.1026	94.64	0.7233	45.89	0.1709	50.19
	结构效应	-0.0929	-85.70	0.2141	13.59	0.0522	15.34
	强度效应	0.0987	91.05	0.6386	40.52	0.1173	34.47
	总效应	0.1084	100	1.5760	100	0.3404	100
2002~2007 年	规模效应	0.1690	-165.97	2.0796	458.54	0.4822	363.16
	结构效应	-0.0697	68.43	0.1987	43.82	0.0600	45.15
	强度效应	-0.2012	197.55	-1.8248	-402.36	-0.4094	-308.31
	总效应	-0.1018	100	0.4535	100	0.1328	100
2007~2012 年	规模效应	0.1791	280.38	3.2750	206.60	0.9088	122.54
	结构效应	-0.0363	-56.89	-0.3682	-23.23	0.2322	31.30
	强度效应	-0.0789	-123.49	-1.3216	-83.37	-0.3993	-53.84
	总效应	0.0639	100	1.5852	100	0.7417	100
1997~2012 年	规模效应	0.4232	600.68	4.6873	129.67	1.3677	112.58
	结构效应	-0.1843	-261.61	0.2807	7.76	0.3090	25.43
	强度效应	-0.1684	-239.07	-1.3533	-37.44	-0.4618	-38.01
	总效应	0.0705	100	3.6147	100	1.2149	100

资料来源：根据前述相关公式及数据整理计算所得。

第五节　本章小结

伴随着贵州经济在全国经济放缓新常态下继续保持高的增长态势，其背后是大量的能源资源消耗以及由此带来的碳排放的高速增长，在国家将积极应对全球气候变化纳入到国民经济和社会发展中长期规划中，贵州面临的碳减排压力也在日益递增，目前正在不断寻求减排途径，但是在寻求节能减排途径之前，我们需要明确一个问题：贵州碳排放量的不断攀升有着深层次的原因，而不仅仅是由于化石能源的大量消耗。基于此，为了挖掘出影响贵州隐含碳排放的具体因素，本章分别从指数分解法研究方法选取、贵州产业部门隐含碳排放 LMDI 模型构建、数据来源及处理以及实证讨论等四个方面对贵州产业部门隐含碳排放的驱动因素进行分析，以期为贵州减排计划指明方向，为低碳经济政策制定提供数据支撑。

本章重点分析了拉氏指数分解法和迪氏指数分解法的不同表达形式，通过对比得出：Laspeyres 指数分解法因为其变化量分解不全，易存在严重残差值从而导致分析结果的不合理，虽然 Sun（1998）对 Laspeyres 指数分解法进行了相应拓展和完善，整理出没有残差值的 Refined Laspeyres 指数分解法，但其一般表达式复杂烦琐，尤其是当涉及众多分解因素时，计算公式将变得异常复杂，为应用带来诸多不便；而对数平均迪氏指数分解法（LMDI）具有简单直观、易于理解、便于操作等优点，更重要的是解决了指数分解中的残差值问题，而被诸多学者广泛地应用于贸易结构、能源消耗、GHG 等领域中。

本章借鉴该研究方法的基本思路，同时兼顾实际情况和数据可获得性等方面的综合考虑，采用 LMDI 分解模型和区间分解方式分别从总体视角、27个产业部门的视角以及三次产业的视角对贵州隐含碳排放的影响因素具体分解为经济规模效应、产业结构效应和碳排放强度效应进行研究讨论分析，同时，鉴于加法形式和乘法形式具有异曲同工之妙，本章随机选取了加法形式作为研究范式，通过对计算结果的讨论分析，得出如下结论：

（1）总体的视角：从总体上来看，经济规模效应对隐含碳排放的增长起着明显的正向效应，碳排放强度和产业结构对隐含碳排放的影响不是特别明显。其中，产业结构效应在研究期间的前部分时间，即 1997～2002 年以及 2002～2007 年为正向的，而在剩余的研究期间内，产业结构效应转变为负向的；碳排放强度效应在最开始的时间段内，即 1997～2002 年为正向的，而在余下的时间段内转变为负向，而总效应在整个研究期间内对碳排放的作用始终是正向的。

（2）27 个产业部门的视角：大体上来说，27 个产业部门经济规模效应对碳排放增长均起着正向驱动作用；而贵州为了实现后发赶超的战略目标，不断进行产业结构调整，旧的高碳产业的淘汰、新的低碳产业的产生，使得产业结构处于动态变化过程中，相应地，各个部门的碳排放强度也不断变化，因此，碳排放强度和产业结构对隐含碳排放的影响不是单方向的；在整个研究期间，即1997~2012年，由于经济规模效应的正向累计作用大于产业结构效应与碳排放强度效应的综合累计影响，使得在这个时间段内所有产业部门的总效应对碳排放的增长大体上起着促进作用。

（3）三次产业的视角：三次产业在四个时间段内所对应的经济规模效应均为正数，并且三次产业的经济规模效应在所分析的三个驱动因素中，影响最大；三次产业在四个时间段内所对应的结构效应有正有负，而三次产业除在1997~2002年所对应的碳排放强度效应为正数外，其余时间段均为负数。其中，三次产业中，碳排放强度效应对碳减排的影响作用从大到小依次为：第二产业、第三产业和第一产业。三次产业在四个时间段内所对应的总效应除了第一产业在2002~2007年为负值外，在其余时段，所有产业的总效应均为正值，说明贵州三次产业的发展依旧产生增排效果，减排工作刻不容缓。

第六章 贵州产业部门隐含碳排放的关联效应

优化调整产业结构来降低碳排放无论是学术界还是决策者都已经达成共识。但由于经济系统内部各产业间存在着千丝万缕的关系，若对某一产业结构进行调整，必将引起其他产业一系列的连锁反应，整个国民经济都将会受到波及。因此，在运用调整产业结构的方式来降低碳排放时，要全面考量各产业间碳排放的关联性，竭力避免出现因产业结构调整而导致经济动荡的局面。鉴于此，本章以1997年、2002年、2007年和2012年的贵州投入产出数据作为研究基础，利用竞争型投入产出模型计算产业部门隐含碳排放的影响力系数和感应度系数，分析产业部门隐含碳排放的波及程度和感应程度，最终为贵州节能减排以及产业结构调整政策选择提供参考。

第一节 产业关联的内涵界定

美国著名经济学家 Leontief 于 1936 年在其发表的论文《美国经济制度中投入产出数量关系》中最先提出产业关联[1]。产业关联是指产业与产业之间通过产品供需而形成的相互关联、相互依存的内在联系，分别由影响力系数和感应度系数来测量（李峰，2007）[2]。关联度分为前向关联程度和后向关

---

① Leontief W, "Quantitative Input and Output Relations in Economics of United States", *Review of Economic Statics*, Vol. 18, Iusse 3, 1936, pp. 105–125.

② 李峰：《产业关联测度及其应用研究》，《山西财经大学学报》2007 年第 11 期。

联程度，前向关联程度主要反映主导产业部门与作为主导产业部门生产要素的产业之间的联系程度，一般以影响力系数来反映，是里昂惕夫逆矩阵的列元素之和除以全部产业各列系数和的均值。后向关联程度反映了主导产业部门与把主导产业作为最终使用的产业之间的联系程度，一般以感应度系数反映，是里昂惕夫逆矩阵的行元素之和除以全部产业各行系数和的均值（席雪红，2012）[1]。

一、产业影响力系数

影响力系数是反映贵州经济某一部门增加一个单位最终使用时，对贵州经济各部门所产生的生产需求波及程度。当影响力系数>1时，表示某一部门生产对其他部门所产生的波及影响程度超过社会平均影响水平；当影响力系数=1时，表示某一部门生产对其他部门所产生的波及影响程度等于社会平均影响水平；影响力系数<1时，表示某一部门生产对其他部门所产生的波及影响程度低于社会平均影响水平[2]。

二、产业感应度系数

感应度系数是反映贵州经济各部门均增加一个单位最终使用时，某一部门由此而受到的需求感应程度。当感应度系数>1时，表示某一部门受到的感应程度高于社会平均感应度水平；当感应度系数=1时，表示某一部门受到的感应程度等于社会平均感应度水平；当感应度系数<1时，表示某一部门受到的感应程度低于社会平均感应度水平[3]。

---

① 席雪红：《基于感应度系数和影响力系数的主导产业选择研究——以河南省为例》，《探索》2012 年第 3 期。

②③ 胡剑波、周葵、安丹：《开放经济下贵州产业部门及其 CO_2 排放的关联度分析——基于投入产出表的实证研究》，《中国经济问题》2014 年第 4 期。

第二节　影响力系数和感应度系数

一、影响力系数计算公式

影响力系数是反映贵州经济某一部门增加一个单位最终使用时，对贵州经济各部门所产生的生产需求波及程度，假设影响力系数为 F_j，其计算公式为：

$$F_j = \frac{\sum\limits_{i=1}^{n} \overline{b_{ij}}}{\frac{1}{n}\sum\limits_{i=1}^{n}\sum\limits_{j=1}^{n} \overline{b_{ij}}} \qquad (j = 1, 2, \cdots, n-1, n) \qquad (6-1)$$

其中，$\sum\limits_{i=1}^{n} \overline{b_{ij}}$ 为里昂惕夫逆矩阵的第 j 列之和，表示 j 部门增加一个单位最终产品，对贵州经济各部门产品的完全需求量；$\frac{1}{n}\sum\limits_{i=1}^{n}\sum\limits_{j=1}^{n} \overline{bij}$ 为里昂惕夫逆矩阵的列和的算数平均值。如果某一部门对其他部门的中间产品需求越大，则该部门的影响力越大，故常用来分析产业部门的后向关联度，即该部门对其他部门的拉动作用。显然，影响力系数 F_j 越大，表示第 j 部门对其他部门的拉动作用越大。若把贵州经济中全部产业部门的影响力系数在计算出来之后进行排序，排名位于前列的产业就是支柱产业（沈利生、吴振宇，2003）[①]。

二、感应度系数计算公式

1. 传统的感应度系数

感应度系数是反映贵州经济各部门均增加一个单位最终使用时，某一部

---

① 沈利生、吴振宇：《出口对贵州 GDP 增长的贡献——基于投入产出表的实证分析》，《经济研究》2003 年第 11 期。

门由此而受到的需求感应程度，假设感应度系数为 E_i，其计算公式为：

$$E_i = \frac{\sum\limits_{j=1}^{n} \overline{b_{ij}}}{\dfrac{1}{n}\sum\limits_{i=1}^{n}\sum\limits_{j=1}^{n} \overline{b_{ij}}} \qquad (i=1, 2, \cdots, n-1, n) \qquad (6-2)$$

式（6-2）中，$\sum\limits_{j=1}^{n} \overline{b_{ij}}$ 为里昂惕夫逆矩阵的第 i 行之和，反映当贵州经济各部门均增加一个单位最终使用时，对 i 部门产品的完全需求；$\dfrac{1}{n}\sum\limits_{i=1}^{n}\sum\limits_{j=1}^{n} \overline{b_{ij}}$ 为里昂惕夫逆矩阵的行和的算数平均值，反映当贵州经济各部门均增加一个单位最终使用时，对全体经济部门产品的完全需求均值。显然，感应度系数 E_i 越大，表示第 i 部门对其他部门的支撑作用越大。若把经济中全部产业部门的感应度系数在计算出来之后进行排序，排名位于前面的产业就是瓶颈产业；瓶颈产业会制约经济的发展，扩大瓶颈产业的供给就可以推动整个经济更快的发展（沈利生、吴振宇，2003）[①]。

2. 改进的感应度系数

相对于影响力系数而言，传统感应度系数的计算公式争议较大，质疑点集中在里昂惕夫逆矩阵的元素能否横向相加（Cai and Leung，2004；杨丽华，2011）。刘起运（2002）认为传统感应度系数的分子 $\overline{B}$ 矩阵的元素行向相加是不合理的，行向分析原则与 $\overline{B}$ 矩阵列向系数本质背道而驰，为此，可采用完全供给系数矩阵 $\overline{D}$ 的行向分析来替代。完全供给系数 $\overline{D}$ 矩阵对应元素 $\overline{d_{ij}}$ 表示的经济含义是第 i 部门产品的一个单位初始投入对第 j 部门产品的完全供给量，它既包括 i 部门产品对 j 部门产品的完全分配量，又包括 i 部门产品自身增加的一个初始投入量，而 $\overline{D}$ 矩阵同一行元素相加求和表示的经济含义则是第 i 部门产品一个单位初始投入对所有部门产品的完全供给量，即对贵州经济整体的推动力。完全分配系数 D 的计算公

---

① 沈利生、吴振宇：《出口对贵州 GDP 增长的贡献——基于投入产出表的实证分析》，《经济研究》2003 年第 11 期。

式为：

$$D = (I-H)^{-1} - I \qquad (6-3)$$

式（6-3）中，$H = \begin{bmatrix} h_{11} & h_{12} & \cdots & h_{1n} \\ h_{21} & h_{22} & \cdots & h_{2n} \\ \vdots & \vdots & \vdots & \vdots \\ h_{n1} & h_{n2} & \cdots & h_{nn} \end{bmatrix}$ 为直接分配系数矩阵，$h_{ij} = \dfrac{x_{ij}}{X_i}$

$(i, j = 1, 2, \cdots, n-1, n)$ 表示第 j 部门消耗的第 i 种中间产品在第 i 种产品总产出中所占比例，完全分配系数 D 对应的元素 d_{ij} 表示的经济含义是第 i 产品部门的一个单位的初始投入向第 j 部门提供的完全分配量。完全供给系数 $\overline{D}$ 是由完全分配系数 D 延伸出来的，即完全供给系数 $\overline{D}$ 的计算公式为：

$$\overline{D} = (I-H)^{-1} \qquad (6-4)$$

在此，我们将完全供给系数矩阵 $\overline{D}$ 引入传统的感应度系数之中，用 $\overline{d_{ij}}$ 替代原有的 $\overline{b_{ij}}$，于是经过修订后的新的感应度系数 E_i^* 计算公式变为：

$$E_i^* = \frac{\sum\limits_{j=1}^{n} \overline{d_{ij}}}{\dfrac{1}{n} \sum\limits_{i=1}^{n} \sum\limits_{j=1}^{n} \overline{d_{ij}}} (i = 1, 2, \cdots, n-1, n) \qquad (6-5)$$

式（6-5）中，$\sum\limits_{j=1}^{n} \overline{d_{ij}}$ 为完全供给系数矩阵的第 i 行之和，反映当贵州经济各部门均增加一个单位最终使用时，对 i 部门产品的完全需求；$\dfrac{1}{n} \sum\limits_{i=1}^{n} \sum\limits_{j=1}^{n} \overline{d_{ij}}$ 为完全供给系数矩阵的行和的算术平均值，反映当贵州经济各部门均增加一个单位最终使用时，对全体经济部门产品的完全需求均值。

第三节　隐含碳排放的影响力系数和感应度系数指标构建

一、隐含碳排放的影响力系数

借鉴上述影响力系数的思想内涵，利用式（6-1）以及本书第四章第一节中竞争型隐含碳排放模型构建的完全碳排放系数公式（4-13），则可知贵州产业部门隐含碳排放的影响力系数 FC_j^d，计算公式为：

$$FC_j^d = \frac{\sum\limits_{i=1}^{n} F_i \times \overline{b_{ij}^d}}{\frac{1}{n}\sum\limits_{i=1}^{n}\sum\limits_{j=1}^{n}(F_i \times \overline{b_{ij}^d})} \qquad (j = 1, 2\cdots, n-1, n) \qquad (6-6)$$

隐含碳排放影响力系数的经济含义如下：贵州经济某一产业部门增加一个单位最终使用时，对贵州经济各产业部门所产生的生产需求而引致隐含碳排放的波及程度，即该产业部门对其他部门隐含碳排放的拉动作用。当 $FC_j^d >$ 1 时，表示第 j 部门的生产对其他部门所产生的隐含碳排放的波及影响程度超过社会平均隐含碳排放影响水平；当 $FC_j^d = 1$ 时，表示第 j 部门的生产对其他部门所产生的隐含碳排放的波及影响程度等于社会平均隐含碳排放影响水平；当 $FC_j^d < 1$ 时，表示第 j 部门的生产对其他部门所产生的隐含碳排放的波及影响程度低于社会平均隐含碳排放影响水平。显然，隐含碳排放影响力系数 FC_j^d 越大，表示第 j 部门对其他部门引致的隐含碳排放的拉动作用越大。

二、隐含碳排放的感应度系数

同理，利用式（6-5）以及本书第四章第一节中竞争型隐含碳排放模型构建的完全碳排放系数公式（4-13），可求得贵州产业部门 CO_2 排放的感应

度系数 EC_i^{*d}，计算公式为：

$$EC_i^{*d} = \frac{\sum\limits_{j=1}^{n} \overline{d_{ij}^{d}} \times F_i}{\frac{1}{n}\sum\limits_{i=1}^{n}\sum\limits_{j=1}^{n} (\overline{d_{ij}^{d}} \times F_i)} \quad (i = 1, 2, \cdots, n-1, n) \quad (6-7)$$

隐含碳排放感应度系数的经济含义如下：贵州经济各部门均增加一个单位最终使用时，某一部门由此受到需求而产生的 CO_2 排放的感应程度，即该产业部门产生隐含碳排放对其他部门的支撑作用。当 $EC_i^{*d} > 1$ 时，表示第 i 部门受到的隐含碳排放感应程度高于社会平均隐含碳排放感应度水平；当 $EC_i^{*d} = 1$ 时，表示第 i 部门受到的隐含碳排放感应程度等于社会平均隐含碳排放感应度水平；当 $EC_i^{*d} < 1$ 时，表示第 i 部门受到的隐含碳排放感应程度低于社会平均隐含碳排放感应度水平。显然，隐含碳排放感应度系数 EC_i^{*d} 越大，表示第 i 部门产生的隐含碳排放对其他部门的支撑作用越大。

第四节　数据来源及处理

为了保证数据资料详细、统一和可靠，本章分析主要以 1997 年、2002 年、2007 年和 2012 年的贵州投入产出调查表（价值型）与 1997 年、2002 年、2007 年和 2012 年各产业部门能源消费量为基础，用于测算贵州经济发展中产业部门隐含碳排放以及随时间变化的趋势，这些投入产出表来源于贵州统计局贵州经济核算司，《贵州统计年鉴》来源于贵州统计局。《投入产出表》与《贵州统计年鉴》均以贵州经济产业分类标准为依据和基础对能源消耗的产业进行分类，但是两者之间稍微存在一定偏差，为了使不同产业部门类型之间的口径统一并达到方便处理数据的目的，本章将 27 个产业部门划分为三个产业，与第四章的划分方式相同，即：第一产业为 27 个产业中的 1 号产业农业，第二产业为 27 个产业部门中的 2~24 号产业，25~27 号产业为第三产业（见表 4-4）。

第五节　实证结果与讨论分析

通过上述有关贵州产业部门及其隐含碳排放的影响力系数和感应度系数计算公式以及经过处理后的相关数据，运用 Matlab7.0 计量软件，我们即可得到贵州 27 个产业部门对应的影响力系数和感应度系数及其隐含碳排放的影响力系数和感应度系数与排序，具体结果如表 6-1 和表 6-2 所示。

一、影响力系数分析

1. 产业部门影响力系数分析

在 1997 年、2002 年、2007 年和 2012 年贵州经济发展中产业影响力系数大于 1 的产业部门的个数分别为：15 个、15 个、16 个和 15 个，在整个研究期间产业影响力系数大于 1 的部门个数变化不大，主要是因为贵州经济基本呈现出稳步发展趋势，没有较大的经济波动（见表 6-1）。影响力系数大于 1 的产业部门全部集中在第二产业，且以制造业居多。这说明工业，特别是制造业对社会生产具有较大辐射力，对贵州经济整体发展具有明显的促进作用，这与当前贵州仍处于工业化进程中，第二产业是贵州经济发展的主导力量的事实是相吻合的。金属制造业、化学工业和建筑业等部门均属于传统的重工业部门，为资本密集型产业，其产品要么为其他部门提供原材料、要么具有中间产品和投资品的性质，因而对其他产业的影响较大。第一产业（农业）影响力系数全部小于 1，并且在这四年一直处于 27 个产业部门影响力系数的最后三名之内，说明第一产业（农业）对社会的辐射能力相对较弱。这主要是因为贵州的农业生产多为传统方式，机械化程度不高，对其他部门的需求较小，加上农业部门的产品更多的是作为消费品直接进入最终产品市场，或者作为其他部门的原材料投入生产，故其影响力系数低完全在情理之中。第三产业的影响力系数除 2012 年外，其余年份全部大于第一产业的影响力系数，但在这四年中，第三产业的影响力系数也全部小于 1，并且其排名基本全在 20 名之后，说明第三产业对其他产业的影响力小于社会平均水平。这主要是因为贵州第三产业的发展相对来说还比较薄弱，对其他产业的影响力还没有完全发挥出来。

2. 产业部门隐含碳排放影响力系数分析

在 1997 年、2002 年、2007 年和 2012 年贵州经济发展中的产业隐含碳排放影响力系数大于 1 的产业部门的个数分别为：14 个、11 个、11 个和 10 个，且全部集中在第二产业（见表 6-1）。其含义为：这些产业部门在增加一个单位的最终使用时，会引发对其他产业部门产品的需求，而在需求驱动的作用下，其他产业部门在生产过程中会造成较高的 CO_2 排放，即这些部门对其他产业所产生 CO_2 排放的波及影响程度较高。石油加工、炼焦及核燃料加工业在整个研究期间除 1997 年以外其余年份的隐含碳排放影响力系数一直高居前两位，主要是因为该产业在除 1997 年的其余三年的隐含碳排放强度稳居前三位。非金属矿物制品业和金属冶炼及压延加工业的隐含碳排放影响力系数在这四年内一直居于前五位，究其原因是由于这两个产业的隐含碳排放强度在这四年稳居前六，其产业影响力系数一直也是在前十。

从短期来看，产业结构调整的内容应该是那些产业影响力系数较小，而碳排放的影响力系数较大的产业。对这些产业进行调整，既有助于碳排放量的降低，又会对经济增长、贵州经济的稳定产生较大影响，因此贵州在进行产业结构调整时，可以将此类产业作为重点产业进行调整。第一产业（农业）的隐含碳影响力系数在这四年中全部是小于 1 的，并且其隐含碳排放系数在 27 个产业部门中都是处于后五位的，可见第一产业隐含碳影响力对其他产业的隐含碳排放影响程度较小。第三产业的隐含碳排放影响力系数也都是小于 1 的，但是第三产业中交通运输、仓储及邮政业的隐含碳排放影响力系数大于第三产业中的另外两个产业（批发零售业及餐饮业和其他服务业），这是因为交通运输、仓储及邮政业的发展需要较多交通运输业，石油加工、炼焦及核燃料加工业，电力、热力的生产和供应业等的直接投入，也直接造成了这些产业大量的碳排放。

表6-1　1997~2012年贵州27个产业部门及隐含碳排放影响力系数

产业部门	1997年		2002年		2007年		2012年	
	F_j^d	FC_j^d	F_j^d	FC_j^d	F_j^d	FC_j^d	F_j^d	FC_j^d
农业	0.6789 (27)	0.4648 (27)	0.6914 (27)	0.4353 (26)	0.6717 (27)	0.4163 (27)	0.7187 (25)	0.4532 (24)
煤炭开采和洗选业及石油天然气开采业	0.9405 (20)	1.7408 (1)	0.8664 (20)	1.0490 (8)	0.9083 (18)	0.9047 (13)	0.9397 (27)	0.7390 (18)
金属矿采选业	1.0192 (14)	0.7344 (22)	0.9236 (18)	0.6571 (21)	0.9030 (20)	0.7542 (20)	0.7097 (26)	0.5747 (21)
非金属矿及其他矿采选业	0.9936 (17)	0.8628 (18)	0.9504 (17)	0.9709 (12)	0.9074 (19)	0.7656 (18)	0.7883 (22)	0.5979 (20)
食品制造及烟草加工业	0.9525 (19)	0.6215 (24)	0.8982 (19)	0.4867 (25)	0.7939 (23)	0.5122 (23)	0.7249 (24)	0.3944 (27)
纺织业	1.0828 (11)	1.0387 (12)	1.0826 (9)	1.0489 (9)	1.1007 (9)	1.0522 (11)	1.0000 (15)	0.8912 (15)
服装皮革羽绒及其制造业	1.1105 (5)	0.9005 (15)	1.1754 (4)	0.9455 (14)	1.0902 (11)	0.9157 (12)	1.0217 (13)	0.8423 (16)
木材加工及家具制造业	1.0832 (10)	0.8560 (19)	1.1062 (8)	0.8133 (18)	1.0314 (15)	0.8196 (17)	0.7901 (21)	0.4050 (26)
造纸印刷及文教体育用品制造业	0.9952 (16)	0.8142 (20)	1.0409 (14)	0.7351 (20)	1.0487 (13)	0.8520 (16)	0.8721 (9)	0.7147 (19)
石油加工、炼焦及核燃料加工业	0.9538 (18)	1.1223 (10)	0.9870 (16)	3.0789 (2)	1.2527 (2)	1.6167 (2)	1.2096 (5)	1.8659 (1)
化学工业	1.0932 (8)	1.3710 (4)	1.0406 (15)	0.9541 (13)	1.0599 (12)	1.3718 (8)	1.2167 (4)	1.6567 (4)

续表

产业部门	1997年		2002年		2007年		2012年	
	F_j^d	FC_j^d	F_j^d	FC_j^d	F_j^d	FC_j^d	F_j^d	FC_j^d
非金属矿物制品业	1.1001 (7)	1.3654 (5)	1.0662 (10)	1.4320 (3)	1.1193 (8)	1.8739 (1)	1.1974 (7)	1.8493 (2)
金属冶炼及压延加工业	1.1558 (3)	1.4828 (3)	1.1634 (5)	1.4114 (4)	1.1340 (6)	1.5583 (4)	1.2455 (2)	1.7141 (3)
金属制品业	1.2570 (1)	1.5393 (2)	1.1576 (6)	1.1477 (7)	1.2176 (3)	1.4923 (5)	1.1476 (10)	1.3099 (10)
通用、专用设备制造业	1.0580 (12)	1.0353 (13)	1.1285 (7)	1.0234 (11)	1.1228 (7)	1.1941 (9)	1.1479 (9)	1.3169 (9)
交通运输设备制造业	1.1065 (6)	1.0762 (11)	1.0543 (12)	0.8135 (17)	1.0947 (10)	1.1604 (10)	1.2438 (3)	1.3628 (7)
电气、机械及器材制造业	1.1240 (4)	1.1489 (9)	1.2860 (1)	1.2464 (5)	1.2008 (4)	1.3923 (6)	1.2691 (1)	1.5491 (5)
通信设备、计算机及其他电子设备制造业	1.0113 (15)	0.8950 (16)	1.0448 (13)	0.7419 (19)	1.0328 (14)	0.8821 (14)	1.1281 (11)	0.9764 (11)
仪器仪表及文化办公用机械制造业	0.9108 (22)	0.7350 (21)	1.0631 (11)	0.8766 (16)	1.0107 (16)	0.8746 (15)	0.8049 (20)	0.5663 (22)
其他制造业	0.7954 (24)	0.6252 (23)	0.7705 (25)	0.4818 (24)	0.6954 (25)	0.4633 (25)	1.0108 (14)	0.8958 (14)
电力、热力的生产和供应业	0.9308 (21)	1.1870 (8)	0.8254 (22)	1.0457 (10)	0.9817 (17)	0.7609 (19)	1.1094 (12)	0.9059 (12)
燃气生产和供应业	1.0258 (13)	1.0172 (14)	1.2412 (2)	1.9439 (2)	1.3648 (1)	1.5780 (3)	1.2059 (6)	1.3489 (8)

续表

产业部门	1997 年		2002 年		2007 年		2012 年	
	F_j^d	FC_j^d	F_j^d	FC_j^d	F_j^d	FC_j^d	F_j^d	FC_j^d
水的生产和供应业	1.0880 (9)	1.1923 (7)	0.7987 (24)	0.6560 (22)	0.8536 (21)	0.7179 (22)	0.9898 (16)	0.7908 (17)
建筑业	1.1617 (2)	1.2475 (6)	1.2115 (3)	1.2350 (6)	1.1445 (5)	1.3871 (7)	1.1883 (8)	1.4684 (6)
交通运输、仓储及邮政业	0.8827 (23)	0.8917 (17)	0.8198 (23)	0.8773 (15)	0.8301 (22)	0.7229 (21)	0.9127 (18)	0.8983 (13)
批发零售业及餐饮业	0.7613 (25)	0.5299 (25)	0.8668 (21)	0.4882 (23)	0.7384 (24)	0.5076 (24)	0.6436 (27)	0.4057 (25)
其他服务业	0.7271 (26)	0.5043 (26)	0.7395 (26)	0.4044 (27)	0.6909 (26)	0.4534 (26)	0.7638 (23)	0.5065 (23)

注：括号里面的数字表示各产业部门的排序。

资料来源：根据前述相关公式及数据整理计算所得。

二、感应度系数分析

1. 产业部门感应度系数分析

在1997年、2002年、2007年和2012年贵州经济发展中产业感应度系数大于1的产业部门的个数分别为：7个、7个、11个和9个，产业感应度系数大于1的产业均属于第二产业，且以制造业居多（见表6-2）。其中，石油加工、炼焦及核燃料加工业，金属矿采选业及仪器仪表及文化办公用机械制造业这三个产业在这四年中，其产业部门的感应度系数一直居高不下，基本全部都居于前五位。这表明，在社会经济规模迅速扩大的过程中，能源产业对贵州经济具有较大的推动作用，承受着较大的社会需求压力，容易成为制约贵州经济发展的"瓶颈"产业。近几年的油价上涨、油荒、电荒等现象，都充分说明了能源紧缺对贵州经济的制约作用。当经济高速增长时，社会各产业部门势必会加大投入力度，而这些产业部门若不能满足其他产业部门的需求，就会制约贵州经济发展步伐；当经济增长减缓时，社会各产业部门势必会纷纷减少投入，而这些产业部门若还一如既往地保持较高的供应量，就会形成供过于求的境况，造成社会资源浪费的局面。在这四年中，第一产业（农业）感应度系数是在波动中下降的，一直小于1。2007～2012年，其系数下降主要是受到金融危机和世界经济低迷的影响，加之贵州经济发展进入新常态后，其系数又有所回落，作为基础产业的农业对经济发展的制约作用弱化。在整个研究期间，第三产业的感应度系数全部小于1，主要是因为贵州经济水平始终处于全国最底层，尤其是第三产业各个方面都不是很成熟和完善，因此其感应力系数相对较小。

2. 产业部门隐含碳排放感应度系数分析

在1997年、2002年、2007年和2012年贵州经济发展中产业隐含碳排放感应度系数大于1的产业部门的个数分别为：6个、1个、13个和9个，且这些产业部门全部集中在第二产业（见表6-2），这说明贵州经济各产业部门均增加一个单位的最终使用时，会需要这些产业部门的产品投入，而这些部门在生产这些供给产品过程中，会造成较高程度的 CO_2 排放，即这些产业部门因受到其他产业部门需求而产生的 CO_2 排放感应程度颇高。这些产业部门较高的隐含碳排放系数也是造成 CO_2 大量排放的重要原因。但是有些 CO_2 排放强度较低的产业却具有较高的 CO_2 排放感应度系数,究其原因在于社会各产业部门对这些部门产品的需求旺盛。贵州第一产业(农业)和第三产业的隐含碳感应力系数全部都小于 1,说明第一产业和第三产业受到其他产业需求产生碳排放的感应程度较低,另外,第一产业和第三产业的隐含碳排放强度相对第二产业来说较低,排名比较靠后,这可以作为未来产业结构调整的一个方向。

三、综合关联分析

根据影响力系数和感应度系数对各部门进行分类,以社会平均值 1.0 为界,可以将"影响力系数—感应度系数"分割为四个象限,同时也可以将"隐含碳排放影响力系数—隐含碳排放感应度系数"分割为四个象限。根据计算得出的各部门影响力系数和感应度系数,以社会平均值 1.0 为界,产业部门可以划分为强辐射强制约、强辐射弱制约、弱辐射强制约、弱辐射弱制约等四类,强辐射表示影响力系数大于 1 的产业,反之为弱辐射产业;强制约表示感应度系数大于 1 的部门,反之为弱制约部门(黄素心、王春雷,2011)[①]。根据 1997 年、2002 年、2007 年以及 2012 年贵州产业及其隐含碳排放关联度系数(见表 6-1 和表 6-2),具体分析如下:

(1)处于第一象限的部门为产业部门影响力系数和感应度系数都大于 1 的部门,这些部门具有强辐射和强制约的双重性质。在这四年中,没有任何产业部门一直位于第一象限,这也就意味着贵州没有产业部门的影响力和感应度系数同时高于社会平均水平。影响力系数和感应度系数都高于社会平均水平是指这些部门是其他部门所消耗的中间产品的主要供应者,同时,在生产过程中又大量消耗其他部门的产品,具有较强的辐射作用,是拉动贵州经济

---

① 黄素心、王春雷:《产业部门重要性测算:基于假设抽取法的实证》,《统计与决策》2011年第 9 期。

表6-2 1997~2012年贵州27个产业部门及隐含碳排放感应度系数

产业部门	1997年		2002年		2007年		2012年	
	E_i^{*d}	EC_i^{*d}	E_i^{*d}	EC_i^{*d}	E_i^{*d}	EC_i^{*d}	E_i^{*d}	EC_i^{*d}
农业	0.4164 (26)	0.2050 (26)	0.3858 (25)	0.0788 (27)	0.4093 (25)	0.1571 (27)	0.2965 (25)	0.1155 (26)
煤炭开采和洗选业	0.8030 (12)	2.5501 (2)	0.9624 (9)	0.6967 (3)	0.7129 (16)	0.7261 (16)	0.5622 (16)	0.3958 (19)
石油及天然气开采业	1.5265 (2)	0.9799 (8)	2.9167 (2)	0.7558 (2)	1.3981 (7)	1.0213 (12)	2.3139 (3)	1.6334 (5)
金属矿采选业	0.9381 (9)	0.6267 (18)	0.6668 (14)	0.3141 (4)	0.8477 (12)	0.5718 (18)	0.7098 (13)	0.3654 (20)
非金属矿及其他矿采选业	0.3579 (27)	0.1711 (27)	0.2771 (26)	0.0485 (27)	0.3492 (26)	0.1593 (26)	0.2403 (26)	0.0814 (27)
食品制造及烟草加工业	0.9093 (10)	0.9206 (10)	1.2071 (5)	0.5707 (6)	1.5031 (6)	1.5524 (5)	3.5128 (1)	2.8545 (2)
纺织业	0.7052 (18)	0.5031 (20)	0.4022 (24)	0.1337 (23)	2.0996 (1)	1.5674 (4)	1.1228 (7)	0.7844 (13)
服装皮革羽绒及其制造业	1.0672 (6)	0.6756 (17)	0.6284 (15)	0.1821 (19)	1.3971 (8)	1.0889 (10)	0.5048 (17)	0.1723 (24)
木材加工及家具制造业	1.0198 (7)	0.6965 (14)	1.0202 (7)	0.2975 (15)	1.7671 (5)	1.3165 (7)	1.9971 (4)	1.6537 (4)
造纸印刷及文教体育用品制造业	5.6202 (1)	6.1231 (1)	6.2568 (1)	18.7364 (1)	1.9083 (2)	3.4565 (1)	1.8149 (5)	4.8506 (1)
石油加工、炼焦及核燃料加工业	0.7711 (15)	1.2602 (4)	0.4996 (19)	0.2279 (17)	0.6087 (20)	1.0509 (11)	0.4656 (19)	0.9498 (11)
化学工业	0.6108 (22)	0.9268 (9)	0.5317 (17)	0.4283 (11)	0.6834 (18)	1.9654 (3)	0.4388 (21)	1.2281 (8)
非金属矿物制品业								

续表

产业部门	1997 年		2002 年		2007 年		2012 年	
	E_i^{*d}	EC_i^{*d}	E_i^{*d}	EC_i^{*d}	E_i^{*d}	EC_i^{*d}	E_i^{*d}	EC_i^{*d}
金属冶炼及压延加工业	0.6780 (21)	1.2186 (5)	0.4779 (20)	0.3202 (13)	0.4933 (24)	1.0028 (13)	0.4083 (23)	0.8917 (12)
金属制品业	1.2440 (4)	1.6678 (3)	1.1382 (6)	0.4849 (9)	1.8005 (4)	2.4392 (2)	0.9045 (12)	0.9873 (10)
通用、专用设备制造业	0.8175 (11)	0.7475 (13)	1.2146 (4)	0.4422 (10)	1.1600 (10)	1.1247 (9)	0.9807 (10)	1.1539 (9)
交通运输设备制造业	0.7252 (17)	0.6944 (15)	0.5975 (16)	0.1697 (20)	0.4953 (23)	0.4709 (21)	0.5742 (14)	0.6194 (16)
电气、机械及器材制造业	1.2125 (5)	1.1683 (6)	0.9657 (8)	0.4181 (12)	0.7759 (14)	0.8756 (15)	1.0274 (9)	1.3213 (6)
通信设备、计算机及其他电子设备制造业	0.9627 (8)	0.6843 (16)	0.8276 (10)	0.2030 (18)	1.3569 (9)	0.8925 (14)	1.1086 (8)	0.7659 (14)
仪器仪表及文化办公用机械制造业	1.3853 (3)	0.8483 (11)	1.7902 (3)	0.5680 (6)	1.8453 (3)	1.1652 (8)	1.3571 (6)	0.6420 (15)
其他制造业	0.7862 (14)	0.3870 (24)	0.6982 (13)	0.1411 (22)	0.7710 (15)	0.3282 (23)	3.2849 (2)	2.3706 (3)
电力、热力的生产和供应业	0.8023 (13)	0.9935 (7)	0.7278 (11)	0.5434 (7)	0.6926 (17)	0.4804 (20)	0.5659 (15)	0.4809 (17)
燃气生产和供应业	0.6882 (19)	0.5533 (19)	0.4386 (23)	0.4925 (8)	1.0809 (11)	1.4635 (6)	0.9394 (11)	1.3146 (7)
水的生产和供应业	0.7268 (16)	0.7525 (12)	0.5253 (18)	0.1627 (21)	0.5994 (21)	0.4969 (19)	0.4660 (18)	0.3216 (21)
建筑业	0.4757 (25)	0.4461 (22)	0.2203 (27)	0.0984 (24)	0.2594 (27)	0.3129 (24)	0.1996 (27)	0.2571 (22)

续表

产业部门	1997年		2002年		2007年		2012年	
	E_i^{*d}	EC_i^{*d}	E_i^{*d}	EC_i^{*d}	E_i^{*d}	EC_i^{*d}	E_i^{*d}	EC_i^{*d}
交通运输、仓储及邮政业	0.4808 (24)	0.4714 (21)	0.7023 (12)	0.3141 (4)	0.7893 (13)	0.6704 (17)	0.4407 (20)	0.4010 (18)
批发零售业及餐饮业	0.6820 (20)	0.4238 (23)	0.4437 (22)	0.0900 (25)	0.6728 (19)	0.4078 (22)	0.4101 (22)	0.2238 (23)
其他服务业	0.5872 (23)	0.3045 (25)	0.4774 (21)	0.0813 (26)	0.5230 (22)	0.2354 (25)	0.3533 (24)	0.1640 (25)

注：括号里面的数字表示各产业部门的排序。

资料来源：根据前述相关公式及数据整理计算所得。

发展的重要支柱产业，这也反映出贵州的产业链很不完善。在这四年中，产业部门隐含碳影响力系数和隐含碳感应度系数都大于 1 的部门，即全都处于第一象限的部门有 1 个，即：石油加工、炼焦及核燃料加工业，该产业是隐含碳排放重要的来源地。

（2）处于第二象限为影响力系数小于 1 而感应度系数高于社会平均水平的部门，属于弱辐射力但制约力却比较强的部门，在这四年中，没有一直属于该象限的产业部门。根据产业部门的隐含碳关联度系数分析得出，同样没有产业部门隐含碳排放影响力系数低于社会平均水平、隐含碳感应度系数高于社会平均水平的部门。

（3）处于第三象限的部门为影响力系数与感应度系数均低于社会平均水平的部门，其辐射力和制约力都比较弱。在研究期间一直处于这一象限的部门有：煤炭开采和洗选业及石油和天然气开采业，非金属矿及其他矿采选业，食品制造及烟草加工业，农业，交通运输、仓储及邮政业，批发零售业及餐饮业和其他服务业，这七个产业部门大都属于第一产业和第三产业，其产业部门的影响力系数和感应度系数均小于 1。这说明第一产业和第三产业发展较为落后和薄弱，对其他产业部门的影响和感应程度较低。根据产业部门的隐含碳关联度系数分析，有七个产业部门其隐含碳关联度系数均小于 1，这些部门包括了全部的第一产业和第三产业，同时还有一部分发展较为成熟的轻工业部门，主要有：农业，非金属矿及其他矿采选业，食品制造及烟草加工业，通信设备、计算机及其他电子设备制造业，交通运输、仓储及邮政业，批发零售业及餐饮业和其他服务业。对比分析，农业，批发零售业及餐饮业，其他服务业，非金属矿及其他矿采选业，食品制造及烟草加工业以及交通运输、仓储及邮政业这六个产业部门的影响力系数和感应度系数以及隐含碳排放影响力系数和感应度系数均小于 1，说明这六个产业部门既是贵州经济发展中发育不足的产业又是隐含碳排放较小的产业。

（4）处于第四象限的部门为影响力系数大于 1 而感应度系数小于社会平均值的部门，属于辐射力较强而制约力较弱的部门。就产业部门的影响力系数和感应度系数来说，一直位于该象限的产业有三个：化学工业，金属冶炼及压延加工业以及建筑业，这类产业部门发展较为成熟，且以下游产业居多，对贵州经济发展的拉动作用较强。这三个产业部门的影响力系数大于1，而感应度系数小于1，它们受其他产业部门发展制约程度较小，但是是对贵州经济整体发展拉动较大的产业部门。根据产业部门的隐含碳关联度系数分析，位于该象限的有建筑业以及非金属矿及其他矿采选业这两个产业部门的隐含碳排放感应度系数小于1，而隐含碳排放影响力数大于1。将两类系数对比分析，建筑业既是影响力系数大于1、感应度系数小于1，又是隐含碳排放感应度系数小于1、隐含碳排放影响力系数大于1的部门。

第六节　本章小结

根据本书第四章的分析，我们知道产业部门是碳排放的重要来源地之一，因此通过优化调整产业结构来降低碳排放成为实现减排目标的必经之路。然而，由于经济系统内部各产业间存在着千丝万缕的关系，若对某一产业结构进行调整，必将引起其他产业一系列连锁反应，整个国民经济将会受到波及。因此，在运用调整产业结构的方式来降低碳排放时，要全面考量各产业间碳排放的关联性，竭力避免出现因产业结构调整而导致经济动荡的局面。基于以上分析，本章借助关联系数的思想，利用投入产出模型计算出各产业部门及其隐含碳排放的影响力系数和感应度系数，从影响力系数、感应度系数以及综合关联分析三个视角，分析了产业部门及其隐含碳排放的波及程度和感应程度，以期为贵州节能减排以及产业结构调整政策选择提供参考。通过分析发现：

（1）从影响力系数的角度来看，产业部门影响力系数大于1的产业部门全部集中在第二产业，且以制造业居多。产业部门隐含碳排放影响力系数大于1的产业部门全部集中在第二产业。石油加工、炼焦及核燃料加工业在整个研究期间除1997年以外其余年份的隐含碳排放影响力系数一直高居前两位。

（2）从感应度系数的角度分析，得出产业部门感应度系数大于1的产业均属于第二产业，且以制造业居多；其中，石油加工、炼焦及核燃料加工业，金属矿采选业和仪器仪表及文化办公用机械制造业这三个产业基本全部都居于前五位。产业部门隐含碳排放感应度系数大于1的产业部门全部集中在第二产业，这说明贵州经济各产业部门均增加一个单位的最终使用时，会需要这些产业部门的产品投入，而这些部门在生产这些供给产品过程中，会造成较高程度的CO_2排放，即这些产业部门因受到其他产业部门需求而产生的CO_2排放感应程度颇高。

（3）从综合关联分析的视角出发，在整个研究期间发现贵州没有任何产业部门的影响力系数和感应度系数一直同时高于社会平均水平。贵州产业部门隐含碳影响力系数和隐含碳感应度系数都一直大于1的部门有1个，即：石油加工、炼焦及核燃料加工业。贵州没有产业部门为影响力系数小于1而感应度系数高于社会平均水平。根据产业部门的隐含碳关联度系数分析得出，同样没有产业部门隐含碳排放影响力系数低于社会平均水平、隐含碳感应度系数高于社会平均水平。贵州影响力系数与感应度系数均低于社会平均水平的部门有七个，另外根据产业部门的隐含碳关联度系数分析，同样有七个产业部门其隐含碳关联度系数均小于1，这些部门包括了全部的第一产业和第三产业，同时还有一部分发展较为成熟的轻工业部门。贵州影响力系数大于1而感应度系数小于社会平均值的产业部门有三个，另外根据产业部门的隐含碳关联度系数分析，建筑业以及非金属矿及其他矿采选业这两个产业部门的隐含碳排放感应度系数小于1，而隐含碳排放影响力系数大于1。产业结构调整的应该是产业影响力系数较小、碳排放影响力系数较大的产业，通过对贵州各产业部门的关联系数分析，可以清晰地知道贵州哪些产业属于产业影响力系数较小、碳排放影响力系数较大的产业，这为贵州利用调整产业结构降低碳排放而又不影响经济发展提供了有力的支撑。

第七章 贵州产业部门隐含碳排放的脱钩效应

伴随着贵州经济在全国经济放缓新常态下继续保持较高的增长态势，各个产业部门的产出在整体上持续增加，但其背后是大量的能源资源消耗以及由此带来的碳排放的高速增长。目前，碳排放问题已经成为贵州能否有效坚守发展与生态"两条底线"的关键一环。本章利用产业部门总产出及投入产出法测算出来的各产业部门的隐含碳排放数据，构建出 Tapio 脱钩理论模型，并且从总体视角、27 个产业部门视角以及三次产业视角对产出与隐含碳排放间的脱钩弹性值及脱钩状态进行详细分析，以期为贵州节能减排、优化产业结构等提供基础数据。

第一节 脱钩弹性系数测算方法

20 世纪 60 年代，经济合作与发展组织（OECD）提出了脱钩理论，并于 20 世纪末期将该理论从农业政策研究拓展到环境领域。脱钩，即经济增长与环境冲击耦合关系的破裂或者打破经济绩效与环境负荷之间的关系（张小平、郭灵巧，2013）①。当涉及经济发展与环境污染问题时，脱钩就是指突破经济增长对环境污染排放的路径依赖，即经济处于不断增长态势，而环境

---

① 张小平、郭灵巧：《甘肃省经济增长与能源碳排放间的脱钩分析》，《地域研究与开发》2013 年第 5 期。

污染排放却在逐渐下降（王星，2015）[1]。要准确评价一个国家或地区的经济增长与环境污染的脱钩状态或者脱钩程度时，还需要构建脱钩评级指标或者脱钩模型，而目前的主要方法有 OECD 开发的脱钩指数分析法（OECD，2002）[2] 和 Tapio 提出的脱钩弹性分析法（Tapio，2005）[3]。

一、OECD 脱钩指数模型

OECD（2002）构建了脱钩指数与脱钩因子，利用比较终期年与基期年的变化情况作为判断该时期经济体系与环境系统是否呈现脱钩关系的依据。具体计算公式为：

$$F = 1 - D = 1 - \dfrac{\dfrac{EP_{t_i}}{DP_{t_i}}}{\dfrac{EP_{t_0}}{DP_{t_0}}} \qquad (7-1)$$

式（7-1）中，F 表示脱钩因子；D 表示脱钩指数；EP 表示环境压力指标值，可用资源能源消耗或者废弃物排放来表示；DP 表示驱动力指标值，一般用 GDP 或者产出来表示；t_0 表示选定某一年作为基准年，t_i 表示选定某一年作为终期年。脱钩因子 F 取值范围为 $(-\infty, 1]$，可以根据脱钩因子的变化值来判断经济体系和环境系统是否脱钩。该值大于 0，说明资源消耗和经济增长存在脱钩关系，值越大越能说明两者之间的脱钩关系，即绝对脱钩（F>0，且接近 1）或者相对脱钩（F>0，且接近 0）；该值小于等于 0，说明资源消费和经济增长存在耦合关系，即没有脱钩（F≤0）。

① 王星：《雾霾与经济发展——基于脱钩与 EKC 理论的实证分析》，《兰州学刊》2015 年第 12 期。

② OECD, *Indicators to Measure Decoupling of Environmental Pressures from Economic Growth*, Paris: Organization for Economic Co-operation and Development, 2002.

③ Tapio P, "Towards a Theory of Decoupling: Degrees of Decoupling in the EU and the Case of Road Traffic in Finland between 1970 and 2001", *Transport Policy*, Vol. 12, Issue 2, 2005, pp. 137-151.

二、Tapio 脱钩弹性模型

在实证研究中，一系列的弹性系数，如生态弹性（Richard York et al.，2003）[1]、价格弹性（Vander et al.，2005）[2]、收入弹性（Steinberger et al.，2010）[3] 被用来分析环境负荷和其他驱动力之间的关系。因 OECD 的"脱钩指数"方法存在诸多局限，芬兰的 Petri Tapio 教授在 2005 年提出了"脱钩弹性"的概念，即引入货运量的 GDP 弹性因子以测度货运量的增长与经济增长的脱钩关系，具体计算公式为：

$$E = \frac{\%\Delta VOL}{\%\Delta GDP} \tag{7-2}$$

式（7-2）中，E 表示脱钩弹性系数，$\%\Delta VOL$ 表示运输量的变化率，$\%\Delta GDP$ 表示 GDP 或者产出的变化率。Tapio 根据脱钩弹性的大小，把脱钩指标分为负脱钩、脱钩和连接三种状态，并在此基础上进一步细分为弱负脱钩、强负脱钩、增长负脱钩、衰退脱钩、强脱钩、弱脱钩、衰退连接和增长连接等八大类。

三、经济增长与碳排放脱钩弹性模型构建

Tapio 的"脱钩弹性"模型相较于 OECD 的"脱钩指数"，综合考量了总量变化与相对量变化两类指标，进一步提高了脱钩关系测度和分析的客观性、科学性和准确性（UNEP，2011）[4]。基于此，本书借鉴 Tapio 脱钩弹性

① Richard York，Eugene A. Rosa，Thomas Dietz，"Stirpat，Ipat and Im pact：Analytic Tools for Un-packing the Driving Forces of Environmental Impacts"，*Ecological Economics*，Vol. 46，Issue 3，2003，pp. 351-365.

② Voet E Vander，Oers L Van，Moll S，et al.，*Policy Review on Decoupling：Development of Indicators to Assess Decoupling of Economic Development and Environmental Pressure in the EU-25 and AC-3 Countries* CML Report 166，Department Industrial Ecology，Universitair Grafisch Bedrijf，Leiden，2005.

③ Steinberger J，Krausmann F，Eisenmenger N，"Global Patterns of Materials Use：Socioeconomic and Geophysical Analysis"，*Ecological Economics*，Vol. 69，Issue 5，2010，pp. 1148-1158.

④ UNEP，*Decoupling Natural Resource Use and Environmental Impacts from Economic Growth*，International Resource Panel (IRP) of the United Nations Environment Programme，2011.

来分析经济增长与碳排放之间的脱钩所处的状态，即以某一弹性值范围作为脱钩状态的界限来探讨经济增长与能源消费碳排放的相关性。具体计算公式如下：

$$DI = \frac{\dfrac{(C_t - C_{t-1})}{C_{t-1}}}{\dfrac{(G_t - G_{t-1})}{G_{t-1}}} = \frac{\dfrac{\Delta C}{C}}{\dfrac{\Delta G}{G}} = \frac{\%\Delta C}{\%\Delta G} \tag{7-3}$$

式（7-3）中，DI 表示脱钩弹性系数，$\%\Delta C$ 表示能源消耗产生的 CO_2 排放量的变化率，$\%\Delta G$ 表示经济增长的变化率，即 GDP 或者产出的变化率。t 为当期，C_t、G_t 分别表示当期的 CO_2 排放量（单位：万吨）和 GDP 或者产出（单位：亿元）；t-1 为基期，C_{t-1}、G_{t-1} 分别表示基期的 CO_2 排放量（单位：万吨）和 GDP 或者产出（单位：亿元）。ΔC 表示当前和基期的 CO_2 排放差额，ΔG 表示当期与基期的 GDP 差额或者产出差额。根据 CO_2 排放变化率与 GDP 变化率或者产出变化率的正负以及脱钩弹性系数值的不同，借鉴 Tapio（2005）的分类标准，我们可以将经济增长与能源消费碳足迹的脱钩关系分为八种类型（见表 7-1）。

表 7-1 经济增长与隐含碳脱钩等级分类表

脱钩状态		脱钩指标		弹性系数 DI
一级指标	二级指标	$\%\Delta CO_2$	$\%\Delta GDP$	
负脱钩	弱负脱钩	<0	<0	0<DI<0.8
	强负脱钩	>0	<0	DI<0
	增长负脱钩	>0	>0	DI>1.2
脱钩	衰退脱钩	<0	<0	DI>1.2
	强脱钩	<0	>0	DI<0
	弱脱钩	>0	>0	0<DI<0.8
连接	衰退连接	<0	<0	0.8<DI<1.2
	增长连接	>0	>0	0.8<DI<1.2

资料来源：根据相关文献资料整理所得。

第二节　数据来源及处理

为了保证数据资料详细、统一和可靠，本章分析主要以 1997 年、2002 年、2007 年和 2012 年的贵州投入产出调查表（价值型）以及《贵州统计年鉴》为基础，用于测算贵州产业部门产出与隐含碳排放之间的脱钩关系。

第三节　实证结果与讨论分析

根据前文数据的预处理、相应的计算公式及相应估算模型和数据，可以求得贵州产业部门产出与碳排放之间的脱钩关系，其实证结果及讨论分析如下：

一、总体的视角

在研究期间，贵州各部门总产出呈高速增长态势，其中 2002~2007 年增速以及 2007~2012 年增速尤其大，分别为 120.23% 和 147.77%，而在 1997~2002 年，产出增速也超过 50%，具体为 62.94%。在总产出高速增长的同时，伴随的是大量的能源资源消耗以及由此带来的碳排放的高速增长。由于能源消费产生的 CO_2 排放量不断增加，由 1997 年的 1.24 亿吨增长到 2012 年的 6.14 亿吨，增幅高达 395.16%，但值得高兴的是，隐含碳排放逐渐摆脱高速增长的状况，具体情况为：1997~2002 年增速为 162.90%、2002~2007 年增速为 14.86%、2007~2012 年增速为 63.83%。受总产出增长和隐含碳排放变化两方面的影响，产业部门总产出与隐含碳排放之间的脱钩弹性，从表 7-2 中可以看出，脱钩弹性值具体情况为：1997~2002 年脱钩弹性为 2.59，2002~2007 年脱钩弹性为 0.13，2007~2012 年脱钩弹性为 0.43，1997~2012 年脱钩弹性为 0.50，与此同时，总产出与隐含碳排放之间的脱钩状态除了 1997~

2002 年为增长负脱钩，其余年份均处于弱脱钩状态，表明贵州在总产出增长的同时也引起了碳排放的增加，但是碳排放增加幅度要小于总产出增长幅度，说明贵州产出增长的方式越来越趋向合理化，从而有利于经济的低碳化发展。

表 7-2　1997~2012 年贵州总产出与隐含碳排放脱钩评价

年份	脱钩弹性	脱钩状态
1997~2002 年	2.59	增长负脱钩
2002~2007 年	0.13	弱脱钩
2007~2012 年	0.43	弱脱钩
1997~2012 年	0.50	弱脱钩

资料来源：根据前述相关公式及数据整理计算所得。

二、27 个产业部门的视角

从表 7-3 可以看出，随着贵州产出的增长、经济的发展，越来越多部门产出增加的同时不再伴随大量 CO_2 的产生。具体实证结果为：1997~2002 年贵州绝大多数部门的产出是以一种极度扭曲的方式增长，其背后是以大量资源能源消耗以及碳排放量为代价的，有些部门甚至出现碳排放量不断攀升但是产出不断减少的情况，造成能源的浪费，阻碍经济的发展。具体表现为：首先，贵州各部门 1997~2002 年产出与隐含碳排放之间的脱钩状态为增长负脱钩的有 20 个，即超过 70% 的部门产出增加的幅度远远小于隐含碳排放增加的幅度，增加了社会减排的压力，究其原因主要是因为贵州经济发展落后，为了改善民生，满足居民生活的基本需求，就需要增加投入，扩大生产，而贵州整体生产率低下、技术水平低，导致各部门以一种高投入、高消耗、高排放、不协调、难循环、低效率的方式生产，因此在整个的生产环节中浪费了大量的能源，并且产生大量的碳排放。

其次，在该阶段贵州各部门产出与隐含碳排放之间表现为强负脱钩状态的部门有三个，分别为金属矿采选业、纺织业以及木材加工及家具制造业，这三个部门的生产方式极度不合理，在其产出减少的情况下，由它们引起的碳排放量不减反增，尤其是木材加工及家具制造业，其碳排放增加的幅度远远大于其产出减小的幅度，增加了社会应对气候变化的负担。

最后，贵州各部门在1997~2002年产出与隐含碳排放之间的脱钩状态除了增长负脱钩与强负脱钩外，还有三种状态：有两个部门表现为弱负脱钩，具体为造纸印刷及文教体育用品制造业和其他制造业；化学工业这个部门表现为增长连接；煤炭开采和洗选业及石油天然气开采业这个部门表现为弱脱钩，其在1997~2002年相对于其他26个部门来说，产出是以一种比较良好的方式增加，即产出增加的幅度大于碳排放增加的幅度。

综上可以看出，在20世纪过渡到21世纪的几年里，贵州各产业部门生产高碳化，不利于资源节约以及环境保护。2002~2007年，随着各部门的重视，在生产的过程中，不断增强节约意识，提高技术水平，生产方式越来越低碳化，接近一半的部门在产出增加的同时大幅度减少碳排放，缓解社会的减排压力，其产出与隐含碳排放之间的脱钩弹性值小于0，脱钩状态表现为强脱钩，是最理想的生产方式，除了强脱钩外，还有14个部门的产出与隐含碳排放之间表现为弱脱钩的状态，相对于1997~2002年，弱脱钩的部门也明显增加。另外，还有1个部门即服装皮革羽绒及其制造业的产出与隐含碳排放之间的脱钩弹性值为1.26，脱钩状态为衰退脱钩，其在2002~2007年，产出和碳排放均减少，虽然碳排放减少的幅度大于产出减少的幅度，但是不能为了解决环境问题，完成减排目标就牺牲掉产出，如果这种生产方式在其他产业部门中普及，毫无疑问将会阻碍地区经济发展，会使贵州与其他地区的贫富差距越来越大，因此，这是一种不可取的生产方式。

整体来看，在2002~2007年，贵州各产业部门的生产相对于上个阶段来说，已经朝着良性的方向发展，这足以说明，各项减排措施已初见成效。在2007~2012年，有20个产业部门的产出与隐含碳排放之间的脱钩状态为弱脱钩，仅有1个部门即通用、专用设备制造业的产出与隐含碳排放之间的脱钩状态为强脱钩，与上一个阶段相比，弱脱钩的部门增加了6个，但是强脱钩的部门减少了11个，主要是因为2008年全球遭遇金融危机，贵州同样面临经济下行的压力，为了保证各部门正常运转以带动经济增长，相关部门又忽视了环境问题，一味地追求产出增加，导致强脱钩的部门不断减少。另外，有一些部门深受金融危机的影响，生产疲软，产出不断减少，具体为：金属矿采选业，纺织业，电气、机械及器材制造业以及仪器仪表及文化办公用机械制造业，这 4 个部门的脱钩弹性值分别为 68.64、1.48、2.76 以及 110.17，脱钩状态均为衰退脱钩；其他制造业的脱钩弹性值为 0.62，脱钩状态为弱负脱钩。可以看出，这 5 个部门的生产严重下滑，为了刺激经济发展，需要不断采取措施在控制能源消耗的同时增加产出。在 2007~2012 年，除了上面的四种状态外，还有 1 个部门表现为增长连接，即产出和碳排放均增加，并且两者增加的幅度大致相同，此部门为石油加工、炼焦及核燃料加工业，其脱钩弹性值为 0.95。在 2007~2012 年，各产业部门受金融危机的影响，为了刺激生产，相较于上一个阶段，许多部门简单追求产出增加，而忽略了能源消耗问题，增加了碳排放累积量，在以后的生产以及经济发展中，为了积极应对和减缓气候变化，尤其对于处于欠发达地区的贵州而言，更要坚定不移地走生态与发展平衡的道路。

纵观整个研究阶段，即在 1997~2012 年，有五种脱钩状态，分别为衰退脱钩（1 个）、增长负脱钩（1 个）、增长连接（2 个）、强脱钩（1 个）以及弱脱钩（22 个）。其中，表现弱脱钩的部门占所有部门的比重超过 80%，这些部门产出增加的幅度大于碳排放增加的幅度，相比较来说，是一种比较良好的增长方式。以上分析足以看出，贵州各部门近十几年的产出增长方式趋向合理化，为了不断促进社会低碳化发展，要使各部门在保证总产出增加的前提下，不断减少能源消耗，进而抑制碳排放的增加，使产出增加与碳排放之间不断表现出强脱钩的状态。

表 7-3　1997~2012 年贵州 27 个产业部门碳排放与经济增长脱钩评价

产业部门	1997~2002 年		2002~2007 年		2007~2012 年		1997~2012 年	
	脱钩弹性	脱钩状态	脱钩弹性	脱钩状态	脱钩弹性	脱钩状态	脱钩弹性	脱钩状态
农业	14.29	增长负脱钩	-0.64	强脱钩	0.36	弱脱钩	0.18	弱脱钩

 民族地区产业隐含碳排放研究

续表

产业部门	1997~2002 年		2002~2007 年		2007~2012 年		1997~2012 年	
	脱钩弹性	脱钩状态	脱钩弹性	脱钩状态	脱钩弹性	脱钩状态	脱钩弹性	脱钩状态
煤炭开采和洗选业及石油天然气开采业	0.53	弱脱钩	0.15	弱脱钩	0.24	弱脱钩	0.08	弱脱钩
金属矿采选业	-6.22	强负脱钩	0.42	弱脱钩	68.64	衰退脱钩	0.39	弱脱钩
非金属矿及其他矿采选业	7.09	增长负脱钩	-1.08	强脱钩	0.04	弱脱钩	0.23	弱脱钩
食品制造及烟草加工业	2.61	增长负脱钩	-0.38	强脱钩	0.24	弱脱钩	0.25	弱脱钩
纺织业	-0.05	强负脱钩	-0.72	强脱钩	1.48	衰退脱钩	1.41	衰退脱钩
服装皮革羽绒及其制造业	2.39	增长负脱钩	1.26	衰退脱钩	0.43	弱脱钩	0.14	弱脱钩
木材加工及家具制造业	-10.38	强负脱钩	-0.14	强脱钩	0.03	弱脱钩	0.13	弱脱钩
造纸印刷及文教体育用品制造业	0.33	弱负脱钩	-0.18	强脱钩	0.27	弱脱钩	-0.48	强脱钩
石油加工、炼焦及核燃料加工业	26.84	增长负脱钩	0.06	弱脱钩	0.95	增长连接	1.31	增长负脱钩
化学工业	1.20	增长连接	0.63	弱脱钩	0.57	弱脱钩	0.61	弱脱钩
非金属矿物制品业	13.89	增长负脱钩	0.37	弱脱钩	0.49	弱脱钩	0.97	增长连接
金属冶炼及压延加工业	1.72	增长负脱钩	0.35	弱脱钩	0.26	弱脱钩	0.60	弱脱钩
金属制品业	1.88	增长负脱钩	-0.53	强脱钩	0.07	弱脱钩	0.20	弱脱钩
通用、专用设备制造业	8.00	增长负脱钩	0.29	弱脱钩	-4.28	强脱钩	0.53	弱脱钩

续表

产业部门	1997~2002 年		2002~2007 年		2007~2012 年		1997~2012 年	
	脱钩弹性	脱钩状态	脱钩弹性	脱钩状态	脱钩弹性	脱钩状态	脱钩弹性	脱钩状态
交通运输设备制造业	1.36	增长负脱钩	0.26	弱脱钩	0.26	弱脱钩	0.47	弱脱钩
电气、机械及器材制造业	2.26	增长负脱钩	0.20	弱脱钩	2.76	衰退脱钩	0.63	弱脱钩
通信设备、计算机及其他电子设备制造业	1.55	增长负脱钩	-0.56	强脱钩	0.27	弱脱钩	0.42	弱脱钩
仪器仪表及文化办公用机械制造业	3.76	增长负脱钩	-0.02	强脱钩	110.17	衰退脱钩	0.19	弱脱钩
其他制造业	0.00	弱负脱钩	0.24	弱脱钩	0.62	弱负脱钩	0.51	弱脱钩
电力、热力的生产和供应业	3.37	增长负脱钩	0.00	强脱钩	0.57	弱脱钩	0.33	弱脱钩
燃气生产和供应业	5.63	增长负脱钩	-0.05	强脱钩	0.22	弱脱钩	0.92	增长连接
水的生产和供应业	1.35	增长负脱钩	0.20	弱脱钩	0.18	弱脱钩	0.27	弱脱钩
建筑业	2.28	增长负脱钩	-0.99	强脱钩	0.57	弱脱钩	0.70	弱脱钩
交通运输、仓储及邮政业	2.50	增长负脱钩	0.00	强脱钩	0.61	弱脱钩	0.47	弱脱钩
批发零售业及餐饮业	1.58	增长负脱钩	0.20	弱脱钩	0.34	弱脱钩	0.40	弱脱钩
其他服务业	1.57	增长负脱钩	0.29	弱脱钩	0.50	弱脱钩	0.43	弱脱钩

　　注：表中数据受两位小数的限制，显示为 0.00 的数据实际值并不等于 0。
　　资料来源：根据前述相关公式及数据整理计算所得。

三、三次产业的视角

从整个研究期间看，只有1997~2002年三次产业产出与碳排放间表现为增长负脱钩的状态，其余阶段全部为弱脱钩或强脱钩，说明随着产业结构的不断调整，产出增加方式不断朝着低碳化的方向发展（见表7-4）。具体实证结果为：

1997~2002年，第一、第二和第三产业的脱钩弹性分别为14.29、2.33和1.88，脱钩状态均为增长负脱钩，此时三次产业的产出和碳排放量均增加，但是，产出增加的幅度远远小于碳排放增加的幅度，是一种比较畸形的生产方式，导致大量能源的浪费以及碳排放量的增加，在以后的生产过程中，需要不断提高生产效率。

2002~2007年，一次产业的产出与隐含碳排放之间的脱钩弹性为-0.64，两者表现出强脱钩的关系，说明一次产业在产出增加的同时减少了碳排放，是我们追求的一种理想的经济增长方式。而在这个时间段内，第二产业和第三产业的脱钩弹性分别为0.15和0.17，这两个产业的脱钩状态均为弱脱钩，与上一时间段相比，两个产业的脱钩弹性值均下降，并且脱钩状态都从增长负脱钩转变为弱脱钩，说明这两个产业在产出增加时，不断注意资源能源的利用，避免了消耗不必要的能源，有效地减少了碳排放。

2007~2012年，三次产业的脱钩状态均为弱脱钩，脱钩弹性从大到小依次为第三产业的0.55、第二产业的0.42和第一产业的0.36，可以清晰地看到，在这个时间段内，第一产业的减排效果最大，其次为第二产业和第三产业。

从整个研究期间来看，即1997~2012年，三次产业的脱钩弹性分别为0.18、0.51和0.46，脱钩状态全为弱脱钩，减排效果从大到小的产业依次为第一产业、第三产业和第二产业。因此，在以后的减排工作中，要不断借鉴第一产业和第三产业的做法，不断调整产业结构，淘汰高碳产业，大力发展低碳产业，不断促进第二产业内部优化以及向第三产业转化。

表 7-4　1997~2012 年贵州三次产业隐含碳排放与经济增长脱钩状况评价

三次产业	1997~2002 年		2002~2007 年		2007~2012 年		1997~2012 年	
	脱钩弹性	脱钩状态	脱钩弹性	脱钩状态	脱钩弹性	脱钩状态	脱钩弹性	脱钩状态
一次产业	14.29	增长负脱钩	-0.64	强脱钩	0.36	弱脱钩	0.18	弱脱钩
二次产业	2.33	增长负脱钩	0.15	弱脱钩	0.42	弱脱钩	0.51	弱脱钩
三次产业	1.88	增长负脱钩	0.17	弱脱钩	0.55	弱脱钩	0.46	弱脱钩

　　资料来源：根据前述相关公式及数据整理计算所得。

第四节　本章小结

　　随着碳排放量的不断攀升，各国不约而同地选择发展低碳经济，同样地，碳排放问题已经成为贵州能否有效坚守发展与生态"两条底线"的关键一环，发展低碳经济是实现贵州经济健康发展的题中应有之义。所谓低碳经济实质上就是一种经济增长与碳排放脱钩的方式，因此脱钩弹性分析法引起了广大学者的极大关注。基于此，本章分别从脱钩弹性系数测算方法、数据来源与处理以及实证讨论等三部分测度贵州产业部门隐含碳排放的脱钩效应，以期为贵州节能减排、优化产业结构等提供实证数据。

　　本章重点分析了 OECD 脱钩指数模型和 Tapio 脱钩弹性模型，通过对比得出，OECD 的"脱钩指数"只能分辨出脱钩与非脱钩，无法准确判定脱钩的程度和类别而使其应用受到一定的局限，Tapio 对其进行拓展并提出 Tapio 脱钩模型，其综合了总量变化和相对量变化两类指标，采用以时期为时间尺度的弹性分析方法反映变量间的脱钩关系，有效缓解了 OECD 指数模型期初期末值选定的高度敏感性或极端性而导致的计算偏差，进一步提高了脱钩关系测度和分析的客观性和准确性。因此，本章借鉴 Tapio 脱钩弹性模型的基本思路，对贵州产业部门的产出与隐含碳排放之间的脱钩效应分别从总体视角、27 个产业部门视角以及三次产业视角进行分析，以期为贵州节能减排、优化产业结构等提供实证数据。通过对计算结果的讨论分析，得出如下结论：

（1）总体的视角。受总产出增长和隐含碳排放变化两方面的影响，产业部门总产出与隐含碳排放之间的脱钩状态除了 1997~2002 年为增长负脱钩，其余年份均处于弱脱钩状态，表明贵州总产出增长的同时也引起了碳排放的增加，但是碳排放增加幅度要小于总产出增长幅度，说明贵州产出增长的方式越来越趋向于合理化，从而有利于经济的低碳化发展。

（2）27 个产业部门的视角。随着贵州产出的增长、经济的发展，越来越多部门产出的同时不再伴随大量 CO_2 的产生。1997~2002 年，贵州各部门产出与隐含碳排放之间的脱钩状态为增长负脱钩的有 20 个、强负脱钩状态的部门有 3 个、弱负脱钩状态的部门有 2 个、增长连接状态的部门有 1 个，弱脱钩状态的部门有 1 个，故超过 70% 的部门产出增加的幅度远远小于隐含碳排放增加的幅度，增加了社会减排的压力；2002~2007 年，除了强脱钩外，还有 14 个部门的产出与隐含碳排放之间表现为弱脱钩的状态；2007~2012 年，有 20 个产业部门的产出与隐含碳排放之间的脱钩状态为弱脱钩；纵观整个研究阶段，即在 1997~2012 年，有五种脱钩状态，分别为衰退脱钩（1 个）、增长负脱钩（1 个）、增长连接（2 个）、强脱钩（1 个）以及弱脱钩（22 个）。从以上分析足以看出，贵州各部门近十几年的产出增长方式趋向合理化。

（3）三次产业的视角。从整个研究期间看，只有在 1997~2002 年三次产业产出增加与碳排放间表现为增长负脱钩的状态，其余阶段全部为弱脱钩或强脱钩，说明随着产业结构的不断调整，产出增加方式不断朝着低碳化的方向发展。

第八章 贵州低碳发展的对策措施

现阶段，我国正处于"四化同步"（工业化、信息化、城镇化、农业现代化）加快推进的关键时期，经济结构性矛盾非常突出，亟须调整改革，当前我国的能源结构以煤为主，并且能源需求将持续增长，控制 CO_2 等温室气体排放面临巨大压力。为促进中国经济的可持续发展进程，应以科学发展观为指导，坚定不移地走绿色低碳发展之路（刘丹萍、王晓晨，2011）[1]。贵州省同样面临着城镇化建设和工业化建设中温室气体排放的问题，而且贵州省的经济社会发展排在全国各省市区的后面，既要发展又要减碳，贵州只有从行政管制、财税政策、市场手段、自愿行动、国际经济合作等方面采取积极果断的措施，才能减少温室气体排放，走好低碳经济发展道路，进而促进本省经济、社会和环境的可持续发展。

第一节 行政管制

贵州作为资源能源大省，拥有丰富的煤炭、水能等资源，但长期以来由于粗放式的产业发展模式、落后的产业技术水平，使得贵州经济发展滞后，碳排放问题越发严重，因此结合当前环境，采取一定的行政手段发展低碳经济，积极采取合理的碳减排路径已迫在眉睫。

---

[1] 刘丹萍、王晓晨：《落实科学发展观 推进我国低碳经济的发展》，《学术交流》2011 年第 5 期。

一、采用合适的战略性环境政策措施

随着世界经济的大融合，世界贸易环境愈加复杂，面对新的贸易环境，制定的环境政策要有利于促进贵州低碳经济发展。不同区域经济发展的状况不同，因此要"对症下药"，制定适合不同地区的环境政策，以此保证环境政策的合理性及其针对性。然而，贵州当前的环境政策依旧依附着计划经济，即政策命令与市场手段十分不协调。同时计划经济对企业的行为进行着十分细致的管理，但资金却又相对较为分散。因此，贵州在制定环境政策时，一方面要考虑社会、经济、环境的可持续发展，另一方面还要注意其可实践性（张帅、张军，2010）[①]。

我国现如今正处于建设资源节约型与环境友好型社会的关键时期，正在大力展开节能减排工作，根据以上任务要求，开始有针对性地研究贵州当前的经济与环境现状，并制定相应的低碳经济发展战略，从贵州经济发展与环境保护的实际出发，规划出适合贵州发展的全方位战略，制定出与当前社会经济发展相匹配的绿色发展规划，力争科学有效地规范政府、企业、居民的发展方向和消费行为。从贵州采取战略性环境政策的角度出发，在当前低碳经济发展模式下，贵州若想成功走上特色低碳道路，可以在以下几个方面着重展开：

首先，在可持续发展的大背景下，把促进贵州经济发展的"低碳化"作为战略目标之一，并根据实际发展现状，全力将战略目标、相关规定内容与各项规划和政策决议相融合。

其次，要找到经济与环境协调发展的短期和长期目标的平衡点，尽力使短期与长期目标互相促进，做到协调统一发展，准确把握战略机遇，借助机遇优势来完成重化工业阶段的跨越式发展，同时协调好其与低碳经济转型之间的关联，并以此为基石对碳减排、能源安全与环境保护的协同发展效应进

---

① 张帅、张军：《西部地区发展低碳经济的困境和出路——以贵州省为例》，《学理论》2010年第 32 期。

行充分考量，处理好经济发展与气候变化的关系，对降低相关的碳减排成本起到积极的正面作用。

再次，要积极拓宽和增强各部门以及各地区之间在碳减排和促发展的交流合作，大力吸引各利益相关方的全方位参与，达到互利共赢的目的，并发挥社会各利益相关方的积极性，尤其是利用新型国际合作模式和相关体制政策创新，联合贵州各个相关部门与地区，实现发展的协同效应，协同合作转变生产、消费和全球资源资产配置的方式。

最后，贵州不仅要发挥地域优势实现节能减排，更要广泛参与国际气候体制谈判以及相关低碳规则的制定，在可持续发展目标下，在低碳经济模式下，积极探索新的减排路径，为贵州的工业化进程争取更大的发展空间（帅畅等，2010）[1]。例如：拓宽资源税的征收领域，推进环保税收制度的试运行范围。同时，贵州想要提升在国际节能减排市场中的竞争力，政府还要积极对向低碳产业转型的企业进行政策倾斜，以此促进企业能自觉广泛地参与低碳产业转型之中，使贵州在清洁能源技术领域能有所创新和突破。

二、注重经济政策和产业政策有机结合

目前贵州产业的发展是以煤为主的能源结构，这也注定了贵州产业结构发展的不合理性。第二产业与第一和第三产业相比比重较大，同时第三产业的发展还不是很稳定。第二产业是贵州产业隐含碳排放的主要源头，这说明贵州能源消耗和碳排放量较大的主要原因是经济增长方式过于粗放以及不合理的产业结构。所以，贵州在低碳经济发展过程中必须调整产业结构，使其与经济政策相协调（王苗，2011）[2]。

一是不仅要对低碳产业的出口进行政策照顾，还要对高碳出口产业提供一定额外的补贴，支持其低碳技术的改进和创新。因为技术在低碳经济发展

① 帅畅、王礼全、王小军：《低碳经济：实现贵州"生态立省"战略的必由之路》，《贵州商业高等专科学校学报》2010 年第 2 期。

② 王苗：《贵州省能源消费与人口、碳排放关系实证研究——基于低碳经济的视角》，中国可持续发展论坛论文，珠海，2011 年 11 月。

中起着中流砥柱的作用，技术创新无疑对实现产业结构转型起着关键的作用，所以促进企业低碳技术的创新势在必行。

二是增强对现有低碳产业的培植，可以从制度、技术和结构等多条路径积极探索促进低碳化产业发展的政策，并将相应政策真正落实实施，积极引导出口贸易向低碳化方向发展过渡，争取与其他发达国家或地区在碳减排能力上实现同步甚至赶超。在此情况下，像碳关税、碳标签、碳减排认证及气候补贴等相关的碳贸易壁垒也就不攻自破，由此也拓宽了贸易的发展路径。

三是对贵州实际情况进行分析，并对出口产品征收资源环境税，与此同时，在一定程度上对能源密集高碳产品的出口进行有效控制；而对于那些环境友好型的产品，则加大对该种产品的退税力度，并有效扩大其出口规模（白宏丽，2014）[1]。

四是拓宽并持续优化贵州产品出口贸易结构。积极利用海外直接投资将能源密集产业的生产转移到国外，以降低能源密集产业的高碳排放生产，而在省内则集中力量对产业低碳化的最高端价值层面的发展进行创新研究，由此能够间接实现有效规避低碳贸易壁垒的目的。

三、大力开发新能源和可再生能源

对贵州当前的经济发展与环境现状而言，经济发展模式向低碳经济转型，并积极拓展低碳能源技术的核心是对化石能源的高效利用，减少不必要的能源耗损以及开发可再生能源。原因在于贵州当前的社会经济发展状况还比较落后，并长期处在工业化、城市化和现代化的初步发展阶段，产业结构发展尚不成熟，贵州经济的发展依旧是依靠消耗大量能源资源来实现的，粗放式发展模式还是其经济发展的主格调，加之贵州产业的发展还是以煤为主的能源消费结构以及人口增长等因素都制约着贵州向低碳经济的转型，并决定了在一定时期内很难从根本上改变温室气体大量排放的近况，而如果采取

---

① 白宏丽：《出口贸易对我国碳排放的影响及对策研究》，硕士学位论文，河北经贸大学，2014 年。

过急或过激的不合理碳减排政策必然会阻碍贵州社会经济的发展与持续增长，并会使贵州建成小康社会的战略目标更难以实现。综合以上因素，贵州应结合本地区的实际情况，积极探索一条适合自己的发展之路，一方面不仅要能满足人口的物质需求，另一方面还不对新型社会经济发展道路造成破坏（杨文、邓祖善，2013）[1]。

虽然目前已完成工业化的国家中没有任何一个是依靠新能源或者可再生能源来实现的，但面对气候变暖对人类造成的危害这样一个事实，针对贵州碳排放以及经济发展现状，贵州应大力研发新型碳减排技术，加大科技投入，增强自主创新能力，并通过开发利用太阳能、风能等新能源和可再生能源降低贵州碳排放。稳扎稳打推进我国第四代核能技术研发和产业化，借此来有效控制温室气体排放和能源安全（刘世锦，2010）[2]。

在推进新能源和可再生能源开发的进程中，还要积极节能减排，以减少生产环节为着手点，提高资源能源的循环和利用效率，对高耗能高排放产业的增长速度加以限制，通过政策措施控制其发展过快的现状，以新型低碳的生产与发展方式取缔落后的发展模式。

严格控制第二产业中建筑业和交通能耗的增长速度，积极探索新型发展模式与创新低碳发展技术，充分利用好现有新能源技术创新及产业发展平台，主动开展国际间低碳发展模式的交流，学习国内外成功的发展经验，积极促进发达地区对贵州进行技术转让。

四、积极开拓低碳居住空间

城市是人类经济活动的中心，是社会发展的心脏。低碳城市的建设与发展需要依靠低碳建筑这个单元，低碳建筑着重强调降低煤炭等化石能源的使用，可以从能源利用效率的提升进行考虑，以低碳建筑的设计和运行两个方面为着手点进行展开。首先，积极将低碳发展理念与建筑设计相融合，在设

---

①　杨文、邓祖善：《对贵州绿色转型与绿色发展的思考》，《贵阳市委党校学报》2013 年第 1 期。
②　刘世锦：《当前发展低碳经济的重点与政策建议》，《中国发展观察》2010 年第 16 期。

计之初就要注重低碳经济发展理念，积极运用新型建筑设计材料，并要充分利用太阳能、选用节能型取暖和制冷系统、选用隔热保温的建筑材料、合理设计通风和采光系统等。其次，在设计低碳建筑的过程中，要大力将低碳装饰模式引入居住空间，在装修时首选低碳装饰材料，减少过度装修和一些不必要的浪费，以此降低建筑中的碳排放。在家庭中推广使用节能灯和节能家用电器，降低家庭生活中的碳排放，政府也应鼓励并支持使用高效节能厨房系统，对低碳材料或低碳产品采取价格扶持和增加后期保障等措施，积极鼓励低碳材料或低碳产品的使用度，争取从关键环节上实现"节能减排"的目标（李旸，2010）[①]。

城市交通是当今城市发展的重要驱动力，也是连接城市的纽带，同时也是 CO_2 等温室气体的主要排放者，因此发展低碳交通将是发展低碳经济的一个重要方面，也是针对碳减排的一条重要路径。贵州城市低碳交通的开展，一是要积极发展以步行和自行车为主的慢速交通系统，在节能减排的同时也降低了城市交通压力。例如，在贵州各个城市中，可推行自行车租借系统，让自行车租借点尽可能地遍布城市各个角落，可从贵阳市率先开展自行车租借系统，再逐渐遍布其他地区，同时还要考虑安全因素，拓宽出行通道，设立自行车专用道等。二是要大力发展大中城市公共及快速轨道交通系统。一方面既可以减轻交通压力，另一方面又可以实现节能减排，如积极建设轻轨和地铁系统，这都是低碳交通。即使轻轨和地铁系统的建设需要投入巨额资金和大量人力物力，但从长远发展目标来看，该系统可以低碳运行几十年或上百年，仍然有非常大的社会价值。三是要限制城市私家车的使用，逐步降低私家车的使用率。

如今，城市私家车越来越普及，而与此同时，也带来了巨大的碳排放与城市交通压力，控制私家汽车的使用已刻不容缓。可从以下几个方面展开：第一，可在贵阳市区推行单双号汽车上路规则，贵州其他地区应根据自身的实际情况实行限号政策。限制私家车的使用率，不仅有利于城市空

---

① 李旸：《我国低碳经济发展路径选择和政策建议》，《城市发展研究》2010 年第 2 期。

气质量的提升，还有利于缓解城市交通拥堵的压力。第二，低碳导向型之路是发展低碳城市交通的绝佳选择，积极拓展利用新型低碳能源，大力研发和使用混合燃料汽车、电动汽车、生物乙醇燃料汽车、氢气动力车、太阳能汽车等具有较低碳排放的交通工具，从而实现城市运行的低碳目标（龙江英，2010）[1]。第三，在当前贵州面临严峻的碳减排形势下，要转变贵州的经济发展方式，逐步向低碳经济发展模式过渡，加强贵州各地区资源型经济城市的转型，这类城市在环境污染治理和经济转型的问题上，要以本地区的实际情况为出发点，实现三个转变：从重视经济增长忽略环境保护变为两者并重，促进环境保护与经济增长协调发展，将保护环境理念植入社会经济发展之中；从环境保护滞后于经济发展转变为两者同步进行，不厚此薄彼，扭转先污染后治理、边治理边破坏的局面，促进经济发展与环境保护的协同发展；从主要运用行政方式保护环境转变为借助法律、经济、技术和必要的行政办法来改善环境问题，加大环境保护力度，使环境保护措施更加行之有效。

由以往的发展经验可知，一味地重发展忽略环境问题所带来的后果是非常严重的，要彻底摒弃以牺牲环境为代价获得经济增长的发展模式，逐步实现经济与环境的协调发展。

第二节　财税措施

当前，贵州经济发展较为缓慢，正在集全省之力发展经济，在贵州突然实施财税政策必定会影响到贵州整体的经济水平和相关税务结构，须通过对国外碳税、绿色信贷等相关措施的实践经验的总结，重点考虑如下四个方面：

---

　　① 龙江英：《从低碳发展战略高度推进城市轨道交通系统建设》，《贵阳学院学报（自然科学版）》2010 年第 1 期。

一、细化公共财政支出政策

对公共财政支出进一步细化，首先，要全面细化战略性新兴产业发展规划和具体项目清单，优先发展低碳新兴产业和新型低碳技术，明确财政投入的重点领域、范围、比重和使用方向，要有稳定的资金支持，对重点企业适当拓宽政策条件并加大帮扶力度，形成一批对社会负责并且带动作用显著的龙头企业，促进产业开发的整体效益的形成，开拓产业发展新模式，推动产业现代化进程，拉动相关产业链，共同考虑生态效益和经济效益，增强企业发展并扩大就业格局。其次，要进一步增加包括科技创新、技术合作研发、科技成果转化、科技中介服务等在内的企业自主创新的经费投入，增加创新力度，以创新带动产业优化升级，不断优化资金投入使用结构，合理配置科技资源，使资源尽可能充分地得到利用，避免资源配置和利用不当而损失资源和公共财政支出，要做到真正有助于新型高端技术产业竞争力的提升。再次，政府要从财政方面大力扶持科技示范基地和新兴产业园区，政府应对该种产业适当放宽财政政策，并制定支持发展这类产业的有关财政政策，进一步提升新兴产业园区和科技示范基地的竞争力，逐步加强其招商引资的力度，对招商引资的方式逐步优化创新，建立多渠道、多方位、多领域的招商引资网络体系，充分利用外资来优化发展。最后，要设立战略性新兴产业发展专项资金，对有良好前景和低碳新兴产业给予充分的资金支持，并要建立健全专项资金运作模式，增强运行效率，尽量避免中间环节存在滞留、挤占和挪用的问题，认真严格执行专人管理、专账核算、专款制度，同时保证财政专项资金足额和合理使用，使资金合理有效地应用于新兴产业，有效推动产业加快发展（胡剑波等，2013）[①]。

细化公共财政支出政策，还要整合当前用于节能减排的各项财政资金投入，提高财政资金的利用效率，使财政资金更有效地应用于低碳产业和高新

[①] 胡剑波、倪瑛、魏涛等：《促进我国战略性新兴产业发展的财税政策研究》，《工业技术经济》2013年第2期。

技术性产业,如节能领域政府预算内投资资金、淘汰落后产能专项资金、高效照明产品推广财政补贴资金、节能技改财政奖励资金和大型公共建筑节能专项资金等,还可有针对性地建立政府节能专项基金。此外,应结合贵州的具体发展情况,设立碳财政基金,加大对关键环保工程以及新能源项目等低碳发展项目的财政补贴;贵州应采用价格补助政策对研发节能环保科技企业的产品采取政策扶持,以此来降低节能科技和环保商品的运行成本,提高节能科技和环保商品的经济利润,增强其开发创新的积极性,并拓宽低碳产品发展;政府还要降低低碳产品市场价格或对低碳产品尤其是创新性低碳产品给予一定的价格财政补贴,以此来刺激消费者购买低碳产品,促进低碳产品的消费量(周伏秋,2009)[1]。

贵州政府要结合自身发展现状和当前碳排放问题,根据低碳经济发展的需要,细分低碳项目补贴,细化公共财政支出,逐步加强补贴资金管理,对进行政策倾斜和财政补助的企业进行实地考察,不能单纯靠主观臆断和个人决策对企业进行补贴,做到公正公平、高效合理,并督促相关部门监管企业合理有效地使用财政补贴,以此提高财政补贴效益。

二、制定低碳发展新型财政预算

政府应根据自身发展现状,针对低碳发展制定一种新型的财政预算。

第一,贵州应逐步增加并拓展有关低碳经济的发展项目,在此基础上提出有效的财政预算,对财政预算做到结构优化,提高科研项目支出以及规定教育支出等项目在财政支出中的比重,使之保持一种合理的增长速度,与此同时,财政预算也可纳入一个地方的考核之中,针对特定项目可采取一票否决制度,增加对地方财政预算的约束力,保证低碳经济发展拥有正常的资金保障,逐步增加低碳发展企业的根本利益;贵州政府还可在诸如自然资源和环境质量方面增加一定的年度预算,逐步将自然资源和环境质量状况纳入到贵州各个地方的考核之中,增强地方对自然资源消耗的重视程度,以此使得

---

① 周伏秋:《加强和完善节能财政政策的若干建议》,《电力需求侧管理》2009 年第 6 期。

市政运作项目对环境的影响在可监控范围之内，真正做到珍惜资源，从而达到环境保护和有效地利用资源的目的。

第二，在制定低碳发展新型财政预算过程中，在贵州的建设性预算支出内，要增加财政投入对低碳产业的支持力度，逐步提高低碳经济发展投入在财政预算中所占的比重，积极做到对传统产业发展低碳经济的结构性升级改造，并对传统产业进行优化升级，尤其是对高排放产业更要采取技术革新等手段降低碳排放，逐步增加低碳技术研发的财政投入力度。技术创新是产业发展的原动力，积极引导支持低碳技术的研发，可针对低碳经济发展建立专项扶持资金，部署相关部门对该资金进行有效监督与管理，通过此方法来扩大财政资金在低碳经济以及节能环保项目上的使用效益（葛察忠、任雅娟，2010）[①]。

第三，要着重控制预算执行。在财政预算中，预算执行作为最后的操作性环节，要深入分析并提高低碳预算执行的效率，使低碳预算执行更加切实有效，并增强其可操作性和合理性。此外，在市场呈现良性运转状态下，这时政府政策就应该以市场为主，不应过多地干预市场的良性运营，若此时政府选择强行干预市场，出现的结果可能会适得其反，若低碳经济市场逐步发展成熟，成为一个可独立发展的经济形态，那么此时政府的财政补贴就需要退出市场，让已成熟的市场自行运营。

第四，在该种财政预算中，当低碳产业发展面临资金困境并且当低碳技术推广发展时，新型财政预算中的新能源补贴才可以当作短期补助方针，对相应的低碳产业发展给予资金支持（曾纪发，2011）[②]。政府对低碳技术研发要增强扶持力度，尤其需要对低碳环保技术的投入研发采取一定的资金补贴，鼓励并倡导企业自主创新研发，也可增强企业的竞争力，特别是对风能、日光能、水能等可持续发展资源的研发，这也有利于开展推行可持续发展战略，有了财政补助的支持，可增强企业的研发信心和创新力度，也可弥

---

① 葛察忠、任雅娟：《促进我国低碳经济发展的财税政策选择》，《地方财政研究》2010 年第 9 期。
② 曾纪发：《构建我国绿色财政体系的战略思考》，《地方财政研究》2011 年第 2 期。

补企业在环境保护和污染治理等方面的成本。

第五，贵州财政部门还需要对节能环保、低碳产业等项目采取一定的财政补贴，对该种产业，应采取一定的政策倾斜，尤其是在产业折旧上要优先考虑，通过各方面共同努力，使该种项目得以正常运行；贵州各个地区政府和财政部门也要积极推广鼓励低碳技术和新能源发展技术，抛弃以往落后的生产发展方式，争取用新能源替代煤炭等传统的能源，以实现企业的低碳发展以及向节能环保企业的转型。此外，针对低碳节能企业中，将节能环保设施投入到生产环节中的企业，应根据企业的生产规模和排污治污能力采取一定的财政补贴政策；对于企业发展前期由于投入了节能环保设施而造成了成本扩大并无法正常运营的企业，政府和财政部门也应针对企业亏损给予一定的财政补偿，以帮助相关企业正常运营并尽快产生经济利润，以促进低碳企业的进一步发展运营。

三、加快落实各项碳税优惠制度

征收碳税，这也可以说是从全国层面到贵州省层面都需要考虑的问题。征收碳税是我国作为一个负责任的发展中大国所做出的积极举措，并在应对气候变化全球风险中起到了一定的效果，我国在省域层面也加大了对碳税的征收力度，但与此同时也需要充分考虑贵州作为欠发达地区的现实情况。贵州合理进行碳税协调可以从如下方面来着手：同发达地区通过签订税收协定等方式积极进行碳排量税收协调，实现经济发展与环境保护的协调。当前，从国际角度来平衡碳排量税收是一种必然的趋势，贵州也要主动地与其他发达国家加强合作与联系，与相应国家签订税收协定，争取与发达国家达成碳税"税收绕让"或预约碳税制度。根据国内外有关碳税征收的发展经验总结，若税收政策发挥一定作用，并确实降低了 CO_2 等温室气体的排放时，税收水平就会出现有所提升的状况，而在此情况下，由于税收水平的提高，就会导致其他相关企业的产业受到严重阻碍，与此同时，也会降低其在国际市场上的发展竞争力。

另外，贵州作为欠发达地区，在制定和采取相应的税收政策时，应妥善考虑本地区的实际发展现状，总结吸收国内外相关的发展经验，并采取适合自身发展情况的政策措施。在相关税收的分类结构上需要根据贵州的实际情况，进行相关的调整以及与其他地区的协调，需要加减适宜以此来平衡税收。综上所述，贵州结合自身发展实际，具体可从以下措施入手：第一，在低碳经济发展模式下，要着重研发相关的低碳技术，技术创新才是产业发展进步最关键的一环，通过发展先进低碳技术增强企业的节能减排规模并降低其 CO_2 排放量，对进行技术创新并由此减少了碳排放量的企业，对该企业的技术创新进行评估并对其减排规模进行衡量，有针对性地给予一定的财政补助。第二，若有企业纳税人采用相关的节能减排设施并将其投入到企业生产中的情况，政府应根据其规模和设施投入给予一定的资金支持或者衡量其设备投入，适当抵免其部分税收。

四、推动绿色信贷发展

绿色信贷（Green-credit Policy）是指由环保部、中国人民银行和银监会三部门为遏制高耗能高污染产业的盲目扩张而联合提出的一项全新的信贷政策，以低碳、环保作为贷款的重要参考依据。贵州应该依托此项信贷政策，大力推动绿色信贷发展。这就要求各银行业金融机构应有较强的绿色信贷理念，并将此理念灵活地投入到实际工作中去，切实做到在实际操作中融入绿色信贷理念，并将此理念作为一种经营战略进行积极拓展。此外，针对当前的绿色信贷制度还需要进一步修订和完善，尤其要针对"两高一剩"行业的授信政策以及实施过程进行严格把控，要提高其审批要求，并明确该种行业的准入和退出条件（毕莹，2010）[①]。

首先，将绿色信贷要求贯彻于整个信贷流程，并充分运用绿色信贷理念。银行业金融机构应将节能环保等绿色信贷要求充分应用到实际工作中，并将其嵌入业务发展范围，尤其在客户准入、贷前调查、授信审批等方面都

---

① 毕莹：《浅谈我国银行"绿色信贷"政策的发展及困境》，《财经界（学术版）》2010 年第 6 期。

应细化并确保绿色信贷的相关要求的真正落实，并在评价内容上将节能、环保、安全与社会风险包含其中，通过此种方式来保证该项目节能环保方面的合规性、完整性以及相关运行流程的合法性，推动绿色信贷良性发展。

其次，严格控制并把握好"两高一剩"行业以及落后产能项目贷款。对该种产业要适当提高放贷条件，这就要求各银行业金融机构在加强对低碳环保产业中的信贷扶持力度的同时，还要严格控制和管理"两高一剩"等落后产能企业有关项目的贷款，以此控制"两高一剩"等产业的发展并促进其技术改革与发展模式转变。与此同时，各银行金融机构也应严格把握高风险产业的准入条件，从源头上控制该种产业的发展规模，并根据实际发展情况进行跟踪考察，实施名单制管理和限额管理，政府也应敦促该种产业改革创新，对国家相关产业政策中要求限制淘汰的高排放落后产能项目进行限期整理或淘汰，对不合法的项目进行清理，完善市场管理机制。

再次，政府与金融机构还应对低碳环保项目增强其信贷支持力度，并在政策上给予一定的倾斜。而银行业金融机构更应进一步落实相应产业结构调整的相关政策，以政策为牵引，全面顺利开展节能环保等绿色信贷，对节能环保企业或低碳发展型企业给予一定的绿色信贷支持，对环境保护重点工程给予金融政策的照顾和扶持，还要对运用低碳环保技术并投入到实际生产的企业或发展项目给予信贷支持，促进节能环保型产业的良性发展以及低碳经济的推行。

最后，在绿色信贷的准入环节，要严格按照相关规定实施该环节，银行业金融机构应严格执行"环保一票否决制"，并根据企业的发展状况进行仔细分析与追踪考察，做到切实合理的审批准入，银行业金融机构也应将节能环保情况作为审批贷款的必备条件之一，支持节能环保产业，勒令高排放企业整改；在绿色信贷资金拨付环节，银行业金融机构应根据客户的实际情况，有针对性地将客户对环境和社会风险的管理状况作为十分关键的评价依据，用以判断是否采取信贷资金拨付，优先拨付对环境和社会风险管理状况良好的客户；在绿色信贷贷后管理方面，要进一步增强管理力度，对不遵守相关环境法律、规则及发生严重安全事故的企业或项目，要采取着重审查或追踪考察的方式，根据企业或项目的具体发展状况从严处理，以此来推动绿色信贷发展（叶燕斐、李晓文，2014)①。

第三节　基于市场的手段

绿水青山就是金山银山，在环境资源越来越"金贵"的当下，如何实行低碳发展，仅仅依靠国家政府的力量是远远不够的，还要充分利用市场手段加以控制。因此贵州要结合自身实际情况，必须抓紧构建以市场为主、政府为辅的制度安排和激励机制，积极引导企业自觉地节能减排，从事低碳经济活动。可以从以下几个方面入手：一是贵州要完善碳排放权交易规则。进一步明确碳交易相关法规政策和实施细则，建立统一的碳排放交易平台，在省内建立各市县区之间的"碳源—碳汇"交易市场，建立重点行业大中型企业之间的碳交易市场，充分发挥碳交易市场的作用。二是积极创新碳金融体系。贵州虽然具有丰富和潜力巨大的碳减排资源和碳减排市场，但贵州作为欠发达地区，其碳资本和碳金融的发展相对比较落后，碳金融市场需要低碳金融市场政策的有力支撑。贵州应当借鉴发达国家经验，不断完善自身低碳金融政策。通过碳排放交易、碳金融等市场化的手段来鼓励低碳发展和节能减排，以此为经济发展腾出环境容量。

一、完善碳金融法律法规

当前，贵州应在低碳经济发展模式下，结合自身的发展现状，尽快把"碳排放权"的绝对权利属性上升到法律层面，通过相关法律制度来明确"碳排放权"的责任归属，从法律角度上来确定碳交易制度的客体，使之具有法律效益；除此之外，对碳交易配额的分配原则要进行明确并细致的分析，在分配原则内实行碳交易配额，通过明确分配原则和机理才可以更好地

---

① 叶燕斐、李晓文：《构建中国绿色信贷政策制度体系》，《中国银行业》2014 年第 Z1 期。

指导企业明确节能减排的具体路径，这也是明确碳交易市场的分配基础；还应设立相关的监测监管制度，如建立碳排放监测制度等，监测企业的碳排放，对高碳排放企业追究相关责任，对低碳排放企业给予政策帮扶，拓宽信息公开制度，对市场状况和相关信息要进行公示，这是为市场交易提供监督的基础和保障，由此实现制度上的管控；还应设置并完善碳金融配套措施，在政府相关制度保障下，完善碳金融设施，提高设备与技术保障，逐步提升碳交易市场的发展前景，从而完善碳金融法律基础，逐步构建碳金融相关法律体系（李超超，2011）[①]。

第一，要建立健全碳交易市场。具体操作包括明确碳排放权的交易范围、制定并完善碳交易规则等问题，通过健全碳交易市场，以此来更好地指导市场上的企业合理进行碳交易。建立全省性的碳排放交易市场，就是在当前发展情况下，贵州应将现有地级市的相关碳排放交易市场进行整合，归纳其发展共性与个性，有针对性地对交易市场进行整改。参与方式上，可采取自愿性参与和强制性参与两种方式，针对碳排放量较高的地区或企业就要采取强制性参与，对于一般性地区则建议采取自愿性参与的方式。

第二，建立健全碳排放法律制度。要做到有法可依、有章可循，碳排放权可以成为一种商品进行交易，那么就必须有相关的法律制度保证碳排放权的产权性，以此来保障碳排放权交易的合法性与合理性。由于 CO_2 是一种公共消费资源，并且我国目前在法律法规上尚未明确规定碳排放权的合理性，所以对碳排放权的交易必然会产生消极影响。因此更应制定相应的法律法规来确立碳排放权的产权性质，以此保证碳排放权交易的合法性及有效性（史瑾新，2011）[②]，从而为包括贵州在内的地方碳排放权交易提供法律依据。

第三，健全碳交易市场的有效监督制度。碳交易市场是低碳经济发展模式下的一种新兴市场，是经济发展与环境保护相协调的产物，这就需要政府的有效监管，以此保证碳排放交易市场能够有效运行。在碳排放权交易中，

① 李超超：《中国碳排放权交易制度研究》，硕士学位论文，西南政法大学，2011 年。
② 史瑾新：《我国碳排放权交易市场的法律规制》，硕士学位论文，西南政法大学，2011 年。

由于参与者的出发点、减排成本不同，导致了碳排放交易的价格也不尽相同，也就产生了一定的竞争效果，而由于存在差价，一方面可以增强参与者节能减排的动力，以此获得一定的经济收益；相对而言，另一方面则可能会由于参与者的利益驱使而产生浪费资源的寻租行为，这就会降低发展效率与减排效果，所以政府应确立并完善相应的监督制度，避免不必要的资源浪费并提高市场运行效率。

二、建立低碳政策性银行

低碳政策性银行是在基于市场的手段的基础上建立起来的，在以往的统计中，低碳政策性银行在促进低碳经济发展中是一个行之有效的方法，通常能发挥较为明显的效果，并且它是由国家财政提供资本金，具有较强的资本保障。在低碳政策性银行成立后，可以针对节能减排的企业提供经济援助，也可以为低碳产业的发展提供有力的支持，以更好地促进低碳产业的健康发展，其主要的方式就是为企业或项目提供信贷支持，尤其是为信贷周期相对较长、规模较为庞大及公共性高的低碳基础设施和项目给予充分的信贷支持，以此良性地促进低碳经济的稳步健康发展（郭晓玲，2012）[1]。

低碳政策性银行可以发挥广泛的作用，主要作用体现在三个方面：一是探索性作用，在基于市场手段基础上建立低碳政策性银行，要积极发挥低碳政策银行的探索作用，在具体实践和以往的发展经验中，探索新兴经济发展形态等，为贵州制定相关的低碳信贷政策等提供一定的发展经验。二是示范性作用，大力发展低碳政策性银行，当其取得了一定的经济效益之后，其他的商业银行就会参照其发展模式进行相关的研究，此时低碳政策银行就起到了一定的示范作用，部分商业银行会结合低碳发展银行的发展经验采取相应的策略调整，也可以为其他商业银行的低碳信贷服务提供一种可借鉴的业务模式，促进商业银行探索低碳发展策略。三是带动性作用，低碳政策性银行以扶持建设一些基础设施为工作重点，尤其是将建设有利于低碳经济发展的

---

① 郭晓玲：《我国低碳金融发展现状及对策》，《合作经济与科技》2012 年第 1 期。

基础设施作为扶持的重中之重，可对以后低碳项目的发展提供一定的带动效果（孙古玥，2013）①。

与此同时，应推进商业银行建设低碳信贷体系，优先发展节能低碳的企业，并对该种企业采取一定的政策倾斜和优惠，以支持低碳企业或低碳项目的发展。除此之外，对环保记录良好的普通企业给予优惠信贷政策，如从银行贷款时可以获得低利息的贷款等。对于造成环境污染却又因各种原因难以关闭的企业，应严格把控，并要提高其贷款标准，可采取在贷款后提前收回贷款的政策。此外，为使低碳政策性银行更好地运转，还应建立低碳信贷外部监督体制，以保证信贷的有效实施（韩正刚、蒋远胜，2010）②。

三、大力完善碳交易市场

碳交易市场是碳交易存在的前提，完善碳交易市场对于低碳经济发展而言具有非常重要的价值。第一，贵州各级政府应该有意识地结合自身的发展现状，认识到建立适合自己的碳交易市场的重要性，贵阳可率先建立并完善碳交易市场，其他地区可借鉴贵阳的发展经验，根据自身的发展情况建设符合自己情况的碳交易市场。碳交易市场可以被看作是一种降低碳排放的运营模式，一方面有利于降低碳排放的成本，另一方面对未来的社会经济发展也有重大的战略意义。第二，贵州政府应从战略高度上，根据自身的发展实际，制定出自己的一套评判标准，并构建围绕碳市场的基础产业，积极建立相关人才储备。第三，初始碳排放权的价格。在一定的碳排放量条件下，当碳交易市场没有引起碳排放权变化的外部影响时，贵州各地区的相关企业应结合自身实际的发展状况，细致分析碳交易市场的信息，并通过有关信息来估算碳配额的价值。在此基础上，贵州对碳价格应实行统一管理，其他地区可根据控制碳排放量的目标，运用有偿性的补贴调控。第四，贵州应建立并完善区域碳交易市场，在此基础上，逐步发展碳排放权交易市场。可在贵阳

---

① 孙古玥：《政策性银行拓展低碳金融业务研究》，硕士学位论文，吉林大学，2013 年。

② 韩正刚、蒋远胜：《低碳经济下的银行信贷战略调整》，《企业家天地（理论版）》2010 年第 12 期。

率先建立区域碳交易市场，为贵州其他地区提供一定的经验借鉴。与此同时，可发挥已有的碳排放权交易所等机构在区域碳交易市场上的作用，调动其在市场上的能动性，并要鼓励贵州各地方政府部门建立碳交易区域市场，以此逐步建立与完善贵州市场乃至国家大市场。第五，着重发展场内交易。在当前的社会经济发展框架下，场内交易和金融化逐步成为全球碳排放交易市场的一大走势。此外，交易所在本质上为场外交易（斯建华、廖丹萍，2011）[①]。

综合以上因素，建议贵州应结合本省的发展现状与发展特点，积极借鉴国内外发展碳交易市场的成功经验与发展模式，不能照搬国内外的发展案例，应重点培育适合自己本地区的碳交易市场，并要逐步提高开放水平，结合实情适度降低批准条件，以吸引其他市场的参与主体进入到贵州发展碳交易市场，并以此扩大贵州的市场影响力和市场规模。

四、创新碳金融手段

创新碳金融手段，积极鼓励碳交易市场的参与主体及交易产品的多元化，实现多样发展。在低碳市场发展模式下，积极倡导企业与个人主动参与碳交易，这就需要政府和有关部门进行政策倾斜、财政补助与舆论导向，以此拓展碳交易规模，降低因投机效应导致的资源浪费。当前，在大力发展现货市场之余，还应主动探索发展碳基金以及积极开发其他相关的金融产品，逐步扩大金融市场，通过有效手段刺激市场活力，并发挥市场的积极作用。

首先，贵州应设立专门的低碳基金，可从贵阳地区率先设立低碳专项资金，根据贵阳的发展经验，贵州其他地区应结合自身发展条件，相应地设立低碳专项基金。资金可通过财政划拨或者设立环境税等方式获得，当低碳专项基金发展成熟后，贵州应统一设立低碳发展专项资金，并成立相关部门在省域层面上进行宏观调控。低碳专项基金应包括两个使用范围：一是贵州应根据自身的发展状况，对具有发展前景的低碳项目给予财政补贴和一定的政

---

① 斯建华、廖丹萍：《我国碳排放权交易市场的建立与完善》，《经济导刊》2011 年第 5 期。

策扶持；二是在环境污染中，对受到巨大损失的相关人员给予资金补贴或其他相关的补偿。此外，该基金应该投资于低碳发展项目和一些低碳节能企业，在实现保值增值的同时，也扶持了低碳经济的发展。贵州还应在此基金之外，鼓励倡导其他组织设立相关的低碳基金，并以此当作低碳专项基金的有效补充（刘青、刘传江，2009）①。

其次，进一步推广绿色保险产品，开展巨灾风险证券化试点。创新碳金融手段，要建立并完善绿色保险制度，对相关企业尤其是具有高碳排放的企业采取绿色保险制度，一方面可限制高碳排放企业对环境的进一步破坏，另一方面对实施低碳经济具有重要的战略意义。此外，政府相关部门还应积极推进巨灾风险证券化试点的建设进程。巨灾风险证券化本质含义是指让保险公司在资本市场实现绿色保险的同时，再次实现保险，以保证在环境巨灾发生时，可以有效降低对保险公司的经济冲击，实现双保险，而且还有利于及时修复巨灾对环境造成的损坏（聂志国，2013）②。

最后，贵州政府应注重相关衍生品的开发。在碳排放交易市场中，有种类繁多的衍生品，并且与传统和新兴金融工具的发展联系密切，并在不断优化创新中促进金融化程度的逐步加深。衍生品可以帮助现货交易分析当前经济波动以及走势，规避一定的市场风险，并可加强现货市场的活力。因此，不仅要发展碳排放现货市场，也要注重开发相关衍生品。贵州应积极与市场参与者交流合作以及参与协同创新，并辅以严格的监管制度，以此确保市场的稳定有序发展（杨继，2010）③。

① 刘青、刘传江：《低碳经济与绿色金融发展》，《今日财富（金融版）》2009 年第 7 期。
② 聂志国：《论保险公司的巨灾风险管理——再保险方法与风险证券化》，《中国管理信息化》2013 年第 6 期。
③ 杨继：《碳排放交易的经济学分析及应对思路》，《当代财经》2010 年第 10 期。

第四节　自愿行动

在低碳减排行动中，需要政府、企业与公众三方的共同努力。为了使三方之间的合作交流更加和谐、高效，需要把对企业的外部监管通过一系列改革转化为内部的激励机制。与此同时，还要提高政府的办事效率，达到降低企业和政府之间环境管理交易成本的目的，不断朝着合作型管理模式的方向转变。另外，需要通过财政政策等手段激发企业的减排动力，增强公众低碳意识，使公众自愿进行低碳消费。

一、推动自愿协议实施

应充分发挥自愿协议在实现节能减排目标方面的积极作用。当前，贵州的能源消费结构仍以煤炭为主，产生的碳排放近年来不断攀升，在坚守发展和生态"两条底线"的主基调下，贵州面临的碳减排形势不容乐观，要尽早顺利实现区域碳减排目标，不但在监管力度上需要进一步加强，在环境管理机制上更要不断创新。目前，已采取一系列政策措施来执行减排行动，如已签署的主要污染物减排责任书与节能责任书，这些责任书中虽然均明文规定了具体的减排节能任务，但是没有可以操作的相应激励机制去激发企业以及公众的低碳意识，因此，需要在硬性规定下，积极引入自愿协议，不断鼓励各级政府在环境与生态保护上实现更高的目标。其中，自愿协议中可以引入排污收费政策，以此作为激励手段，具体可以通过征收排污收费资金，并且进行合理管理以及使用，调动企业低碳减排的积极性。另外，政府应该不断改革排污收费制度，最终达到引导企业进行自愿减排的目的。

对于排污收费资金的使用和管理，要设计一个合理的中长期规划。在短期内，可以将部分资金设置为奖励基金，对于那些社会责任感强，自愿承担减排义务并取得一定成效的企业进行资金方面的奖励；在征收和监管的环节，对于那些自愿协议执行比较好的企业在一定程度上减少对其现场监督的频率等。在长期，要对排污收费制度进行改革，对实施自愿协议效果好的企业的可核实的高于规定目标的削减量进行豁免抑或是先征后返（牛雪莹，2011）[1]。

为了保证自愿协议能够被企业广泛接受，其内容必须清楚明了，具体的框架包括：主体、类型、激励机制设计、节能减排潜力评估、目标设定以及管理和评估等几个主要方面。其中，主体的范围应仅包括政府和工商界两方，在类型的考虑选择方面，为了集中体现其自愿的特性，应该选用公众自愿参与型。其中，自愿协议的激励机制中可以重点引入排污收费的方法。在节能减排潜力评估方面，可将企业能源审计与清洁生产审核两种办法结合起来进行（董战峰等，2010）[2]。具体落实到贵州减排目标设定的方面，最根本的要以国家提出的节能减排目标为基础，并且结合贵州的实际情况，进行可行性分析。另外，还要做好自愿协议的管理和评估工作。

二、加强企业低碳管理

首先，当企业依据自愿协议实现减排目标时，企业在生产过程中，一方面，要大力提高生产技术；另一方面，要主动适应低碳经济发展的要求，尽量退出高碳行业，不断向低碳行业发展，为保证企业顺利进行产业之间的转换，政府需要起到鼓励支持的作用，通过碳基金、制定保障制度等各种措施全方位为企业服务。

其次，构建多种减排途径，有效降低减排成本。技术是第一生产力，在当前发展低碳经济的大潮流中，发达国家利用本国优势的低碳技术，在减排行动中取得了较大的成果，而贵州由于与发达国家之间存在减排技术差距，进而导致在我国展开减排行动的成本居高不下。在贵州，要想取得较大的减排成效，亟须通过政府和企业的共同努力，一方面，大力引进国外先进的低碳技术，不断消化吸收；另一方面，加强科研机构和企业的内部研发能力，

① 牛雪莹：《浅析如何实现排污收费与企业节能减排的有效结合》，《科技与生活》2011年第1期。
② 董战峰、王金南、葛察忠等：《环境自愿协议机制建设中的激励政策创新》，《中国人口·资源与环境》2010年第6期。

提高贵州的自主创新力，以此来降低减排成本。同时还要实行奖惩措施，来不断调动企业提高技术的积极性，对于那些减排技术老化、落后的企业进行严厉的制裁，随着执行时间的深入，企业的减排成本必然会大幅降低（王志强等，2014）①。

再次，在企业内部须加强环境管理的手段来实现节能减排的目标。一方面，制定一系列污染排放的指标以及对能源消耗的额度进行限制，从而引导企业养成节约能源的意识，控制污染物的排放。在执行管理手段的同时，要注重减排技术的提升，大力发展绿色经济、低碳经济以及循环经济。为了使低碳理念在全社会中普及开来，需要政府增加财政支出，扩大宣传，提高企业对低碳生产的认知度。其中，企业的低碳经营是一项长期工作，这就需要各类社会组织的共同监管，这有利于提升企业自愿减排的自觉性和积极性。另外，要增强社会各界人士对企业低碳发展事业的理解和认可，还要增加社会效益，从而进一步提升企业减排的动力。

最后，努力平衡好企业的社会责任与盈利目标两者间的关系。企业在追求最大利润的同时，还要完成社会赋予的责任。要形成企业低碳文化，低碳文化引导着每一位员工的日常行为，有利于员工形成低碳意识，养成低碳习惯，并通过不断进行自我宣传和社会公益宣传，打造低碳企业的良好形象；要扩大市场调查，深入了解消费者的偏好，以消费者的低碳需求为导向，扩大生产（王吉昌，2012）②。为了营造全民低碳消费的氛围，可由政府牵头，企业积极配合，利用电视、广播、网络等媒介，不断向社会大众宣传低碳减排的必要性和重要性，久而久之，逐渐改变公众的消费倾向，加大其对低碳产品的偏好。大力推行碳标签制度，提升低碳产品的竞争力和号召力，以此拓展低碳产品的市场。

---

① 王志强、周隽、沈月琴：《基于自愿协议减排的企业演化博弈分析》，《浙江农林大学学报》2014年第5期。
② 王吉昌：《促进我国自愿碳减排市场发展的对策》，《节能》2012年第7期。

三、提高公众低碳意识

气候变化引起的不良影响会波及到每一个人，因此，为适应和减缓气候变化，不仅需要贵州省各级政府部门领导干部的重视、企事业单位的努力配合，还需要发挥广大公众的力量。在实施低碳减排行为之前，需要通过报刊、图书、音像和网络等传播媒介，对气候变化的现象和实质以及对低碳的概念进行科学的界定，以加深社会公众的理解和认知。企业是低碳行动的重要推动者，其能否有效承担环境保护的社会责任，直接关乎着低碳减排目标能否顺利实现，因此，政府需要构建相关管理机制，譬如通过征收碳税、张贴碳标签等措施调动企业进行低碳生产的主动性；同时，要大力发挥公众的监督作用，督促政府和企业低碳行动的持久性（尹忠明、胡剑波，2011）[1]。具体来说：

首先，通过多种途径在公众之间大力宣传气候变化和环境失衡给人类造成的严重危害，以此吸引人类对气候变化问题的关注。目前，很多群众对全球变暖等其他环境问题的了解十分肤浅，缺乏正确的认识。部分人虽然对环境污染等环境问题有所意识，但因为并没有切实体会到这些环境问题所带来的巨大危害，所以在心理上往往抱着侥幸心理，任其发展，导致环境治理举措一拖再拖，最终引起各种环境危机。因此，要想从根本上解决目前的环境危机，必须先从思想上纠正公众以往的错误观念，政策制定者应当在公众间普及当前气候变化等问题并可能导致的危害，使公众认识到如果任由环境问题恶性发展下去，那么由此带来的不良影响将会波及到每个人的现实生活。通过观念上的转变，最终转变公众以往不良的消费习惯。

其次，增强公众对环境问题的责任意识，同时提高他们对自身生活方式的监督意识。长久以来，公众都将环境问题理所当然地归结为政府的责任，认为一切的环境危机都应当由政府去解决，不少人总是推卸自身的责任，忽略了个人的不良生活习惯和消费方式对周围环境的影响。鉴于此，政策制定

---

① 尹忠明、胡剑波：《国际贸易中的新课题：碳标签与中国的对策》，《经济学家》2011年第7期。

者应让公众明确知晓个人对环境问题的责任与义务，培养个人的责任意识，同时提高对自身生活的监督意识，以提高个体责任感。

最后，普及低碳消费理念以及低碳消费指南，引导人们逐渐建立正确的消费方式。只有人们真正转变了以往的生活消费理念，让低碳意识融入个人生活，才能从根本上缓解并最终解决环境危机问题（王建明、王俊豪，2011)[①]。

四、形成低碳消费模式

政策制定者应从多方面降低个体实施低碳消费模式的成本，并使其从中获得较大收益。首先，从经济学理性人的角度来说，任何公众进行经济活动都是利己的，如果低碳消费模式不能给大家带来比原有经济模式更高的收益，那么低碳消费模式就很难在理性的公众之间得到普及。鉴于此，政策制定者应通过多方位的政策及鼓励措施（如配套设备、技术扶持、政府补贴等)，使得低碳消费模式实施过程更加便利，同时获得更高收益。其次，物质主义生活理念对个体实施低碳消费模式的心理预期有着举足轻重的作用。物质主义者将物质占有视为其人生的重心，由消费行为来获得生活上的满足。物质主义者视物质就是他们的价值（王建明、贺爱忠，2011)[②]。因此，政策制定者应有效地引导公众从奉行物质主义的价值观中解脱出来，更多地关注其他非物质因素对生活的影响，如非可再生能源的持续利用、生活环境质量的大幅提升，从而形成以节约保护、开发适度、循环利用为核心理念的可持续发展生活方式和消费模式，引导公众朝着低碳生活理念最终目标前进。

---

① 王建明、王俊豪：《公众低碳消费模式的影响因素模型与政府管制政策——基于扎根理论的一个探索性研究》，《管理世界》2011 年第 4 期。
② 王建明、贺爱忠：《消费者低碳消费行为的心理归因和政策干预路径：一个基于扎根理论的探索性研究》，《南开管理评论》2011 年第 4 期。

第五节　国际经济合作

当前，不管是国际还是国内社会都制定并且出台了各种政策措施和合作机制，以应对及治理全球气候变化，以清洁发展机制（CDM）为核心的可持续发展研究，在降低发达国家减排成本的同时，可为发展中国家带来额外资金和先进技术，实现环境和发展的双赢。因此，贵州应从这一角度来探究在国际经济合作中如何发展低碳经济。

一、积极参与低碳国际合作

环境问题不只是阻碍一个国家或地区社会发展的问题，同时也是阻碍世界发展、全人类健康生活的共同难题。特别是在世界经济大融合大发展的背景下，单单依靠一个国家的力量是很难解决这一难题的，只有广泛参与国际环境合作，建立健全国际合作的制度框架，如《京都议定书》《联合国气候变化框架公约》等才能走上正确的低碳发展道路。世界各个国家若想顺利开展国际合作，可以借助国际制度性框架的约束力、完善的国际技术协议、CDM 项目的建设等各种途径。

中国作为碳排放大国，若想早日走上低碳发展之路，必须加入到国际合作中，积极借助"走出去，引进来"的力量进行大力减排。同样地，贵州省也应该加强同国际社会的交流与合作，积极与发达国家在节能减排、环保等领域开展深入合作，这样才能及时了解世界低碳环保的发展趋势及贵州对外贸易发展潜在影响的因素。同时，主动参与到国际合作中有利于减少贸易中的差别待遇、防止滥用贸易协定等贸易保护措施（尹忠明、胡剑波，2011）[①]。一方面，贵州出口企业对相关国际贸易法律的了解相对较为薄弱，因此要加强企业对该类知识的学习，从而有利于企业掌握与其自身相关的低

---

① 尹忠明、胡剑波：《国际贸易中的新课题：碳标签与中国的对策》，《经济学家》2011 年第 7 期。

碳标准与法案。另一方面，建立一整套完整的与碳有关的法律体系，以此使得贵州出口企业在处理国际贸易纠纷时有所依托，从而使企业可以有能力维护自身的利益。

二、推动 CDM 项目国际交易

当前，要实现节能减排的目标，可以说面临重重困难。近年来，贵州政府可以说为了完成减排目标做了非常大的努力。贵州对节能减排工作加大了监督和完成力度，制定并出台了一系列有利于节能减排的政策措施。另外，各地区、各有关单位和部门对节能减排工作做了全面系统的工作部署，然而得到的结果并不理想，几乎从未完成过每年制定的节能降耗和污染减排目标（杨志强，2007）①，从而导致贵州节能减排形势愈演愈烈。新能源 CDM 项目的国际交易为贵州节能减排打开了一扇窗，因为它能够给新能源项目的开发提供各种支持，如可以在资金、技术、政策等方面提供非常有效的帮助，这对于减缓新能源自身发展中存在的诸多问题非常有利，诸如可以降低减排成本、解决融资困难的问题、提供高新科技等方面，这对于推进新能源产业的深入发展相当有利。一个 CDM 项目如若想成功，我们就必须对影响它成功的风险或者因素做全面系统的考虑，这些风险存在于项目从开始开发到最后检测与报告的一整个阶段，它们是可以预测与评价的，我们可从定量或者定性的角度进行考察和分析。

为进一步推动 CDM 项目的交易，可以借助新闻发布会、专访、培训班、制作科普宣传片、展览、网络宣传等多种方式，让基层政府官员和企业领导借助多种渠道深入学习 CDM 项目的知识。从发达国家的减排经验中，借鉴适合自己的发展模式，同时引导和支持各界相关人士的广泛参与，进一步加大科研资金的投入，大力建设世界一流的科研平台，保障 CDM 的科研顺利开展，贵州要结合自己的省情，针对本地区的情况制定合适的发展模式，从而有效促进各类 CDM 项目活动顺利"上马"。CDM 项目开发与技术服务需

① 杨志强：《切实采取措施扭转节能减排的严峻形势》，《社会主义论坛》2007 年第 10 期。

要大量的高层次人才专业从事相关工作，因此要大力培养高层次人才，以便 CDM 项目能顺利建设；以可持续发展原则为基础，在此之上制定一系列标准和规则，建立健全信贷、投资、税收规模导向政策，金融机构作为资金与交易中介，在资金和企业链接之间起着非常关键的作用，因此要利用好金融机构的媒介作用，并逐步支持金融中介和项目业主合作开发 CDM 项目，从而增强对地区低碳经济发展的支持力度（胡剑波，2011）[①]。

三、加大 PCDM 项目投资力度

CDM 虽然在已开展的项目中具有很大的温室气体减排潜力，但对于可持续发展的促进作用还是相对有限的。为了使得清洁发展机制在促进经济低碳化中的作用充分发挥，国际社会曾构思出多种可能的运行方案，其中就有规划方案下的清洁发展机制（Programmatic Clean Development Mechanism，PCDM）。PCDM 是指将为完成某一目标或者执行相关政策而运用的一整套减排措施作为一项规划方案，整体注册成为一个 CDM 项目，在这一规划方案下，项目产生的减排量在经过有关机构核证后就可以签发相应的 CERs。然而当前贵州 CDM 项目几乎把全部注意力放在了水力发电等其他新能源和可再生能源项目上，却忽略了潜力大、收益好、小型分散且与终端用户相关的 CDM 项目，而 PCDM 可对已有 CDM 进行有效的补充，可以说弥补了 CDM 在"适合开发但开发不充分"领域的缺陷，拓展了能源范围、拉动了就业、降低了环境污染，使得可持续发展的意义更为广泛（王谋等，2010）[②]。因此，贵州各地市级加大在农村用小沼气、车用生物柴油等项目类型方面的建设和发展力度，借助高科技的低碳技术，改造和升级传统产业，将两者相结合，可以在政府规划的项目中强化 PCDM 的推广和应用，如政府机构、工业、建筑、交通节能，小型锅炉改造以及电机系统改造等项目，从而通过真

---

① 胡剑波：《气候变化背景下四川民族地区 CDM 项目发展研究》，中国自然资源学会 2011 年学术年会论文，新疆，2011 年 7 月。

② 王谋、潘家华、陈洪波等：《规划方案下 CDM（PCDM）实施问题及前景》，《经济地理》2010 年第 2 期。

正的减排最终用户，进而完成节能减排目标。

四、鼓励低碳外国投资

低碳外国投资，和普通的投资道理基本是一致的，是指跨国公司利用股权（直接外资）或非股权投资途径，向东道国转让本公司的高新技术或先进产品的做法，这样就使得这些国家自身活动排放的温室气体量大幅度降低。然而，目前的情况却是，发达国家借助经济全球化，将"三高"型产业转移到中国，然后为减少或者完全替代本国低附加值或半成品生产，从中国进口此类产品，从而降低了本国的能源消耗和温室气体的排放。这种做法有利于减少发达国家的碳排放量，对他们实现单个的排放目标也有积极的意义，可是这显然会导致全球碳排放总量飙升，从而出现我们常说的"碳泄漏"问题，因此，因为国际贸易的存在，一个国家的碳足迹不单单是自己国家的而是世界性的（申益美，2011）①。

根据中国对外贸易数据，可以得知我国是一个贸易顺差大国，加之我国低碳技术较为落后，使得我国在国际贸易中成为碳排放的净出口国，因此，可以说独自支付了因为生产和加工这些出口产品的能源消耗成本、加工的排放以及交通运输的其他相关成本。中国承担着因世界经济一体化发展而产生巨大的碳转移，这会对我国环境造成非常大的危害，因此必须对其进行定量评价。跨国公司既是碳排放的开拓者，也是低碳主要的投资者。跨国公司可以借助对本国和国外业务的生产流程进行提升优化这一方法，提供给东道国亟须的资本和尖端技术，以此来输出更为清洁的货物和服务。联合国贸易和发展会议根据相关数据估计，在2009年，大约有900亿美元的直接投资流向了可再生能源、循环利用和低碳技术制造这三大低碳商业领域（尹忠明、胡剑波，2011）②。为此，贵州要拓宽吸引低碳外国投资渠道，另外还要严格把关投资质量，积极建设有益于促进低碳发展的合作平台，为跨国公司低碳

---

① 申益美：《低碳外国投资的影响及应对策略》，《中国经贸导刊》2011年第3期。
② 尹忠明、胡剑波：《国际贸易中的新课题：碳标签与中国的对策》，《经济学家》2011年第7期。

技术顺利推广打下良好基础。

第六节　本章小结

以上各章节分别进行产业部门碳排放的理论基础分析以及借鉴投入产出法思想，测算贵州产业部门 1997 年、2002 年、2007 年以及 2012 年的隐含碳排放量，并且在此基础上，进行产业部门产出和隐含碳排放之间的驱动效应分析、关联效应分析以及脱钩效应分析，在上述定性与定量分析基础上，本章提出在建设生态文明大背景下贵州低碳发展的对策建议，主要从行政管制、财税措施、基于市场的手段、自愿行动、国际经济合作等方面提出对策建议。

第一，贵州长期以来产业发展未摆脱高能耗、高排放以及高污染的模式，再加上落后的产业技术水平，使得贵州经济发展滞后，碳排放问题越发严重，采取一定的行政手段发展低碳经济，守住生态与发展"两条底线"已迫在眉睫，具体的行政手段有：采用合适的战略性环境政策措施、注重经济政策和产业政策的有机结合、大力开发新能源和可再生能源以及积极开拓低碳居住空间。

第二，目前，贵州正在大力发展经济，财税政策的突然实施必定会影响到贵州整体的经济水平和相关税务结构，因此，财税政策的实施须加以重视，具体包括：细化公共财政支出政策、制定低碳发展新型财政预算、加快落实各项碳税优惠制度以及推动绿色信贷发展。

第三，绿水青山就是金山银山，在环境资源越来越"金贵"的当下，如何实行低碳发展，仅仅依靠国家政府的力量是远远不够的，还要充分利用市场手段加以控制。因此贵州必须抓紧构建以市场为主的制度安排和激励机制，引导企业自觉地从事低碳经济活动。具体行动措施包括：完善碳金融法律法规、建立低碳政策性银行、大力完善碳交易市场以及创新碳金融手段。

第四，要顺利实现低碳减排目标，需要政府、企业和公众三者之间的合作，为了保证他们三者之间的合作获得最大效益，需增强环境管理竞争力，把企业减排的潜力全部发挥出来，因此，应把对企业外部监管转化为内部激励机制，从而使得企业与政府之间环境管理交易成本大幅降低。增强公众低碳意识，使公众自愿进行低碳消费，具体的措施包括：推动自愿协议实施、加强企业低碳管理、提高公众低碳意识以及形成低碳消费模式。

第五，碳排放与其他污染不同的是，它具有全球外部性，因此，为积极应对气候变化和减少碳排放需要国际合作与交流，当前，国际国内社会出台了众多针对适应和减缓气候变化的政策措施和合作机制，取得了一定的成效，其中，清洁发展机制（CDM）由于其自身的发展模式，在降低发达国家减排成本的同时，也可为发展中国家带来额外资金和先进技术，实现环境和发展的双赢。因此，贵州也可通过政策实施加强与国际社会的合作，以此尽快实现自身的低碳发展目标，具体的措施包括：积极参与低碳国际合作、推动 CDM 项目国际交易、加大 PCDM 项目投资力度以及鼓励低碳外国投资。

第九章 结论与不足

第一节 主要结论

投入产出法是一种非常有效地研究能源发展与环境污染的常用方法，也是研究碳排放的常用工具，本书将投入产出模型运用到贵州产业部门隐含碳排放量测算之中，利用1997年、2002年、2007年和2012年的贵州投入产出数据，运用 Matlab 7.0 计量软件，最终求得贵州产业部门的隐含碳排放量；利用 LMDI 模型对影响贵州产业部门隐含碳排放的变化因素进行了分解；借鉴产业关联的思想内涵，构建出贵州产业部门隐含碳排放的关联效应模型并进行了测算；利用脱钩弹性系数，测度了产出增加与贵州产业部门隐含碳排放之间的脱钩关系。相关研究的主要结论如下：

第一，气候变化下贵州产业部门的隐含碳排放量。贵州产业部门总的隐含碳排放量在1997年、2002年、2007年和2012年呈现持续增长态势，分别达到12361.08万吨、32609.25万吨、37454.15万吨和61361.73万吨，年均增长率高达11.27%，虽然隐含碳排放是在增加的，但增长速度却在逐渐放缓。这说明贵州在控制碳排放的快速增长上取得了一定效果，有效阻止了碳排放的高速增长。隐含碳排放主要集中在建筑业，金属冶炼及压延加工业，化学工业，电力、热力的生产和供应业等十个产业部门，这四年中，这十个部门的隐含碳排放量之和在隐含碳排放总量中的占比依次分别为84.37%、86.32%、87.72%和90.85%。另外，从隐含碳排放增量和增速的角度看，其变化差异大，但从总体上来看，随着贵州不断推进低碳经济的发展，隐含碳排放增速不断下降、排放量不断减少的部门逐渐增加，节能减排措施凸显成效。在这四年中，第二产业不管是直接碳排放量，还是隐含碳排放的值都是最大的，这主要是因为第二产业的碳排放强度较大，另外贵州现在的经济发展结构大致是"二三一"，第二产业的总产出也相对较大，故其总的碳排放量最大，每年的各类碳排放量占比都超过了70%。这也说明第二产业还有很大的减排空间，这也为未来贵州进一步减小碳排放指明了方向。在三次产业中，第三产业的直接和隐含碳排放都大于第一产业小于第二产业，碳排放量最小的是第一产业。

第二，影响贵州产业部门隐含碳排放变化的驱动因素。经济规模效应：从总体的视角看，经济规模效应的贡献值在1997~2002年、2002~2007年、2007~2012年的三个时间段内，分别为0.9968亿吨、2.7309亿吨以及4.3630亿吨，大体上来看，经济规模效应在整个研究时间段内均表现为递增的趋势；从27个产业部门的角度看，在研究期间的三个时间段内，绝大多数产业部门经济规模效应的贡献值逐渐递增，表现尤为突出的五个部门为：石油加工、炼焦及核燃料加工业，化学工业，建筑业，交通运输、仓储及邮政业以及其他服务业；从三次产业的视角看，三次产业在三个时间段内所对应的规模效应均为正数，表明按三次产业分类所对应的产出为递增状态；从贡献率上看，三次产业的经济规模效应在所分析的三个驱动因素中影响最大。隐含碳强度效应：从总体视角看，碳排放强度在1997~2002年的贡献值和贡献率分别为：0.8546亿吨和42.21%，在2002~2007年的贡献值和贡献率分别为：-2.4354亿吨和-502.67%，在2007~2012年的贡献值和贡献率分别为：-1.7998亿吨和-75.28%，由于后两个时间段内碳排放强度的负向贡献值较大，故针对整个研究期间，即在1997~2012年，碳排放强度效应减少1.9836亿吨排放量；从27个产业部门的视角看，1997~2012年碳排放强度效应的贡献值有正有负，并且碳排放强度效用的贡献值为负数的部门越来越多，表明各个行业部门所对应的完全碳排放系数处于递减态势；从三次产业的视角看，三次产业除在1997~2002年所对应的碳排放强度效应为正数外，其余时间段均为负数，三次产业中，碳排放强度效应对碳减排的影响作用，从大到小依次为：第二产业、第三产业和第一产业。产业结构效应：产业结构效应对碳排放的影响在前两个阶段内推动碳排放的增加，当进入到2007~2012年，产业结构效应开始转变为负值，说明产业结构效应开始抑制碳排放增加；从27个产业部门的视角看，从产业结构效应对碳排放增长的贡献值的大小来看，在四个时间段内，因产业结构效应导致产业部门隐含碳排放量增加最大的前十个行业部门大都包括燃气生产和供应业，交通运输、仓储及邮政业以及其他服务业等；从三次产业的视角看，三次产业在四个时间段内所对应的产业结构效应有正有负，因产业结构效应导致产业部门隐含碳排放量减少的产业是第一产业，而导致产业部门隐含碳排放量增加的是第二产业和第三产业。总效应：总效应的贡献值始终为正值，即总效应在整个研究期间始终助推碳排放的增长，主要原因在于总效应受经济规模效应、产业结构效应和碳强度效应三方面的影响，而经济规模效应的正向作用远远大于产业结构效应和碳强度效应对碳排放的影响。

第三，贵州产业部门隐含碳排放的影响力系数和感应度系数。产业影响力系数和产业部门隐含碳排放影响力系数大于1的行业基本集中在第二产业，且以制造业居多。就产业影响力来说，第一产业（农业）和第三产业影响力系数全部小于1，但第三产业的影响力系数基本全部大于第一产业的影响力系数。就隐含碳排放影响力来说，石油加工、炼焦及核燃料加工业在整个研究期间除1997年以外其余年份的隐含碳排放影响力系数一直居高前两位。产业感应度系数和隐含碳排放感应度系数大于1的行业也集中在第二产业，石油加工、炼焦及燃料加工业，金属矿采选业及电力、热力的生产和供应业三个产业在这四年27个产业部门的感应度系数中一直居高不下，基本全部都居于前五位。另外，我国第一产业（农业）和第三产业的隐含碳感应度系数全部都小于1。通过对产业部门及其隐含碳排放的关联度的综合分析发现：没有产业部门同时属于弱辐射强制约以及强辐射强制约；强辐射弱制约产业基本大都是发展较为成熟并位居"下游"环节；弱辐射弱制约产业包括了全部的第一产业和第三产业，同时还有一部分发展较为成熟的轻工业部门。

第四，经济增长与贵州产业部门隐含碳排放的脱钩关系。从总体视角来看，经济增长与隐含碳之间的脱钩弹性具体情况为：1997~2002 年脱钩弹性为 2.59，2002~2007 年脱钩弹性为 0.13，2007~2012 年脱钩弹性为 0.43，1997~2012 年脱钩弹性为 0.50，与此同时，总产出与隐含碳排放之间的脱钩状态除了 1997~2002 年为增长负脱钩，其余年份均处于弱脱钩状态。从各行业的角度视角来看，越来越多部门经济增长的同时不再伴随大量 CO_2 的产生，两者之间呈现强脱钩关系的部门逐渐增多。具体表现为：1997~2002年，贵州各部门产出与隐含碳排放之间的脱钩状态为增长负脱钩的有 20 个，即超过 70% 的部门产出增加的幅度远远小于隐含碳排放增加的幅度，增加了社会减排的压力；2002~2007 年，接近一半的部门在产出增加的同时大幅减少碳排放，缓解社会的减排压力，其产出与隐含碳排放之间的脱钩弹性值小于 0，脱钩状态表现为强脱钩，是最理想的生产方式，除了强脱钩外，还有14 个部门的产出与隐含碳排放之间表现为弱脱钩的状态；2007~2012 年，有20 个行业部门的产出与隐含碳之间的脱钩状态为弱脱钩，仅有 1 个部门即通用、专用设备制造业的产出与隐含碳排放之间的脱钩状态为强脱钩。从三次产业视角来看，只有 1997~2002 年这个时间段内三次产业产出增加与碳排放间表现为增长负脱钩的状态，其余阶段全部为弱脱钩或强脱钩，说明随着产业结构的不断调整，产出增加方式不断朝着低碳化的方向发展。

第二节　研究不足

本书虽然构建出气候变化下贵州产业部门隐含碳排放投入产出模型、影响隐含碳排放的 LMDI 模型、隐含碳排放的关联效应指标模型和经济增长与隐含碳排放之间的脱钩模型，并以此求解出各个产业部门的碳排放量、驱动因素、关联效应和脱钩效应，较好地达到了本书研究的初衷，但在研究之中仍有诸多不足，至少包括如下几种情况：

第一，碳排放仅仅考虑 CO_2 而产生的局限。本书研究的温室气体仅为 CO_2，然而依据联合国气候变化大会所定义的温室气体的种类，温室气体除了我们常说的二氧化碳（CO_2），还包括甲烷（CH_4）、氢氟碳化物（HFCs）、全氟碳化物（PFCs）、氧化亚氮（N_2O）和六氟化硫（SF_6）。虽说这五种温室气体的排放量远小于 CO_2，然而它们的全球变暖潜能值（GWP）却比 CO_2 要大得多，因此在研究中理应考虑。本书在进行相应的研究时，还无法获得这五种气体的排放量，在日后的温室气体方面的研究中应该将尽可能多的温室气体包括进来，予以研究。

第二，CO_2 排放源范围的限定。本书中界定的 CO_2 排放源主要来自于化石燃料燃烧活动所排放的 CO_2，对非化石燃料（如木材、稻草、秸秆等）、工业生产过程（如水泥、石灰、钢铁等）、森林砍伐、湿地排水、农牧生产（如化肥、农药、农膜等农资投入以及牲畜的粪便等）等在内的土地利用行为而产生的 CO_2 排放没有加以考虑。同时，本书研究中也没将水电、核电、风电等其他能源消耗所导致的 CO_2 排放包含进来，但有部分文献研究显示这些能源在消耗的过程中也会有温室气体排放出来（Rosa and Schaeffer, 1994, 1995; Rosa et al., 1996），例如，当建立一个水电站时，淹没水中的生物因发生化学反应而产生分解腐烂同样会排放出温室气体，尤其是 CO_2 和 CH_4。

第三，投入产出方法的局限。本书在求解贵州产业部门隐含碳排放量之时试图尽力求准，但计算过程还是存在诸多缺陷。其一，投入产出法虽然是目前测算能源资源消耗以及碳排放的主流方法，与其他方法相比也更加便于直接操作和计量，可是该方法本身就存在一些缺陷，例如，基本数据资源编排、产业内整合、产品分类与产业分类、产业分类与其生产范围一致性假设、直接消耗系数稳定性假设、价格不变假设、比例性假设（线性函数关系而不是非线性关系）等的不确定性以及在投入产出分析之中，将自然条件的限制、政策性因素的作用、心理方面的影响、市场现实的障碍问题等因素排除在外；其二，运用投入产出方法来测算贵州产业部门的隐含碳排放量，这是一种静态估算碳排放的方法，而基于动态视角的框架下分析讨论碳排放问题，可能更加合理。

第四，投入产出表（价值型）的缺陷。贵州投入产出表大多为价值型，实物型的相当少。价值型的投入产出表尤为突出的特点就是可以将不同产品之间量值单位的差异进行统一，有利于在统一单位的基础上进行对比测算分析，可是这种讨论非常容易受价格因素的影响，如某些产业中的商品价格（例如碳密集型产品的投入）不一致，单位含碳商品价格不一致而用货币来表达的商品流就不能如实地反映实际的实物流向，解决该问题的最佳途径就是利用商品的实物流替代货币流，但若想进行代替，其前提是要求该产业必须具有高度一致的产出流向，即这种产业只能有一种产出结构，比如能源生产部门只能提供能源，那么就可以运用该种方法，若提供多于两种或更多的产出，运用这种方法就是无效的，可是某些产业部门不可能单单只提供一种服务，比如农业，在提供农产品的同时也提供服务产品。

第五，驱动因素分解的局限。本书在对贵州产业部门隐含碳排放变化的驱动因素进行分解时，主要考虑了经济规模、产业结构、碳排放强度这三方面，但是影响 CO_2 排放量的驱动因素可以说是一项系统工程，不只包括这三方面，还有交通工具数量、人口总量、家庭平均年收入、能源禀赋、能效效率等多方面因素，因而使得本书对贵州产业部门隐含碳排放的驱动因素分解不够细致全面，这将会很难准确把握影响碳排放增长的主要因素，进而会对碳减排路径的选择造成一定影响。

第三节　未来展望

气候变化问题目前已不仅仅是科学问题，而上升为全球性的政治、经济和社会问题。减少温室气体排放，实现经济低碳发展，更是当仁不让地成为目前国际社会应对气候变化所关注的焦点。作为负责任大国，中国在《京都议定书》对发展中国家初次承诺期内没有强制减排要求的情况下，就做出了自愿减排承诺，曾经在哥本哈根会议召开以前就表示，截至2020年 CO_2 排放强度要在2005年的基础上减少40%~45%，为了进一步践行全球气候治理的大国责任，提出了 2030 年单位国内生产总值 CO_2 排放比 2005 年下降 60%～65% 的新一轮碳减排目标。为了使碳减排目标顺利实现，需要科学合理地评估测算我国的碳排放量，而全国碳排放量的评估离不开各个省市自身碳排放量的测度。同时，由于产业部门是碳排放的重要来源地，基于此，本书以投入产出模型为基础，较为准确地测量了贵州经济发展中产业部门的隐含碳排放。为深入剖析产业部门变动对碳排放的具体影响，以使作为碳减排重要措施的产业结构调整的作用达到最优化，进行了贵州产业部门隐含碳排放的关联效应分析，也测度了经济增长与碳排放的脱钩问题。由于碳排放过程本身是一个较为复杂的系统，包含诸多影响因素，为了准确把握贵州产业部门隐含碳排放量增长的真正原因，利用 LMDI 模型对贵州经济发展中产业部门隐含碳排放驱动效应做了相关分析。虽然本书对贵州产业部门的碳排放效应进行了深入研究，也取得了一定成果，但是限于投入产出表的可获得性和适用性，仅利用了四个年度的投入产出表数据，今后应从更长的时间尺度上跟踪贵州产业部门的碳排放效应的具体变化情况。在构建贵州产业部门隐含碳排放驱动因素模型时，仅考虑了经济规模效应、产业结构效应和碳排放强度效应，在以后的研究中，要对影响 CO_2 排放的相关因素进行完整的分解和系统的量化。另外，贵州各个地州市之间的区位特点、资源禀赋、人口规模、经济发展模式与发展水平等方面差异较大，因而不同地区能源消费和 CO_2 排放也各不相同，而本书中的隐含碳排放变化的驱动因素分解模型中，只考虑了时间维度上的影响，而未考虑空间维度上的变化，在今后研究中，应对贵州产业部门隐含碳排放驱动因素在时间上的分解和空间上的动态转移进行深入剖析，为促进贵州低碳发展和我国早日实现碳减排目标提供科学支撑。

参考文献

[1] 白冬艳、张德成、翟印礼、殷炜达、李智勇：《论进出口国共担国际贸易中的木质林产品隐含碳排放》，《林业经济问题》2013年第4期。

[2] 陈德敏、谢雯：《欠发达地区的细分界定与县域可持续发展研究》，《改革》2004年第3期。

[3] 陈红敏：《包含工业生产过程碳排放的产业部门隐含碳研究》，《中国人口·资源与环境》2009年第3期。

[4] 陈俊滨、林翊：《福建省流通产业碳排放影响因素实证研究——基于Tapio弹性脱钩理论和LMDI分解法》，《福建农林大学学报（哲学社会科学版）》2016年第2期。

[5] 陈霖、郑乐：《警惕贸易顺差背后的"生态逆差"——从内涵能源视角看我国的贸易结构调整》，《国际贸易》2008年第11期。

[6] 陈雪晔：《英国一研究机构称西方把废气排放转嫁到中国》，中新网，2007年10月7日。

[7] 陈迎、潘家华、谢来辉：《中国外贸进出口商品中的内涵能源及其政策含义》，《经济研究》2008年第7期。

[8] 储信艳：《坎昆决议艰难出台幕后：美日迟疑岛国愤怒》，《新京报》2010年12月12日。

[9] 戴小文、何艳秋、钟秋波：《中国农业能源消耗碳排放变化驱动因素及其贡献研究——基于Kaya恒等扩展与LMDI指数分解方法》，《中国生态农业学报》2015年第11期。

[10] 邓娟娟：《湖北省经济增长与碳排放脱钩关系的实证研究》，《金

融经济》2016年第2期。

[11] 邓荣荣、陈鸣：《中国对外贸易隐含碳排放研究：1991—2011年》，《上海经济研究》2014年第6期。

[12] 丁仲礼、段晓男、葛全胜、张志强：《2050年大气CO_2浓度控制：各国排放权计算》，《中国科学》2009年第8期。

[13] 董承章：《投入产出分析》，中国财政经济出版社2000年版。

[14] 董明涛：《我国农业碳排放与产业结构的关联研究》，《干旱资源与环境》2016年第10期。

[15] 杜强、张诗青、张智慧：《建筑业碳排放与经济增长脱钩及影响因素研究——以陕西省为例》，《环境工程》2016年第4期。

[16] 樊纲、苏铭、曹静：《最终消费与碳减排责任的经济学分析》，《经济研究》2010年第1期。

[17] 方齐云、吴光豪：《城市二氧化碳排放和经济增长的脱钩分析——以武汉市为例》，《城市问题》2016年第3期。

[18] 冯迪凡：《角力哥本哈根：阴谋与命运》，《第一财经日报》2009年12月9日。

[19] 冯枫、黄和亮、张佩、陈思莹：《中国纸产品贸易的碳减排效应研究》，《林业经济问题》2014年第3期。

[20] 冯宗宪、王安静：《陕西省碳排放因素分解与碳峰值预测研究》，《西南民族大学学报（人文社会科学版）》2016年第8期。

[21] 傅京燕、张春军：《国际贸易、碳泄漏与制造业CO_2排放》，《中国人口·资源与环境》2014年第3期。

[22] 高长春、刘贤赵、李朝奎、张勇、余光辉：《近20年来中国能源消费碳排放时空格局动态》，《地理科学进展》2016年第6期。

[23] 葛全胜、方修琦：《科学应对气候变化的若干因素及减排对策分析》，《中国科学院院刊》2010年第1期。

[24] 葛全胜、刘浩龙、田砚宇：《中国气候资源与可持续发展》，科学出版社2007年版。

[25] 宫再静、梁大鹏：《中国 CO_2 排放量与产业结构优化的互动关系研究》，《中国人口·资源与环境》2015 年增刊 S2 期。

[26] 谷祖莎：《我国贸易开放与二氧化碳排放的关系》，《学术论坛》2012 年第 8 期。

[27] 郭沛、连慧君、丛建辉：《山西省碳排放影响因素分解——基于 LMDI 模型的实证研究》，《资源开发与市场》2016 年第 3 期。

[28] 国家发改委能源研究所课题组：《中国 2050 年低碳发展之路：能源需求暨碳排放情景分析》，科学出版社 2009 年版。

[29] 国家统计局核算司：《中国 2007 年投入产出表》，中国统计出版社 2010 年版。

[30] 韩亚芬、张生、张强：《基于脱钩理论的安徽省工业碳排放与经济增长研究》，《井冈山大学学报（自然科学版）》2016 年第 2 期。

[31] 何其祥：《投入产出分析》，科学出版社 1999 年版。

[32] 何琼：《基于投入产出法的隐含碳测算》，《中国科技论坛》2010 年第 9 期。

[33] 何文渊、魏彩云：《中国油气资源发展现状面临的问题和对策》，《中国能源》2005 年第 1 期。

[34] 贺丹、田立新：《基于低碳经济转型的产业结构优化水平实证研究》，《北京理工大学学报（社会科学版）》2015 年第 3 期。

[35] 贺亚琴、冯中朝：《中国出口结构优化——基于碳排放的视角》，《中国科技论坛》2015 年第 1 期。

[36] 胡世霞、向荣彪、董俊、齐振宏：《基于碳足迹视角的湖北省蔬菜生产可持续发展探讨》，《农业现代化研究》2016 年第 3 期。

[37] 黄蕊、钟章奇、孙翊、刘昌新、刘丽：《区域分部门贸易的隐含碳排放——以北京市为例》，《地理研究》2015 年第 5 期。

[38] 黄葳、胡元超、任艳、崔胜辉、高兵：《满足城市食物消费需求的农业生产碳排放研究——以宁波为例》，《环境科学学报》2015 年第 12 期。

[39] 黄小军、张仁寿、王朋：《从投入产出析文化产业对经济增长的影

响——以广东为例》，《广州大学学报（社会科学版）》2011 年第 7 期。

［40］计志英、赖小锋、贾利军：《家庭部门生活能源消费碳排放：测度与驱动因素研究》，《中国人口·资源与环境》2016 年第 5 期。

［41］贾立江、范德成、武艳君：《低碳背景下我国产业结构调整研究》，《经济问题探索》2013 年第 2 期。

［42］简新华、魏珊：《产业经济学》，武汉大学出版社 2005 年版。

［43］江生生、朱永杰：《工业碳排放与工业产值的脱钩关系研究》，《资源开发与市场》2013 年第 11 期。

［44］金莹：《基于 LMDI 的河南省能源碳排放驱动因素分析》，《湖北农业科学》2015 年第 13 期。

［45］李创、眷东亮：《基于 LMDI 分解法的我国运输业碳排放影响因素实证研究》，《资源开发与市场》2016 年第 5 期。

［46］李丁、汪云林、牛文元：《出口贸易中的隐含碳计算——以水泥行业为例》，《生态经济》2009 年第 2 期。

［47］李佳倩、王文涛、高翔：《产业结构变迁对低碳经济发展的贡献——以德国为例》，《中国人口·资源与环境》2016 年增刊 S1 期。

［48］李丽平、任勇、田春秀：《国际贸易视角下的中国碳排放责任分析》，《环境保护》2008 年第 3 期。

［49］李秀香、张婷：《出口增长对我国环境影响的实证分析——以 CO_2 排放量为例》，《国际贸易问题》2004 年第 7 期。

［50］李焱、刘野、黄庆波：《我国海运出口贸易碳排放影响因素的对数指数分解研究》，《数学的实践与认识》2016 年第 22 期。

［51］李治、李培、郭菊娥、曾先峰：《城市家庭碳排放影响因素与跨城市差异分析》，《中国人口·资源与环境》2013 年第 10 期。

［52］梁进社、郑蔚、蔡建明：《中国能源消费增长的分解——基于投入产出方法》，《自然资源学报》2007 年第 6 期。

［53］廖明球：《投入产出及其扩展分析》，首都经济贸易大学出版社 2009 年版。

[54] 林子清、陈幸良：《我国木质林产品碳贸易政策研究》，《林业经济》2014 年第 5 期。

[55] 刘爱东、曾辉祥、刘文静：《中国碳排放与出口贸易间脱钩关系实证》，《中国人口·资源与环境》2014 年第 7 期。

[56] 刘起运：《关于投入产出系数结构分析方法的研究》，《统计研究》2002 年第 2 期。

[57] 刘强、庄幸、姜克隽、韩文科：《中国出口贸易中的载能量及碳排放量分析》，《中国工业经济》2008 年第 8 期。

[58] 刘淑华：《欠发达地区生产性服务业影响因素与发展战略研究》，博士学位论文，武汉理工大学，2011 年。

[59] 陆立军：《区域经济发展与欠发达地区现代化》，中国经济出版社 2001 年版。

[60] 罗仲平：《欠发达地区县域经济发展的路径思考》，《天府新论》2006 年第 1 期。

[61] 吕佳、刘俊、王霞：《中国出口木质林产品的碳足迹特征分析》，《环境科学与技术》2013 年第 6 期。

[62] 马凯：《气候变暖是人类共同面临的挑战》，《绿叶》2007 年第 8 期。

[63] 马越越、王维国：《中国物流业碳排放特征及其影响因素分析——基于 LMDI 分解技术》，《数学的实践与认识》2013 年第 10 期。

[64] 宁学敏：《我国碳排放与出口贸易的相关关系研究》，《生态经济》2009 年第 11 期。

[65] 庞军、徐梦艺、张浚哲、闫玉楠：《中美、中欧及中日间贸易隐含碳变化的结构分解分析》，《中国环境科学学会学术年会论文集》2014 年第 3 期。

[66] 齐绍洲、林山山、王班班：《中部六省经济增长方式对区域碳排放的影响——基于 Tapio 脱钩模型、面板数据的滞后期工具变量法的研究》，《中国人口·资源与环境》2015 年第 5 期。

［67］齐晔、李慧民、徐明：《中国进出口贸易中的隐含碳估算》，《中国人口·资源与环境》2008年第3期。

［68］杞忧：《人类面临的共同挑战：全球气候变暖》，《生态经济》2008年第4期。

［69］钱志权、杨来科：《东亚垂直分工对中国贸易隐含碳的影响研究——基于MRIO-SDA方法跨期比较》，《资源科学》2016年第9期。

［70］邱薇、张汉林：《碳边界调节措施对中国出口产品影响评估》，《国际经贸探索》2012年第2期。

［71］冉庆国：《我国欠发达地区产业集群发展研究》，博士学位论文，东北林业大学，2007年。

［72］尚春静、蔡晋、刘艳荣、廖伟志：《海南省建筑业碳排放核算分析及预测研究》，《环境工程》2016年第4期。

［73］邵桂兰、陈令杰：《碳排放与经济增长的脱钩实证研究：以山东省为例》，《中国海洋大学学报（社会科学版）》2012年第4期。

［74］邵桂兰、孔海峥、于谨凯、李晨：《基于LMDI法的我国海洋渔业碳排放驱动因素分解研究》，《农业技术经济》2015年第6期。

［75］沈利生、吴振宇：《外贸产品结构的合理性分析》，《数量经济技术经济研究》2003年第8期。

［76］沈孝泉：《气候峰会未达成预期结果　欧洲负有不可推卸责任》，人民网，2009年12月21日。

［77］史亚东：《各国二氧化碳排放责任的实证分析》，《统计研究》2012年第7期。

［78］宋博、穆英月：《设施蔬菜生产系统碳足迹研究——以北京市为例》，《资源科学》2015年第1期。

［79］宋德勇、卢忠宝：《中国碳排放影响因素分解及其周期性波动研究》，《中国人口·资源与环境》2009年第3期。

［80］苏东水：《产业经济学》，高等教育出版社2000年版。

［81］孙秀梅、张慧：《基于脱钩模型的山东省碳排放与经济增长时空关

系研究》，《资源开发与市场》2016 年第 2 期。

　　［82］唐迎：《澳大利亚签署〈京都议定书〉》，新华网，2007 年 12 月 3 日。

　　［83］屠高：《东部沿海发达省份欠发达区域发展研究》，博士学位论文，河海大学，2004 年。

　　［84］汪涛、叶元煦：《可持续发展的产业分类理论——立体产业分类理论》，《学术交流》2000 年第 6 期。

　　［85］王常凯、谢宏佐：《中国电力碳排放动态特征及影响因素研究》，《中国人口·资源与环境》2015 年第 4 期。

　　［86］王锋、吴丽华、杨超：《中国经济发展中碳排放增长的驱动因素研究》，《经济研究》2010 年第 2 期。

　　［87］王佳、杨俊：《中国地区碳排放强度差异成因研究——基于 Shapley 值分解方法》，《资源科学》2014 年第 3 期。

　　［88］王金南、葛察忠、高树婷、赵越、於方：《打造中国绿色税收——中国环境税收政策框架设计与实施战略》，中国环境科学出版社 2006 年版。

　　［89］王军：《全球气候变化与中国的应对》，《学术月刊》2008 年第 12 期。

　　［90］王凯、李泳萱、易静、郑群明：《中国服务业增长与能源消费碳排放的耦合关系研究》，《经济地理》2013 年第 12 期。

　　［91］王堃玉：《哥本哈根中国承诺减排　绿色低碳成生活新主题》，人民网，2009 年 12 月 12 日。

　　［92］王磊：《中国能源消耗国际转移规模及驱动因素研究——基于完全分解均值法处理的 I-O SDA 模型》，《山东财经大学学报》2015 年第 2 期。

　　［93］王文举、李峰：《中国工业碳减排成熟度研究》，《中国工业经济》2015 年第 8 期。

　　［94］王文中、程永明：《地球暖化与温室气体的排放——中日贸易中的 CO_2 排放问题》，《生态经济》2006 年 7 期。

　　［95］王岳平、葛岳静：《我国产业结构的投入产出关联特征分析》，

《管理世界》2007年第2期。

［96］王长建、汪菲、张虹鸥：《新疆能源消费碳排放过程及其影响因素——基于扩展的Kaya恒等式》，《生态学报》2016年第8期。

［97］魏本勇、方修琦、王媛、张学珍、杨会民：《基于最终需求的中国出口贸易碳排放研究》，《地理科学》2009年第5期。

［98］魏本勇、王媛、杨会民、方修琦：《国际贸易中的隐含碳排放研究综述》，《世界地理研究》2010年第2期。

［99］吴晓军：《论地方政府与欠发达地区产业集群成长》，《企业经济》2003年第10期。

［100］武友德：《不发达地域经济成长论》，中国经济出版社2000年版。

［101］奚兆永：《正确理解两大部类的划分——学习马克思主义再生产理论札记》，《财经问题研究》1980年第4期。

［102］夏蓉：《中国进出口贸易中隐含碳排放量分析》，《中南财经政法大学研究生学报》2010年第6期。

［103］向蓉美：《投入产出法》，西南财经大学出版社2007年版。

［104］肖皓、朱俏：《影响力系数和感应度系数的评价和改进——考虑增加值和节能减排效果》，《管理评论》2015年第3期。

［105］徐国泉、刘则渊、姜照华：《中国碳排放的因素分解模型及实证分析：1995-2004》，《中国人口·资源与环境》2006年第6期。

［106］徐鹏、林永红、栾胜基：《低碳生态城市建设效应评估方法构建在深圳市的应用》，《环境科学学报》2016年第4期。

［107］徐盈之、张全振：《能源消耗与产业结构调整：基于投入产出模型的研究》，《南京师大学报（社会科学版）》2012年第1期。

［108］徐盈之、邹芳：《基于投入产出分析法的我国各产业部门碳减排责任研究》，《产业经济研究》2010年第5期。

［109］徐玉高、吴宗鑫：《国际间碳转移：国际贸易和国际投资》，《世界环境》1998年第1期。

［110］闫云凤、杨来科：《中美贸易与气候变化——基于投入产出法的

分析》,《世界经济研究》2009 年第 7 期。

[111] 闫云凤、赵忠秀、王苒:《基于 MRIO 模型的中国对外贸易隐含碳及排放责任研究》,《世界经济研究》2013 年第 6 期。

[112] 闫云凤、赵忠秀:《中国对外贸易隐含碳的测度研究》,《国际贸易问题》2012 年第 1 期。

[113] 杨帆、梁巧红:《中国国际贸易中的碳足迹核算》,《管理学报》2013 年第 2 期。

[114] 杨公仆、夏大慰:《现代产业经济学》,上海财经大学出版社 2002 年版。

[115] 杨红娟、李明云、刘红琴:《云南省生产部门碳排放影响因素分析——基于 LMDI 模型》,《经济问题》2014 年第 2 期。

[116] 杨良杰、吴威、苏勤、杜志鹏、姜晓威:《江苏省交通运输业能源消费碳排放及脱钩效应》,《长江流域资源与环境》2014 年第 10 期。

[117] 杨顺顺:《中国工业部门碳排放转移评价及预测研究》,《中国工业经济》2016 年第 6 期。

[118] 杨晓光、王传胜、盛科荣:《基于自然和人文因素的中国欠发达地区类型划分和发展模式研究》,《中国科学院研究生学报》2006 年第 1 期。

[119] 杨治:《产业经济学导论》,中国人民大学出版社 1985 年版。

[120] 叶普万:《贫困经济学研究》,中国社会科学出版社 2004 年版。

[121] 尹显萍、程茗:《中美商品贸易中的内涵碳分析及其政策含义》,《中国工业经济》2010 年第 8 期。

[122] 余慧超、王礼茂:《中美商品贸易的碳排放转移研究》,《自然资源学报》2009 年第 10 期。

[123] 袁雪:《欧盟再谋气候谈判主导权或借"三可"原则施压中国》,《21 世纪经济报道》2010 年 3 月 17 日。

[124] 原嫄、李国平、孙铁山:《全球尺度下的碳排放完全分解及其规律——基于 LMDI 修正模型的实证研究》,《重庆理工大学学报(社会科学)》2016 年第 4 期。

［125］原嫄、李国平：《产业关联对经济发展水平的影响：基于欧盟投入产出数据的分析》，《地理经济》2016 年第 11 期。

［126］原嫄、席强敏、孙铁山、李国平：《产业结构对区域碳排放的影响——基于多国数据的实证分析》，《地理研究》2016 年第 1 期。

［127］昝廷全：《产业经济系统与产业分类的（f，θ，D）相对性准则》，《郑州大学学报（哲学社会科学版）》2002 年第 3 期。

［128］张纪录：《中国出口贸易的隐含碳排放研究——基于改进的投入产出模型》，《财经问题研究》2012 年第 7 期。

［129］张坤民：《低碳世界中的中国：地位、挑战与战略》，《中国人口·资源与环境》2008 年第 3 期。

［130］张明：《基于指数分解的我国能源相关 CO_2 排放及交通能耗分析与预测》，博士学位论文，大连理工大学，2009 年。

［131］张庆滨：《欠发达地区区域创新能力评价与培育研究》，博士学位论文，哈尔滨工程大学，2012 年。

［132］张晓平：《中国对外贸易产生的 CO_2 排放区位转移分析》，《地理学报》2009 年第 2 期。

［133］张炎治、聂锐：《能源强度的指数分解分析》，《管理学报》2008 年第 5 期。

［134］张毅、江国成：《马凯称中国温室排放部分是发达国家转移排放》，新华网，2007 年 6 月 4 日。

［135］张玉梅、乔娟：《都市农业发展与碳排放脱钩关系分析》，《经济问题》2014 年第 10 期。

［136］张云、邓桂丰、李秀珍：《经济新常态下中国产业结构低碳转型与成本预测》，《上海财经大学学报》2015 年第 4 期。

［137］张志新、吴宗杰、薛翘：《低碳经济视域下中国产业结构调整与发展模式转变研究》，《东岳论丛》2014 年第 1 期。

［138］赵兵、张金光、刘瀚洋等：《园林铺装花岗石碳排放量的测度》，《南京林业大学学报（自然科学版）》2016 年第 4 期。

［139］中国投入产出学会课题组:《我国目前产业关联度分析——2002年投入产出表系列分析报告之一》,《统计研究》2006年第11期。

［140］周慧:《基于投入产出法的江苏省行业吸纳就业能力研究》,《现代商贸工业》2011年第10期。

［141］周丽、陈定江、朱兵、金涌、范华:《控制隐性能源出口在降低我国能耗中的作用》,《科学时报》2006年11月7日。

［142］周新:《国际贸易中的隐含碳排放核算及贸易调整后的国家温室气体排放》,《管理评论》2010年第6期。

［143］周星、周梅华、张明:《产业结构视角下我国东部地区碳脱钩效应研究》,《中国矿业大学学报》2016年第4期。

［144］周银香:《交通碳排放与行业经济增长脱钩及耦合关系研究——基于Tapio脱钩模型和协整理论》,《经济问题探索》2016年第6期。

［145］周振华:《现代经济增长中的结构效应》,上海三联书店1991年版。

［146］周志强:《中国能源现状、发展趋势及对策》,《能源与环境》2008年第6期。

［147］庄惠明、陈洁:《我国服务业发展水平的国际比较——基于31国模型的投入产出分析》,《国际贸易问题》2010年第5期。

［148］佐和隆光:《防止全球变暖:改变20世纪型的经济体系》,中国环境科学出版社1999年版。

［149］Ackerman F, Ishikawa M, Suga M, "The Carbon Content of Japan-US Trade", *Energy Policy*, Vol. 35, Issue 9, 2007, pp. 4455-4462.

［150］Ahmad N, Wyckoff A, "Carbon Dioxide Emissions Embodied in International Trade of Goods", *OCED Science*, *Technology and Industry*, *Working Paper*, 2003.

［151］Ana Cláudia Dias, Margarida Louro, Luís Arroja, Isabel Capela, "Carbon Estimation in Harvested Wood Products Using a Country-specific Method: Portugal as a Case Study", *Environmental Science Policy*, Vol. 10, Issue 3, 2007, pp. 250-259.

[152] Andrew R, Forgie V, "A Three-perspective View of Greenhouse Gas Emissions Responsibilities in New Zealand", *Ecological Economics*, Vol. 68, Issue12, 2008, pp. 194-204.

[153] Ang B W, "Decomposition Analysis for Policymaking in Energy: Which Is the Prefered Method?", *Energy Policy*, Issue 32, 2004, pp. 1131-1139.

[154] Ang B W, Liu Na, "Handling Zero Values in the Logarithmic Mean Divisia Index Decomposition Approach", *Energy Policy*, Issue 35, 2007, pp. 238-246.

[155] Ang B W, "Decomposition of Industrial Energy Decomposition: The Energy Intensity Approach", *Energy Economics*, Vol. 16, Issue 3, 1994, pp. 163-174.

[156] Ang B W, Lee S Y, "Decomposition of Industrial Energy Consumption: Some Methodological and Application Issues", *Energy Economics*, Vol. 16, Issue 2, 1994, pp. 83-92.

[157] Ang B W, Zhang F Q, "A Survey of Index Decomposition Analysis in Energy and Environmental Studies", *Energy*, Vol. 25, Issue 12, 2000, pp. 1149-1176.

[158] Ang J B, "CO_2 Emissions, Research and Technology Transfer in China", *Ecological Economics*, Vol. 68, Issue 10, 2009, pp. 2658-2665.

[159] Ashimoto S, Nose M, Obara T, Moriguchi Y, "Wood Products: Potential Carbon Sequestration and Impact on Net Carbon Emissions of Industrialized Countries", *Environmental Science and Policy*, Vol. 118, Issue 5, 2002, pp. 183-193.

[160] Bastianoni Simone, Pulselli Federico Maria, Tiezzi Enzo, "The Problem of Assigning Responsibility for Greenhouse Gas Emissions", *Ecological Economics*, Vol. 499, Issue 3, 2004, pp. 253-257.

[161] Carly Green, Valerio Avitabile, Edward P. Farrell, Kenneth A. Byrne, "Reporting Harvested Wood Products in National Greenhouse Gas Inventories: Implications for Ireland", *Biomass and Bioenergy*, Vol. 30, Issue 2, 2006, pp. 105-114.

[162] Claudia Sheinbaum, "Energy Use and CO_2 Emission for Mexico's

民族地区产业隐含碳排放研究

Cement Industry", *Energy*, Vol. 23, Issue 9, 1998, pp. 725–732.

[163] Davis S J, Calderia K, "Consumption−based Accounting of CO_2 Emissions", *Proceedings of the National Academy of Science*, Vol. 107, Issue 12, 2010, pp. 5687–5692.

[164] Ding, et al. , "Control of Atmospheric CO_2 Concentration by 2050: A Calculation on the Emission Rights of Different Countries", *Science in China Series D: Earth Sciences*, Issue 8, 2009, pp. 1009–1927.

[165] Ferng J, "Allocating the Responsibility of CO_2 Over−emissions from the Perspectives of Benefit Principle and Ecological Deficit", *Ecological Economics*, Issue 46, 2003, pp. 121–141.

[166] Gallego Blanca, Lenzen Manfred, "A Consistent Input−output Formulation of Shared Consumer and Producer Responsibility", *Economic Systems Research*, Vol. 17, Issue 40, 2005, pp. 365–391.

[167] Gallego, Lenzen, "A Consistent Input−output Formulation of Shared Consumer and Producer Responsibility", *Economic Systems Research*, Vol. 17, Issue 4, 2005, pp. 365–391.

[168] Greening L A, "Decomposition of Aggregate Carbon Intensity for Freight: Ends from 10 OECD Countries for the Period 1971−1993", *Energy Economics*, Issue 21, 1999, pp. 331–361.

[169] Guan D, Hubacck K, Weber C L, "The Drivers of Chinese CO_2 Emission from 1980 to 2030", *Global Environmental Change*, Issue 18, 2008, pp. 626–634.

[170] Guurkkan Kumbaroglu, "A Sectoral Decomposition Analysis of CO_2 Emissions over 1990−2007", *Energy*, Issue 36, 2011, pp. 2419–2433.

[171] Hae−Chun Rhee, Hyun−Sik Chung, "Change in CO_2 Emission and Its Transmissions between Korea and Japan Using International Input−output Analysis", *Ecological Economics*, Vol. 58, Issue 4, 2006, pp. 788–800.

[172] Hale Abdul Kander, Michael Adams, Lars Fredrik Andersson, et al. ,

"The Determinants of Reinsurance in the Swedish Property Fire Insurance Market during the Interwar Years, 1919-1939", *Business History*, Vol. 52, Issue 2, 2010, pp. 268-284.

[173] Hayami H, Nakamura M, *CO_2 Emission of an Alternative Technology and Bilateral Trade between Japan and Canada: Relocating Production and an Implication for Joint Implementation*, Discussion Paper 75, Keio Economi Observatory, Tokyo: Keio University, 2002.

[174] IPCC, New York: Cambridge University Press, 2007.

[175] IPCC, Intergovernmental Panel on Climate Change, 2006.

[176] IPCC/IGES, Geneva: Intergovernmental Panel on Climate Change, Institute for Global Environmental Strategies, 2006.

[177] Jalil A, Mahmud S F, "Environment Kuznets Curve for CO_2 Emissions: A Cointegration Analysis for China", *Energy Policy*, Vol. 37, Issue 12, 2009, pp. 5167-5172.

[178] Julio Sánchez-Chóliz, Duarte Rosa, "CO_2 Emissions Embodied in International Trade: Evidence for Spain", *Energy Policy*, Vol. 32, Issue18, 2004, pp. 1999-2005.

[179] Kahrl F, Roland-Holst D, "Energy and Exports in China", *China Economic Review*, Vol. 19, Issue 4, 2008, pp. 649-658.

[180] Kaya Yoichi, *Impact of Carbon Dioxide Emission on GNP Growth: Interpretation of Proposed Scenarios*, Presentation to the Energy and Industry Subgroup, Response Strategies Working Group, IPCC, Paris, 1989, pp. 1-3.

[181] Leontief, "Quantitative Input-output Relations in the Economic System", *Review of Economic Statistics*, Vol. 18, Issue 3, 1936, pp. 105-125.

[182] Li Lee, "Structural Decomposition of CO_2 Emissions from Taiwan's Petrochemical Industries", *Energy Policy*, Vol. 29, Issue 3, 2001, pp. 237-244.

[183] Liu N A, Ang B W, "Factors Shaping Aggregate Energy Intensity Trend for Industry: Energy Intensity Versus Produc Mix", *Energy Economics*,

Vol. 29, Issue 4, 2007, pp. 609-635.

[184] Liu X Q, Ang B W, "The Application of Divisia Index to the Decomposition of Changes Industrial Energy Consumption", *The Energy Journal*, Vol. 13, Issue 4, 1992, pp. 161-177.

[185] Liu Z, Zhao T, "Contribution of Price/Expenditure Factors of Residential Energy Consumption in China from 1993 to 2011: A Decomposition Analysis", *Energy Conversion and Management*, Issue 98, 2015, pp. 401-410.

[186] Machado G, Schaeffer R, Worrell E, "Energy and Carbon Embodied in the International Trade of Brazil: An Input-output Approach", *Ecological Economics*, Vol. 39, Issue 3, 2001, pp. 409-424.

[187] Munksgaard J, Pedersen K A, "CO_2 Accounts for Open Economies: Producer or Consumer Responsibility?", *Energy Policy*, Vol. 29, Issue 4, 2001, pp. 327-335.

[188] New Economic Foundation, London: NEF, 2007.

[189] Nobuko Yabe, "An Analysis of CO_2 Emissions of Japanese Industries during the Period between 1985 and 1995", *Energy Policy*, Vol. 32, Issue 5, 2004, pp. 595-610.

[190] Osterhaven J, Stelder D, "Net Multipliers Avoid Exaggerating Impacts: With a Bi-regional Illustration for the Dutch Transportation Sector", *Journal of Regional Science*, Vol. 42, Issue 3, 2002, pp. 533-543.

[191] Pan J H, Jonathan P, Chen Y, "China's Balance of Emissions Embodied in Trade: Approaches to Measurement and Allocating International Responsibility", *Oxford Review of Economic Policy*, Vol. 24, Issue 2, 2008, pp. 354-376.

[192] Peters G P, Hertwich E G, "Post-Kyoto Greenhouse Gas Inventories: Production Versus Consumption", *Climate Change*, Vol. 86, Issue 1, 2008, pp. 51-66.

[193] Peters G P, Hertwich E G, "CO_2 Embodied in International Trade with Implications for Global Climate Policy", *Environmental Science and Technolo-*

gy, Vol. 42, Issue 5, 2008, pp. 1401-1407.

[194] Peters G P, Webber C, "China's Growing CO_2 Emission-A Race between Increasing Consumption and Efficiency Gains", *Environmental Science and Technology*, Vol. 41, Issue 17, 2007, pp. 5939-5944.

[195] Reinvang, Peters, "Norwegian Consumption, Chinese Pollution: How OECD Imports Generate CO_2 Emissions in Developing Countries and the Need for New Low-carbon Partnerships", *WWF Norway and WWF China Programme Office*, 2008.

[196] Rhee Hae-Chun, Chung Hyun-sik, "Change in CO_2 Emission and Its Transmissions between Korea and Japan Using International Input-output Analysis", *Ecological Economics*, Vol. 58, Issue 4, 2006, pp. 788-800.

[197] Schaeffer Roberto, Leal de Sá Ander, "The Embodiment of Carbon Associated with Brazilian Imports and Exports", *Energy Conversion and Management*, Vol. 37, Issue S6-8, 1996, pp. 955-960.

[198] Schipper L, Howarth R B, "Energy Intensity, Sectoral Activity, and Structural Change in the Norwegian Economy Energy", *The International Journal*, Vol. 17, Issue 3, 1992, pp. 215-233.

[199] Shahiduzzaman M, Layton A, Alam K, "Decomposition of Energy-related CO_2 Emissions in Australia: Challenges and Policy Implications", *Economic Analysis & Policy*, Issue 45, 2015, pp. 100-111.

[200] Shui B, Robert, C Harriss, "The Role of CO_2 Embodiment in US-China Trade", *Energy Policy*, Issue 34, 2006, pp. 4063-4068.

[201] Sun J, "Changes in Energy Consumption and Energy Intensity: A Complete Decomposition Model", *Energy Economics*, Vol. 20, Issue 1, 1998, pp. 85-100.

[202] Sun J W, "Accounting for Energy Use in China: 1980-1994", *Energy*, Vol. 23, Issue 10, 1998, pp. 835-849.

[203] Sun J W, "Changes in Energy Consumption and Energy Intensity: A Complete Decomposition Model", *Energy Economics*, Vol. 20, Issue 1, 1998,

pp. 85-100.

[204] Tao Wang , Jim Waston, "Who Owns China's Carbon Emissions?", *Tyndall Centre Briefing Note* , No. 23, 2007.

[205] Tyndall Centre for Climate Change Research, "Who Owns China's Carbon Emissions?", *Tyndall Briefing Note* , No. 23, October 2007.

[206] Winjum J K, Brown S, Schlamadinger B, "Forest Harvests and Wood Products: Sources and Sinks of Atmospheric Carbon Dioxide", *Forest Science*, Vol. 44, Issue 2, 1998, pp. 272-284.

[207] Baumert, Timothy Hezog, Jonathan Pershing, Navigating the Number: *Greenhouse Gas Data and International Climate Policy*, 2005, Washington, D. C. : World Resource Instiunte, 2005, pp. 1-132.

[208] Wyckoff A W, Roop J M, "The Embodiment of Carbon in Imports of Manufactured Products: Implications for International Agreements on Greenhouse Gas Emissions", *Energy Policy*, Vol. 22, Issue 3, 1994, pp. 187-194.

[209] Ying Fan, Lan-Cui Liu, "Changes in Carbon Intensity in China: Empirical Findings from 1980-2003", *Ecolocial Economics*, Vol. 62, Issue 3-4, 2007, pp. 683-691.

[210] You Li , Hewitt, C N, "The Effect of Trade between China and the UK on National and Global Carbon Dioxide Emissions", *Energy Policy*, Vol. 36, Issue 6, 2008, pp. 1907-1914.

[211] Zebich-Knos, M, "Global Environmental Conflict in the Post-Cold War Era: Linkage to an Extended Security Paradigm", *Peace and Conflict Studies*, Issue 5, 1998, P. 54.

[212] Zhang M, Song Y, Li P, et al. , "Study on Affecting Factors of Residential Energy Consumption in Urban and Rural Jiangsu", *Renewable & Sustainable Energy Review*, Issue 53, 2016, pp. 330-337.

[213] Zhang Z X, "Why Did the Energy Intensity Fall in China's Industrial Sector in the 1990s? The Relative Importance of Structural Change and Intensity

Change", *Energy Economics*, Vol. 25, Issue 6, 2003, pp. 625-638.

[214] Zsofia Vetone Mozner, "A Consumption-based Approach to Carbon Emission Accounting-sectoral Differences and Environmental Benefits", *Journal of Cleaner Production*, Vol. 42, Issue 3, 2013, pp. 83-95.

索 引

后　记

　　2014 年 12 月，我有幸进入中国社会科学院城环所与贵州省社会科学院从事博士后研究工作，一级学科为理论经济学，二级学科为人口、资源与环境经济学。经过与合作导师潘家华研究员和吴大华研究员协商，我的出站报告选定以《贵州产业部门隐含碳排放及减排政策研究》作为题目。为了进一步深入研究该领域，我于 2015 年 3 月申请了中国博士后科学基金项目，课题名称为"开放经济下贵州产业部门碳排放及减排政策研究"。同年 5 月 14 日，获得第 57 批中国博士后科学基金面上资助一等资助（批准号：2015M570798），并荣幸成为贵州省唯一获得一等资助的博士后研究人员。

　　之所以从事该类研究，是因为自己在西南财经大学攻读博士学位期间的研究方向为贸易与气候变化，且在 2012 年 6 月毕业进入贵州财经大学从事教学科研工作至今都是围绕"低碳经济"展开的。与此同时，自己也想真正成为一名身体力行的"低碳环保"践行者。从学校毕业到贵州多年的工作实践中，我发现：一方面，目前有关碳评估和分析的研究主要集中在国家或宏观层面，对发展中国家尤其是欠发达地区的碳排放及其参与气候变化行动的研究极为薄弱，而这些地区有可能又是经济发展需求最为迫切、减排空间最大、减排压力也最大的特殊区域；另一方面，在国际社会高度关注气候变化问题以及国内建设生态文明的大背景下，欠发达地区更是面临社会经济发展和参与减缓气候变化行动与保护环境的"两难"选择。因此，量化研究欠发达地区碳排放不仅可以为当地政策决策者提供客观基础数据，而且对保护欠发达地区人民的生存与发展权，调整优化产业结构、制定节能减排政策、坚守发展与生态两条底线、引导碳排放密集型产业向环境友好型方向过渡，协同实现生态效益、经济效益和社会效益的最优化都具有重要的理论意义和实际价值。基于此，本书以作为欠发达地区的贵州省为例，运用投入产出方法、LMDI 方法、关联系数分析法、脱钩弹性分析法等研究方法，在气候变化背景下构建出贵州产业部门隐含碳排放的投入产出模型、LMDI 模型、关联指标模型和脱钩指数模型，并基于 1997 年、2002 年、2007 年和 2012 年贵州的投入产出数据，运用 Matlab 计量软件对贵州各产业部门隐含碳排放进行实证分析，进而提出对当地政府具有可操作性的政策建议。

本书的撰写工作让我尝尽了学术的苦与乐，曾因写作的毫无头绪而悲伤郁闷，曾因数据的难以获取而寝食难安，曾因瞬间的恍然大悟而欣喜若狂，曾因同行的激烈讨论而茅塞顿开。现在，当所有的努力和付出换来呱呱坠地的成果时，心中充满的不仅仅是兴奋，更多的是感动。回顾这两年来的酸甜苦辣，一点一滴都历历在目。自己也在这两年的磨砺中变得更加成熟、坚韧和执着，但这所有的一切都要感谢我的博士后合作导师、同事、朋友和家人，是他们的帮助让我受益匪浅，是他们的鼓励让我不断进取，是他们的正能量让我干劲十足，是他们的关爱让我感受温暖。

感谢博士后流动站的合作导师潘家华研究员和博士后科研工作站的合作导师吴大华研究员，这两位深敛沉着、敦厚持重并时刻关注中国经济发展尤其是低碳经济发展的资深学者，对待资质平庸的我，不辞辛劳地循循善诱、谆谆教诲，从选题伊始便给予我无微不至的帮助和指导，当我写作面临问题咨询之时给予悉心讲解，当我思维凝滞不动之时给予启发与引导，当我身心疲惫之时给予呵护和激励，当我松懈怠慢之时给予耳提面命，而当我把稿件发给他们之时，他们更是在百忙之中孜孜不倦地对我的书稿一字一句地细细斟酌，对不足之处一针见血，对不妥之处一语道破，对缺陷之处一语中的，对商榷之处提出意见与建议，并严格地要求我竭尽全力做到词语精练、字字珠玑、条理清晰、严谨求是……毫无疑问，书稿的每一词、每一句、每一段都凝聚着两位恩师的心血和严谨，对于作为一位三十出头却仍旧在寒窗苦读的学生而言，能够巧遇如此明师，在人生的长河中实属庆幸。古人云："纸上得来终觉浅，绝知此事要躬行。"恩师严谨的治学态度、渊博的学术造诣、敏锐的思维洞彻、高尚的人格魅力、仁厚的为师之道是我以后学习途中的标杆，是我前进道上的灯塔，是我追梦路上的哨音，更是鞭策我坚持不懈的源泉。

感谢中国社会科学院的陈耀研究员，贵州省社会科学院的胡晓登研究员、刘庆和研究员、黄勇研究员，贵州省农工委的李昌来研究员等学者高瞻远瞩的国际化学术视野带给我的震撼以及对我研究题目提出的宝贵意见和建议，让我柳暗花明、豁然开朗；感谢贵州财经大学经济学院的常明明教授和朱红琼教授远见卓识的专业涵养以及为我们年轻教师营造的大有裨益的学术氛围，让我受益匪浅、感佩之至；感谢知识渊博、风趣幽默的云南民族大学的潘海岚教授、北方民族大学的尹忠明教授、西南财经大学的霍伟东教授，与我亦师亦友，在学习、工作和生活中对我呵护有加、用心良苦，而这一切的潜移默化势必是我未来航程中的宝贵财富和不懈动力，我会将这一切的点点滴滴深深地烙在心底；感谢西南财经大学国际商学院的刘夏明教授和云南省人民政府研究室的聂元飞研究员，作为我学术生涯的启蒙导师，在我攻读博士学位和硕士学位期间就对我悉心指导、无私帮助，而当我在远离成都和昆明到千里之外的贵阳工作以及进站从事博士后研究工作之时，仍旧对我时刻关心、嘘寒问暖，对恩师的感激之情，燎原于心，永不忘怀；感谢贵州省社会科学院人事处的吕军处长、贵州省社会科学院博士后科研工作站办公室的朱玙含老师，为我们博士后研究人员做了很多细致而又琐碎的工作；感谢我的研究生任亚运、郭风、桂姗姗、沈强强、杨洋、杨霄、高鹏、刘哲明等同学，他们不辞辛劳为本书的资料收集和数据预处理做了大量工作；最后，我要特别感谢我的家人，感谢他们对我默默无闻的无私奉献、对我殷切深情的鼓励和支持、对我嘘寒问暖的叮咛与嘱咐以及对我刻骨铭心的亲情之爱。同时，本书参考和借鉴了国内外诸多专家学者的研究成果和资料，在此一并表示感谢！需要说明的是，由于作者水平有限，书中难免存在疏漏和不妥之处，敬请同行专家和读者予以批评指正。

胡剑波

2017 年 1 月 1 日